走向智能丛书

铸 魂

软件定义制造

赵敏 宁振波 ◎著

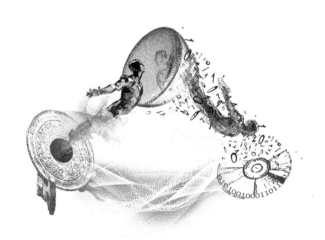

机械工业出版社
CHINA MACHINE PRESS

图书在版编目（CIP）数据

铸魂：软件定义制造/赵敏，宁振波著 . —北京：机械工业出版社，2020.2（2023.11重印）

ISBN 978-7-111-65013-3

I. 铸… II.① 赵… ② 宁… III. 智能制造系统 IV. TH166

中国版本图书馆 CIP 数据核字（2020）第 041995 号

铸魂：软件定义制造

出版发行：机械工业出版社（北京市西城区百万庄大街 22 号 邮政编码：100037）	
责任编辑：王 颖	责任校对：李秋荣
印 刷：固安县铭成印刷有限公司	版 次：2023 年 11 月第 1 版第 6 次印刷
开 本：170mm×230mm 1/16	印 张：23
书 号：ISBN 978-7-111-65013-3	定 价：89.00 元

客服电话：（010）88361066 68326294

翻开《铸魂：软件定义制造》(以下简称《铸魂》)一书，仿佛听到了赵敏、宁振波两位为中国制造业发展呕心沥血的资深专家发出的呐喊：如何在制造业发展的历史性变革时期，再造制造业发展之魂？

作者指出，新的发展阶段，软件是制造业之魂。数控机床、自动化生产线、智能制造、数字孪生，都以软件为载体和基础。

作者强调，工业软件是新的工业品，工业软件姓"工"，工业软件的基础是工业知识和经验。作者多次大声疾呼：工业软件的第一属性不是IT，工业软件姓"工"！工业软件是一个典型的高端工业品，它首先是由工业技术构成的。研制工业软件是一门集工业知识与"Know-how"大成于一身的专业学问。没有工业知识，没有制造业经验，只学过计算机软件的工程师，是设计不出先进的工业软件的。如果我们能够像解剖人体一样来解剖软件的话，当打开软件的"躯壳"时，首先映入我们眼帘的是工业技术。这些观点振聋发聩。

《铸魂》一书详细阐述了软件和工业软件的本质，系统分析了工业软件与工业技术、工业生产过程的关系，用生动的例子和深刻的洞察力，介绍了隐性的工业知识和技术诀窍如何变成软件，展望了在三体协同、赛博空间的未来，工业软件如何为制造业插上腾飞的翅膀。

我国制造业正在转型升级的路上迅跑，材料、装备、工艺、零部件等工业基础与工业发达国家的差距逐步缩小。多年来，作者不断地呼吁，要重视工业软件，防止工业软件与国际先进水平的差距被拉大。

制造业正经历重大的变革。传感器为自动控制和智能提升了感知能力，实时状态数据和工业知识由隐性向显性转化的思路和工具，为工业产品以及制造、服务过程的优化和软件化提供了新的平台和方法。CPS 条件下的智能制造正在快步向我们走来，工业软件已经成为制造业发展的核心要素之一，并将在发展中进一步证实它在制造业发展中的关键地位。

《铸魂》一书观点新颖、分析透彻，为制造业走向现代化提供了独特的视野，值得一读。

是以为序。

杨学山

2019 年 12 月 20 日

百年来，图纸定义产品，工艺约束制程，说明书描述功能，已成工程惯例。一旦产品造好，若想改动其功能和性能极其困难。工业软件的诞生，逐渐改变了一切。

工业软件是工业化的顶级产物。它如容器一般盛装了人类工业知识，给制造业带来两大巨变：第一，改变了传统的设计、工艺、生产和运维方式，产品随时在赛博空间迭代优化，使制造过程敏捷精准；第二，塑造了产品的"五官"和"大脑"，产品在物理空间的行为随场景而自动调整。两大巨变融汇，形成一种新工业智能模式——软件定义制造，并由此创造了一个制造新范式：智能制造。

智能制造，顾名思义，一是智能，二是制造。制造乃经济之源，立国之本，作用于物质原子；智能乃基于软件所蕴含的人类智力成果和知识精粹，承载于比特数据。比特和原子携手，赛博系统和物理系统融合，其结果就是赛博物理系统（CPS）。作为使能系统，CPS让赛博中的数字虚体在软件定义的作用下，更精准地控制物理实体的形状和运动。

作者预测，未来的智能制造，是每一个原子都可以被软件给出的比特数据精准控制的制造。这种控制体现在机器、材料的构成上，比特数据将会恰当地安排和控制每一个原子的位置，以及原子之间的相对位置，会精准地控制每一个零件的形状和属性，精准地控制各个零件的所在位置，还会精准地控制这些零件之间的相对运动以及耗能等。

作者梳理了以智能制造为主攻方向的新工业革命内涵，总结了五个基本特征：

①"人智"转"机智"——人类知识不断进入软件，知识载体由以碳基知识为主转向以硅基知识为主，数字生产力激增；

②传感器低价普及——传感器为产品增添了"五官"，极大增强了产品和设备的感知能力，物理信息加速数字化；

③软件定义制造——工业软件成为设备和企业的"大脑"，算法/算力急剧增加，软件定义了材料/零件/系统的时空表现；

④真正两化融合（软件闭环）——比特拥抱原子，IT 携手 OT，赛博融合物理，软件给出的数字指令跨时空精准操控物理设备；

⑤大范围优化配置制造资源——基于工业互联网，实现多域而非单域、大范围而非小范围优化配置制造资源。

上述五个基本特征中，每一个都是依靠工业软件来实现的。

软件定义制造，是一个略有争议的话题，争议焦点在于对"定义"的理解。本书所讨论的"定义"，是基于工业软件作为数字化手段的两个基本特点：一个是基于软件形成的"研发与管理手段数字化"，即用软件作为辅助手段，与设计者的思考形成交互，以"软件定义产品形/态/质地/行为"的方式开发复杂产品——因为复杂产品已经无法用传统的人工手段来很好地完成；另一个是基于软件形成的"产品本身数字化"，即将软件嵌入芯片，芯片嵌入产品/设备之中，让软件成为其中的"软零件""软装备"，以"软件定义数据自动流动规则"的方式，根据工作场景自主决策，以精确的动作指令操控物理设备。

以上两种语境下的"软件定义制造"，是有着充分的意义的，是经过实践检验的，是可以持续发展的。

工业软件极其重要，是新工业革命的关键要素，但是作者不认同"软件定义一切"等过分夸大软件作用的说法。作者认为：软件、芯片、互联网等数字化软/硬件设备，都是新型工业要素，是服务于工业的配角。以工业为主体，以数字化/信息化手段为辅助，这是工业转型升级、繁荣发展的基本定位。鉴于工业天量般的体量和必须以物质产品支撑国民经济发展的基本属性，软件赋能作用再强大，也不能决定工业，更不能替代工业，而是让工业发展更快，工业产品更精良，工业过程更精准，工业经济更强劲，工业发展更宜人。

本书名为"铸魂：软件定义制造"。"铸"有金字旁，本意是把熔化的金属倒在模子里制成器物，解构原料，重构质地及器形，从而形成铸造这门既古老又现代的生产制造工艺。说它古老，是因为大约 6000 年前，人类就已经掌握了铸造青铜器的技术，开创了金属时代的器具制造；说它现代，是因为层出不穷的新铸造工艺仍在支撑制造业迅猛发展。在本书封面设计中，铜镜代表了青铜器时代的物理实体，与创造并记忆了铜镜的意识人体和电脑里刻画铜镜的数字虚体彼此交汇，再次重申了作者首创的"三体智能模型"的内涵。

在中国古人眼里，魂，主管人之精神灵气，魄，主管人之肉体生理。类比到产品上，显然软件是今日产品之魂，是机器自治之本和智能之源。如果没有软件，无数先进的机床、仪器、设备等都会瘫痪，成为没有灵魂、失去价值、无法使用的废铜烂铁。

《铸魂》的本意，就是要强调软件对于制造业的极其重要性，就是要厘清软件定义的实质及其对制造的关键使能/赋能作用。

软件定义制造正在成为制造业新的发展趋势，并且获得了政府部门的有力支持。我国工业和信息化部（以下简称"工信部"）在 2016 年 12 月 18 日发布了《软件和信息技术服务业发展规划（2016—2020 年）》，其中"软件定义制造"被列为一种重要发展趋势，进行了特别的描述："软件定义制造激发了研发设计、仿真验证、生产制造、经营管理等环节的创新活力，加快了个性化定制、网络化协同、服务型制造、云制造等新模式的发展，推动生产型制造向生产服务型制造转变。"

软件定义制造理念由谁率先提出，难以考证。但是在具体的工业实践中，在以德国工业 4.0、美国国家制造创新网络（NNMI）/工业互联网、日本工业价值链为代表的工业强国的国家/企业发展战略中，该理念已经体现得淋漓尽致。德美日各自采用的包含了软件+硬件平台+标准规范+技术体系等内容的复杂系统，其核心使能技术就是工业软件。工业软件是建立工业生态体系的关键要素，是联接了各种工具、机器、设备等工业"躯体"的"大脑和灵魂"。谁掌握了更多、更好的工业软件，谁就拥抱了工业发展的未来。

在西方发达国家，既有诸如微软、IBM、SAP、谷歌等 IT 公司大力发展数字信息技术，也有空客、波音、GE、洛克希德·马丁等工业企业在不断推行工业技术软件化。从代码行数看，洛克希德·马丁公司已经超过微软成为世界最大的软件公司。大众汽车公司 2019 年宣称要成为一家软件公司。NASA 联合 GE、普惠等公司发展 NPSS 软件已有 20 余年，该软件内嵌大量航空发动机设计方面的知识、方法和技术参数，用其一天之内就可以完成发动机的一轮方案设计。美国 AVM 计划在 2013 年取得验证项目成功，并将成功经验转入 NNMI，成为美国数字化设计与制造创新中心的重要支撑。AVM 所涉及的核心技术虽然未像工业互联网、大数据、工业软件等信息化技术一样被大规模宣传，但它们代表了美国工业的核心逻辑，是美国再工业化进程中最有价值的东西。波音 787 研制过程用了 8000 多种软件，其中约 1000 种是商业软件，其他软件都是波音公司自用软件，包含了波音多年积累的核心工业技术。这 7000 多种自用软件，成为其他企业难以企及波音飞机研制水平的高门槛。

软件定义，现在已经成为制造业的一种技术现象：软件不仅定义了零件，定义了材料，也定义了产品，定义了工装，定义了工艺，定义了装配，定义了产线，定义了生产流程，定义了供应链，定义了产品使用场景，定义了产品维护与升级，定义了客户，定义了销售，定义了企业，定义了所有可以定义的一切。

定制造之义，铸工业之魂，强工业之躯。工业是一个国家的立国之本，制造业是一个国家的强国之基。"软件定义制造"，如同一把闪闪发亮的金钥匙，正在帮助我们打开智能制造、两化深度融合和中国工业转型升级的三重大门。

2019 年 11 月 18 日

目录

第三章　软件定义与工业技术软件化 ┊ 105

错过工业软件研发首班车，误了第二班车，所幸，中国人提出了"工业技术软件化"这个适合国情的命题。工业技术软件化的要点在于，既要将某些事物或要素（如工业技术／知识）从非软件形态变成软件形态，又要用软件去定义、改变这些事物或要素的形态或性质。工业技术／知识、人、机器三者之间的关系，颇为微妙，相互作用，相互赋能。

第四章　软件定义与企业资产管理 ┊ 143

新工业革命除了要用智能技术激发出更大的生产力之外，在企业物理资产、数字资产的管理水平上也要有质的飞跃。应以工业软件为基础，精准组合多专业的模型与算法，借助仿真手段和大数据来驱动产品研发，让车间生产过程清晰透明，让每一个材料晶格都被精准预测与打印，对所有设备运维状态了然于心，最终实现制造资源的优化配置。

第五章　软件定义与数字孪生 ┊ 201

数字孪生是客观世界中的物化事物及其发展规律被软件定义后的一种结果。丰富的工业软件内涵以及强大的软件定义效果，让数字孪生体既可以早于物理孪生体先行面世，又可以逼真展现物理孪生体的形、态和行为，更可以超越物理孪生体的生命周期，实现产品永生。数字孪生实现了数物虚实映射，数字主线实现了所有数字孪生体的数据贯通。

第六章　软件定义与工业互联网平台 ⋮ 241

工业互联网平台，发端于工业云，历经研发工具上云、业务系统上云、高价值设备上云等不同发展阶段，广泛联接多种工业要素，形成了工业互联网操作系统，由此而构建了智能制造落地的基础设施。联接工业设备比联接电脑/手机要复杂得多。广泛联接工业设备可以带来大范围优化配置制造资源的巨大好处，形成软件定义工业网络生态，但是也给工业安全带来了隐患。

第七章　软件定义与工业APP ⋮ 282

工业 APP 数量是评价工业互联网平台的关键指标。基于微服务、面向角色和场景的工业 APP 是发展方向。传统架构的大型工业软件未来会不断解构、细分其功能，并将这些功能重构为新型架构的工业 APP。在 10 年之内，大型工业软件仍然会占据主导地位，但是工业 APP 也会不断丰富和发展，逐渐在功能上追赶传统架构的工业软件。

第八章　软件定义制造的若干实例 ⋮ 314

技术引导，实践验证，知行合一。本章选取了软件定义机器人、定义汽车、定义建筑、定义核设施远程诊断四个案例来充分展示工业软件：在生产过程中以数字孪生方式控制、优化机器人产线；以近亿行软件代码精确控制汽车的运行与安全状态；以工业思维创造建筑场馆的高质量研发与交付；基于工业互联网平台远程监控运维核设施。

软件的本质是工业之魂

软件是运行在芯片中的数字化指令和数据的集合。该定义是 20 世纪计算机软件蓬勃发展初期人们的认识，无法代表今天工业软件所具有的真实内涵。工业软件封装了工业技术／知识，建立了数据自动流动的规则体系。它源自工业，赋能工业，创新工业，定义制造。工业转型时代赋予了工业软件崭新使命：工业灵魂，知识容器，智能引擎。

软件（Software）是在中国大陆及中国香港使用的术语（中国台湾称为软体）。因为是伴随着计算机的普及应用而兴起的一个专业领域，因此软件的早期名称是"计算机软件"，是一个与计算机领域中"计算机硬件"相对应的概念。在不影响理解的前提下，直接称之为软件。但是软件本身的运行离不开硬件和操作系统的支持。

软件是一系列按照特定顺序组织的计算机数据和指令的集合（程序）。一般来说软件被划分为系统软件、应用软件和介于这两者之间的中间件。软件并不只是包括可以在计算机（指广义的、任何具有微处理器的计算机）上运行的程序，与这些电脑程序相关的文档也被认为是软件的一部分。广义的软件也泛指社会结构中的管理系统、思想意识形态、思想政治觉悟、法律法规和人脑中的知识集合等，但是这部分内涵不在本书论述之列。

软件定义的内涵与意义

大隐于市　工业灵魂

　　软件是典型的数字虚体。从形态上说，它无形无态，没有任何人能够直接看到软件的存在状态，只能在屏幕上间接看到它的外在表现形式；从存储上看，它实际上就是一系列按照一定模式或模型组成的二进制数据；从作用上看，软件生成的特定指令代码，既可以驱动显示器 / 打印机等外设，也可以通过设备的控制器来直接操控设备；从传输上来看，软件本身和软件生成的数字产品可以跨越时空界限被传输到任何赛博空间（Cyberspace）能够覆盖的范围。

　　软件，大隐者。"隐于市"且"无形"，看不见，摸不着。因此，很多人也就对其忽视、轻视或者无视。但是软件又如同空气之于人类一样，它让人类社会中的无数设备以正确的逻辑保持正常的高速运转，以维护社会基础设施的正常运营，须臾不可或缺。今天，一个没有软件的社会是不可想象的失控场面。

　　40 年前，软件只是芯片的附属物，其作用范围限定在单片机之内，普通百姓不知道还有"软件"这么一个东西。三十年前，软件开始崭露头角，其作用范围限定在操作系统中的小工具，大家对软件的印象就是"算算数"或者"玩游戏"而已。20 年前，人们开始重视电脑的应用，因为软件无法像硬件一样可触可见，而且无法做成固定资产，因此，很多企业领导都愿意花钱买一大堆电脑摆在屋里，好看且有面子。而对于软件，领导的想法就是去拷贝几个盗版用用，或者轻蔑地说："软件好办，找几个学软件的人花几万元自己开发一个！"

　　近十几年来，软件大举进入了机器，成为机器中的"软零件""软装备"，进而成为机器的大脑和灵魂，主宰了机器世界的运行逻辑；同时，开发任何复杂产品，都已经离不开软件手段的支撑，从此，世界上再不能缺少软件。而两大类软件——研发和管理手段数字化软件（非嵌入式软件）、产品本身数字化软件（嵌入式软件），统称为工业软件。

　　网景创始人、硅谷著名投资人马克·安德里森（Marc Andreessen）认为："60年前的计算机革命，40 年前的微处理器发明，20 年前的互联网兴起，所有这些技术最终都通过软件改变各个行业，并且在全球范围被广泛地推广。"他的研究结论正如他写的文章名称"软件正在吞噬整个世界"。

这一切，隐于不知不觉，始于青萍之末，行于涟漪之间，荡在时空之中。酝酿了几十年之后，一场软件定义、软件控制、软件赋能/赋智、软件化生存的风暴，已经来临。

工业软件，原本兴于工业巨头。NASA、波音、洛克希德、福特等航太、汽车企业，从20世纪60年代就开始了软件的研发。软件代码所形成的控制指令，早就像血液一样流淌在产品之中，像中枢神经一样控制着产品行为。

早年习惯用打印机将软件程序打印成册，供程序员审核查阅。作者在20世纪80年代初学习计算机的时候，还必须使用穿孔纸带来保存自己的作业程序。在那个时候的软件开发中，因为计算机少，可用机时有限，因此不得不把成千上万行软件程序打印出来，在纸面上仔细审阅修改。三十多年后的今天，别说是穿孔纸带，就连在纸面上打印程序，基本上都没有人做了，因为程序代码量实在是太多了！靠打印在纸上去查阅的方式已经无法满足程序员在短时间内阅读和调试大量代码的工作需要，这个工作已经交给了专业代码调试软件。

在20世纪60～70年代阿波罗飞船计划实施时期，软件代码是一定要打印在纸上的，以方便查阅和备份。大家是否知道，当年NASA的"码农女神"——软件首席工程师玛格丽特·汉密尔顿，给阿波罗登月飞船写的导航和登陆程序的代码量有多少？打印纸堆起来比她本人的身高还要高！如图1-1所示。

1968年12月21日，绕月的阿波罗8号飞船升空第5天，宇航员误操作删除了所有导航数据，致使飞船无法返航。玛格丽特带领MIT的程序员们连夜奋战9小时，设计出了一份新导航数据并经由巨大的地面天线阵列上传到阿波罗8号，让它顺利返航。

图 1-1　玛格丽特和她为阿波罗 11 号飞船写的源代码

1969 年 7 月 20 日，阿波罗 11 号飞船登月前，危机再次发生。当年电脑算速极慢，系统只能存储 12KB 数据，临时存储空间仅 1KB。飞船登月前几分钟，电脑因过度计算几近崩溃。正是玛格丽特首创的"异步处理程序"，让阿波罗 11 号学会了"选择"：当电脑运行空间不足时，最宝贵的存储空间只留给最关键的登月任务，其他任务暂停，由此而让登月舱成功降落在月球表面。

从绕月到登月，玛格丽特写的软件有序地控制了飞船，把人类首次送上月球。用软件程序通过赛博空间来远程控制物理设备，在 1969 年就已经实现了。以程序化指令不限时空地控制物理设备，其实一直是软件的终极使命。

以今天的视角来看，上述代码数量与现在先进设备中的代码数量相比，简直是微不足道。航天领域本来就是工业皇冠上的明珠，是先进软硬件技术的发祥地。普通人可能会惊讶和欢呼于载人航天的成功和人类首次登月，但是对于这些看不见、摸不着的软件在其中所起的"灵魂"般的控制作用，基本上不了解。更重要的是，玛格丽特走通了一条对当今工业来说极其重要的技术路径：软件可以在赛博空间中，不限时空地传输和安装，不限时空地运行其中的指令，体现人类设定的逻辑和执行过程，让遍布各处甚至远在天边的物理设备按照人类意愿工作。

当传输软件的赛博装置从地面巨大的天线阵列与航天器之间点对点传输，变成无处不在的互联网数据传输，可以随时上传 / 下载软件时，软件就已经向着"泛在化"大举进军了。过去曾经严重阻碍工业发展的一些瓶颈问题，因为时空限制被软件和网络打破，而从梦想变为了现实。

无处不在 软件生存

如果说五十年前的阿波罗飞船上的软件还只是航天工业领域的软件，那么在今天，软件已经融入日常生活，支配工业设备，甚至影响人类行为。每天清晨，人们生活的打开方式，早已经不是 50 年前的收音机、10 年前的电视机，而是放在枕边、桌上的智能手机。启动汽车，自驾上路的打开方式，也已经不是钥匙点火和挂挡、查阅纸质地图，而是按键点火，自动或手动设置汽车驾驶模式程序，设定导航目的地。进入车间，蓝领工作的打开方式，也已经不是摊开图纸工艺卡、开会讨论问题，而是参阅电脑屏上的 CAD 图纸，启动数控程序。还有那看不见的深嵌在产线、设备、车辆、仪表等物理设备中的嵌入式软件，也在悄悄地用数字指令规范着机器的行为，配合着操作者的意图。

无论是手机中的 APP，还是汽车上的数字化驾驶界面，或是数字化图纸、数控程序或数字指令，它们都有一个共同的名字——软件。软件不仅嵌入了我们身边的器物，还在逐渐替代某些物理元件或零部件。我们不妨仔细观察身边的事物：家中的电器、代步的座驾、随身的手机、车间的设备、试验的仪器，一件一件，都已经开始了软件替代部分实体零件和相关操作的进程。以下列举几例：

例 1：手机（或电脑）上的时钟，已经完全由软件图形界面实现，自动网络授时。我们可以看到精准的数显时间，但是已经找不到任何曾经熟悉的"座钟""腕表""电子表"等物理形态。

例 2：汽车的"电子外后视镜"，可利用车后方的一个摄像头采集图像，由软件做一定的算法和裁剪，将后方路况显示在车内显示屏上，替代传统的后视镜。显示仪表的指针 / 刻度，都变成了软件中的"函数"。

例 3：在 F22/F35 机舱中用一块大液晶屏替代过去上百个仪表，以交互性良好的动态折叠菜单替代成百上千的物理按键。每一架 F22/F35 战斗机都有 14 台超级计算机，内有数千万行软件代码，是典型的"飞行电脑"。

例 4：在高铁站熙熙攘攘的进站人流旁，数字闸机（检票机）发挥着巨大的作用。一两秒间，乘客即可数字化检票进站。同时，乘客所有信息（起始 / 终点、身份、车次、总人数等）实时统计完成，前方车站立即获知这些信息和可售剩余座位。过去手动检票绝不可能在同样时间内完成这些工作。

在那些看得见或看不见的角落里，软件都在发挥着我们想象得到或者想象不到的作用。在这些设备中，软件"体量"或大或小，从几十行代码到几十万行代码不等。有些特殊机器设备中的软件含量，已经达到了令人咋舌的地步。根据德国汽车制造商公布的技术资料，奔驰、宝马、奥迪等豪华汽车已经拥有 1 亿行以上软件代码（大众公司认为未来几年将达到 2 亿～ 3 亿行），一辆特斯拉汽车拥有 2 亿行软件代码，而一架波音 787 飞机则拥有超过 10 亿行代码！毫不夸张地说，机载软件已经成为当今民用飞机的大脑与灵魂。

这仅仅是开始。有人说"智能制造的核心是产品大数据""大数据是'互联网+'的 DNA 和血液"或者说"按需制造的核心是数据"，其实这些话只说对了一半，没有软件，再多的数据也体现不出其价值。未来所有的数据都是天量的，是人力处理或单机电脑上的普通软件所不可企及的。因此，真正的幕后英雄是软件，是基于云计算架构的新形态软件——所有的数据都要靠无处不在的软件来进行分析和处理，才能判断其是否具有使用价值和如何去使用它们，而人工是既不可能、也没必要去分析大数据的。大家看到的是被市场热炒的大数据，而看不到的则是读取数据、处理数据、给出分析处理结果、洞察数据中隐含的信息 / 知识的默默无闻的软件。

现在，软件进入各行各业（特别是工业领域），与各种传统的物理设备相结合，是一个不以人们意志为转移的大趋势。于无声处，软件在积蓄着惊人的能量，在酝酿着靓丽的闪电与震天的惊雷。在软件定义下，在软件赋能 / 赋智的加速推动下，工业文明将发展到一个前所未有的崭新阶段，促进人类社会从数字社会走向智能社会。

20 年前，美国学者尼葛洛庞帝在其《数字化生存》一书中说，人类生存于一个虚拟的、数字化的生存活动空间，由此而形成了一个"数字化生存"的观点。其实今天看来，如果能够再延伸一点的话，作者宁愿说人类最后将走向"软件化生存"。未来，使用软件的能力，将是人类一种基本的生存能力，不会用软件可能就缺乏基本的岗位胜任能力甚至是生活能力。这不是一个你想不想、要不要、会不会的问题，而是一个你何时开始学习、何时达到基本要求的问题。

软件，特别是工业软件，依靠算法、机理模型、数据分析模型、数据和知识来驱动物理设备，以期更好地定义和优化物理世界，加速工业体系升级换代，促进工业文明创新转型。过去人们经常说，一代材料、一代设备，而今天的世界是由软件和材料来共同决定的，是以软件的速度和节奏来发展的。所有的企业、组织和个人，必须要跟上软件发展的速度和节奏。因为软件将会决定你的生存状况。

何为软件　软件为何

通常 IT 界认为，软件是运行在芯片中的数字化指令和数据的集合。软件以人类语言的代码格式，模拟表达一系列源自人脑的逻辑规则和知识，最终以"0/1"的机器代码格式，驱动芯片（硬件）底层功能，将一系列的计算结果在外部设备（显示器、打印机、绘图仪等）上显示出来。

这种"软件定义"是 20 世纪 70 年代末 80 年代初计算机软件刚刚开始蓬勃发展时人们的认识，代表了 IT 界的基本看法，尚不足以表示今天软件所应具有的真实内涵。为了探讨软件的真实含义，本书以作者此前所著的《三体智能革命》一书中的学术观点为起点，从一个新的角度来重新认识软件，包括从应用软件中发展出来的专门用于工业过程的工业软件。在下一小节中，作者会给出自己的工业软件定义。

在《三体智能革命》一书中，作者提出了一种全新的世界观和方法论——三体智能模型。按照出现的时间顺序，作者把世界分为三类"体"，并且用这三种"体"来分析和看待客观世界：

▶ **第一体**：物理实体，由自然界物质以及人类所创造的各种实体设备（哑设备）、人造材料所构成的物质与材料世界。

▶ **第二体**：意识人体，人是地球上所有生物体的杰出代表，构成了社会的基本要素。人体具有自身的智能反应与智慧的意识活动。

▶ **第三体**：数字虚体，存在于电脑和网络设备之中的一个数理逻辑空间，基于电脑而实现，由于网络通信而增强。所有在电脑中由软件构建的结果（图、文、曲线、三维模型、音频、视频等资料）都是数字虚体。

数字虚体，就是软件定义的结果。有了软件定义才有数字虚体。

以计算机、手机、平板等方便人眼观察的屏幕（显示装置）为例，屏幕上所显示的任何一个点、任何一条任意形状的线、任何一个字符、任何一篇文章、任何一幅图像、任何一种声音、任何一个视频、任何一个三维模型、任何一个仿真场景等，都是由软件定义形成的，由此而形成了"计算机图形学""计算机辅助技术（CAX）"等各类研发工具和管理软件。这就为"产品研发和管理手段数字化"软件打下了坚实基础。这类软件也称为制造业 IT 软件，主要以计算和图示化显示数据的方式来辅助人决策。

即使没有屏幕（显示装置），在那些看不见的地方，在各种工业装备、高科技产品、生活器具和设施中的芯片里，软件都在默默无闻地履行着自己的使命。一旦软件出现任何逻辑瑕疵或被恶意篡改，往往就会表现为设备不正常甚至瘫痪。这类软件是"产品本身数字化"软件，也往往称为"嵌入式"软件，主要以把计算数据输出给设备控制器的方式来辅助机器的精准操作。

无论是嵌入式还是非嵌入式软件，它们都按照程序员的精心设计，基于人类千百年来在数学、物理、化学、生物等领域的知识精粹，农业、工业、服务业三大产业的知识传承，陆、海、空、天、赛五域中的各种制品的专业知识，以及在人群中流传的个人常识、经验、技巧和诀窍等，以巧妙的公式、精准的算法、最优的迭代过程，在计算机操作系统的协调下，让 CPU 中的门电路进行每秒几十亿、上百亿次的极速"开 / 关"，然后在显示设备上给出可视化的计算结果，或者同时把根据计算结果得出的最佳控制指令输入到机器设备的控制器中，精准地操作机器设备的运行。

这些以算法、推理规则及有关数据设定好的程序，是对人的思考过程的模仿、增强与超越式呈现，是对大自然客观规律在数字世界的精准刻画、优化迭代和孪生式复现。因此软件程序在芯片中的解释与执行过程，就如同人的大脑意识在神经元突触的作用下进行思考的过程，只不过是用电脑中的芯片代替了人脑中的神经元，芯片以更大的数据量、更快的速度、更高的维度、更复杂的约束条件、更逼真的场景进行了计算。

在软件定义作用下，近年来数字虚体飞速崛起，正在迅速地膨胀、互联和聚合。在过去的 60 年里，人们创造了无数的、大大小小的数字空间。它们彼此分立，互不归属，形态各异，形成了无数的数字化岛屿，制造了大量的信息碎片，反映在制造业信息化领域中，就是人们经常说的"信息孤岛"，或"千岛湖""烟囱"式的信息集成。

过去几十年，基于因特网的社交 / 消费互联网已经把全世界的电脑、手机、平板等计算设备联接了起来，并且由此而联接了电脑背后的几十亿人，极大地促进了经济发展和社会繁荣。目前正在如火如荼发展的工业互联网 / 工业物联网（IIoT），也将会把所有的工业要素联接起来，让各个工业国家在现有基础上实现转型升级，以数字经济作为强大的引擎和前进动能，进一步促进全球的经济发展和社会繁荣。

以软件为代表的数字智能是人脑意识和认知能力在数字空间的延伸与发展。伴随着数字空间的膨胀和智能技术的演进，数字虚体与物理实体结合之后，不仅可以实现状态感知、实时分析、自主决策、精准执行，甚至也开始了自我学习提升，并且向着更加智能化的智能主体演进。

作者在《三体智能革命》一书中，首创提出了"三体智能模型"，用来表达三体之间的相互作用，如图 1-2 所示。

三体世界彼此交汇出了三个界面：

▶ 物理实体 – 意识人体系统（Physical-Conscious System，PCS）界面；
▶ 意识人体 – 数字虚体系统（Conscious-Cyber System，CCS）界面；
▶ 数字虚体 – 物理实体系统（Cyber-Physical System，CPS）界面。

由此，而发生了两个大循环和三个小循环：

1）外圈大循环：物理实体→意识人体→数字虚体→物理实体，一直发生着知识积累、知识建模、知识驱动的三种作用。外循环反映了认知世界变化规律，知识是实现智能的关键要素。

2）内圈大循环：物理实体→数字虚体→意识人体→物理实体，一直发生着反馈演化、学习进化、创新优

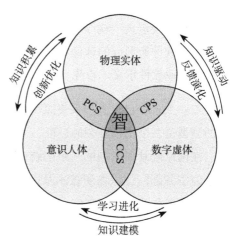

图 1-2　三体智能模型

化三种作用。内循环反映了三体世界的变化规律，变化是客观世界的根本状态。

3）物理实体 ↔ 意识人体小循环：人脑认知物理实体，积累知识促进创新优化；创新优化产生更多的新知识，促进、强化了知识积累过程。

4）意识人体 ↔ 数字虚体小循环：人脑与电脑相互认知，意识活动由知识建模进入数字虚体；比特化知识模块对接脑机接口，实现人脑知识增容。

5）数字虚体 ↔ 物理实体小循环：电脑认知物理实体，数字化知识驱动物理实体精准动作；物理实体在数字虚体中建立数字孪生映像，记录并反馈其演化进程；更重要的是，数字虚体与物理实体互联互通互控，形成CPS(赛博物理系统)。

两个大循环是知识发生和知识流动的基本路径；三个小循环是两体之间发生认知的基本过程。三个大循环和两个小循环作为基本相互作用，以人类知识进入数字虚体作为基本内容，以数字虚体作为软件定义的基本内涵，强调今天的软件与传统的软件所不同的"闭环"特征——以软件定义的比特数据流精准地控制机器设备的形态和材料的微观结构——是贯穿本书的核心内容。今天的软件不再仅仅以辅助人类决策的身份出现，而是以自主的方式，超越人体／人脑，直接驱动物理设备运行。

工业软件　重新释义

前文提到的"软件定义"，是不带有任何工业要素的、纯粹IT概念的定义，显然，这样去定义"软件定义"并不完全符合工业软件的真实含义，也无法确切描述工业软件所形成的软件定义的真实内涵。因此，工业界必须与时俱进，给出自己的工业软件定义。首先，从对工业的准确认识谈起。

工业（Industry）是指采集原料，并把它们加工成产品的工作和过程。关于工业的分类是一个比较复杂的过程。大致上，可以按照产品体量分为重工业、轻工业。在国家统计局编制的《中国统计年鉴》中对重工业（含化工）的定义是：为国民经济各部门提供物质技术基础的主要生产资料的工业。对轻工业的定义是：主要提供生活消费品和制作手工工具的工业。当然也可以在重工业中把化学工业分出来，变成重、化、轻的划分。甚至，在工业革命不断发展的前提下，包含了信息技术、生物技术、新材料技术的"高新工业"，也已经登堂入室，成为工业中的重要组成部分。但目前还没有在官方文件中看到这个新划分。

无论是传统的"重/轻、重/化/轻",还是未来的"重/化/轻/高",都可以说以相对简单的方式,明确了工业范畴与内涵的划分,并有了一个基本范畴。至于不同范畴工业要素之间的交叉与融合,则可以暂不讨论,让工业本身的发展、进化与创新,去给出最终结果。

在上述工业范畴划分中,重工业(含化工)包含了:采掘(伐)工业;原材料工业;能源工业;加工工业。如果把"提供生活消费品和制作手工工具"的轻工业也算作制造业的话,国内几个互联网"百科"都是这样定义制造业的:制造业是指机械工业时代对制造资源(物料、能源、设备、工具、资金、技术、信息和人力等),按照市场要求,通过制造过程,转化为可供人们使用和利用的大型工具、工业品与生活消费产品的行业。

通过上述比较可以看出,在重工业(含化工)里有采掘(伐)工业、原材料工业和能源工业,而在制造业(含轻工)中通常不包括这三个工业领域。因此,整个工业的范畴至少包含了制造、采掘(伐)、原材料和能源四大行业,或者说,工业由制造、采掘(伐)、原材料和能源这四大行业组成。

制造业是工业的一个重要子集。工业不仅包含了制造业,也囊括了其他三大行业。如果讨论工业软件时,以"制造业信息化软件"来指代工业软件,显然是缺失了很多内容的。如 CAD、CAE、CAM、CAT、CAPP 等工具软件,PDM/PLM、ERP、MES、MRO 等多种用途的管理软件,包括比较小众的计算机辅助测试(CAT)、计算机辅助创新(CAI)、逆向工程(RE)等软件,基本上都可划归为"制造业信息化软件",并不完全代表"工业信息化软件"或"工业软件",因为这些软件的用户大都是制造业用户。

综合考虑工业软件的范畴、运行环境、作用机理和未来发展潜力,有必要修正甚至重新定义工业软件。

作者认为:

从目的上来说,所有用于工业过程的软件都应该称作工业软件。不限于制造业,包括能源(水电、煤电、核电、风电、光伏、燃气等)、原材料、采掘等领域的软件都是工业软件。

从内容上来说，工业知识是工业软件的核心内容，工业软件是工业技术 / 知识的最佳容器。没有工业技术 / 知识的积累，就没有工业软件。因此工业技术软件化具有重要的历史和现实意义。

从运行环境上来说，工业软件并不是一个纯粹的二进制数字虚体，它必须生存、运行在芯片中，通过代码指示芯片做一系列开关操作，来控制电脑硬件（如显示器）发挥应有的作用。

从作用机理上来说，工业软件从"开环"发展到"闭环"，可以直接输出控制指令作用于物理系统，以真正两化融合的方式形成 CPS，体现软件赋能之后的"机器智能"。

从装备结构上来说，工业软件已经是工业品的一部分，是工业装备中的"软装备"，有必要单独列装，并着重进行战略规划。如果说中国工业品硬装备生产门类已经是世界第一，但是在工业品软装备生产上，仍然技术落后，残缺不齐。

从产品价值上来说，工业软件大大提升了工业品价值。总体上，有内置软件的工业品比没有软件的附加值高，软件代码越多的工业品附加值越高，软件算法越好的工业品附加值越高。很多高端复杂工业品，一旦拿掉其中的软件，就会立即贬值或报废。

从发展潜力上说，软件是算法发展的沃土，算法是软件的一个深藏巨大潜力的变量。使用普通算法即普通软件，植入人工智能算法即人工智能软件。因此无论是智数制造（DM-Digital Manufacturing）、智巧制造（SM-Smart Manufacturing），还是基于新一代人工智能的智能制造（IM-Intelligent Manufacturing），其发展关键皆在于工业软件。

综上所述，工业软件是以工业知识为核心、以 CPS 形式运行、为工业品带来高附加值的、用于工业过程的所有软件的总称。

国外近几年也开始出现工业软件定义（techopedia）："工业软件是一种可以帮助人们在工业规模上收集、操作和管理信息的应用程序、过程、方法和功能的集合。工业软件的使用者包括运营、制造、设计、建筑、采矿、纺织厂、化工、食品加工等行业用户及其服务提供商。"（Industrial software is a collection of application programs, processes, methods and functions that can aid in collection, manipulation and management of information on an industrial scale. Sectors that make use of industrial software include operations, manufacturing, designing, construction, mining, textile mills, chemicals, food processing and service providers.）

作者认为，上述定义在对工业范畴和基本作用的理解上与作者不谋而合，但比较而言，作者对工业软件的理解更深入和系统。关于上述工业软件定义中的内容，将在后续章节中展开论述。

关于"定义"的定义与边界

本节既然探讨"定义"，首先要明确"定义"的定义。在国内互联网百科上，定义（Definition）一词，原指对事物做出的明确价值描述。该词经过反复重用与优化之后，"定义"的定义被确定为：对于一种事物的本质特征或一个概念的内涵和外延的确切而简要的说明。

维基百科的 Definition 定义："A definition is a statement of the meaning of a term (a word, phrase, or other set of symbols). Definitions can be classified into two large categories, intensional definitions (which try to give the essence of a term) and extensional definitions (which proceed by listing the objects that a term describes)."（定义是术语（单词、短语或其他符号集）的含义的陈述。定义可分为两大类，内涵定义（试图给出一个术语的本质）和外延定义（通过列举术语描述的对象来进行）。）

以上"定义"的共性意思是：说明本质，给出内涵和列举外延。

深入辨析 定义机理

在描述"定义"的定义之前，首先需要说明，"定义"一词既可以作为名词，也可以作为动词和形容词使用。词性区分对于理解软件定义是有意义的，从某种意义上说，"软件定义"这个术语本身在字面上就可能存在不同理解。

首先，从词义上来理解"软件定义制造"这个专用词组。在谈及"软件定义制造"时，首先要确认此处的软件是包含工业技术／知识、用于工业过程的软件，默认为工业软件。对于"软件定义制造"的理解，可以从"制造"的定义来展开。

制造是根据市场需求，按照一定的方式、方法，把原材料（制造资源）加工成用户满意的产品的过程。实现这一过程的行业叫作制造业。该定义中包含了三个关键词：

- ▶ 制造资源，包括天然／人造材料、能量、信息、技术、知识、资金、人力、软件、芯片、网络、服务等所有有形与无形的资源。
- ▶ 制造过程，必要且行之有效的方式、方法和工艺流程。
- ▶ 制造对象（产品），是指用制造资源生产的、能满足人们某种需求的、能够供给市场并被人们使用和消费的任何制造结果，包括有形的物品，无形的服务、知识、观念，或它们的组合。

如果说"软件定义制造"，则其主要含义可以认为是：以工业软件来描述、约束、仿真、确定、集成、赋能、加速、放大、创新制造资源、制造过程和制造对象的一种新制造模式。

当"定义"一词作为名词理解时，具有以下的意思，如对"意义，价值，确切说明"的【描述】，对"概念，术语，名称"的【命名】，阐述"独特性，与众不同之处"的【属性】，界定"时，空，形，态"的【范畴】，解释"概念含义以及彼此关系"的【语义】等。按照维基百科定义，作者列举出"定义"的内涵和外延，如图 1-3 所示。

当"定义"一词作为动词理解时，意思会更丰富一些，如【控制、改变、替代、确定、测量、优化、放大、创新】"事物或物理实体的形与态"，【赋予】"事物发展前进的动能"等。如图 1-4 所示。例如，在动词为"确定"时，软件通过复杂的计算与逻辑推理，具有把不确定性数据（事物）变为确定性数据（事物）的能力。在动词语境下，控制、确定、优化、放大、赋予等含义的使用率较高。

当然，"定义"一词也可以作为形容词理解，可以给所有的动词后面加上一个"的"来理解即可。

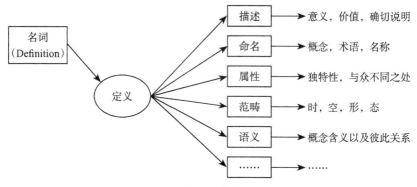

图 1-3　"定义"作为名词理解

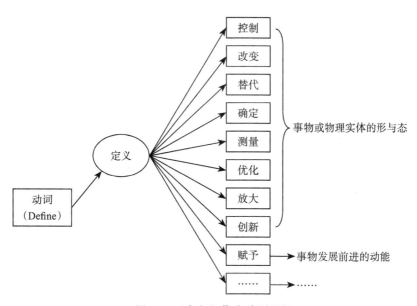

图 1-4　"定义"作为动词理解

梳理上述"定义"所具有的名词、动词、形容词的含义，可以看到"定义"所具有的内涵是很丰富的。在本书中，主要使用"定义"的动词含义，兼顾其名词含义。

作者用 TRIZ 发明方法论中对于"功能"界定的简明方式来分析软件定义的作用，即在一个"主语·谓语·宾语"齐全的语句中，去掉主语，保留主语发出的动作（谓语），然后把谓语和宾语放在一起，就形成了主语所具有的"功能"，即以"谓语·宾语"而形成一种典型的描述事物相互作用的功能。

当提到"软件定义某事物"的时候，显然，主语是软件，谓语是定义，宾语是被主语定义的对象"某事物"，因此，功能就是"定义·某事物"。在这里，软件定义的功能可以写作："【控制、改变、替代、确定、测量、优化、放大、创新】·【事物或物理实体的形与态】"或"【赋予】·【事物发展前进的动能】"是需要优先考虑的内容。如果把宾语确定为"机器"或"制造（结果 / 过程 / 材料）"，那么"软件定义机器"或"软件定义制造"的意思就是"软件·【控制、改变、替代、确定、测量、优化、放大、创新】·【机器（形与态）】"，此处的宾语也可以替换成"【材料（形与态）】"，或者是"【制造（结果 / 过程 / 材料）】。"

以作者的调研与观察，软件所具有的"控制、改变、替代、确定、测量、优化、放大、创新""制造（结果 / 过程 / 材料）"的现象，天天都在发生，已是普遍现象。

芯片筑基　比特赋能

我们从软件程序运行上来理解"软件定义制造"。软件开发离不开各种以类似人类语言的格式和逻辑来编写程序的高级语言。不管软件是用哪种高级语言编写程序的，最终，这些程序语言都要被编译器转换成为"0、1"形式的机器指令来驱动芯片运算，编译器通常可以理解为从软件通向硬件的桥梁。

尽管软件在很多高校和科研单位都被作为一个相对独立的专业来研究，但是作者认为，单独研究软件容易脱离软件运行的硬件基础，容易脱离软件以决策和数据所控制的物理设备。因为软件从来就不是一个仅仅具有"计算"属性的器物，而是还具有更重要的"控制"属性的器物。

软件作为一种数据、信息、知识的高度融合的数字载体，必须生存、运行在芯片中。软件与芯片形成了共生关系。芯片的功能与性能约束了软件的运行速度和可以定义的"能力"，而软件的程序化指令不断驱动芯片中的门电路和场效应管做"开""关"运行，因此软件从诞生之日起就具有驱动芯片的"准CPS"

特征。

软件和芯片之间的关系也是微妙和不断变化调整的。过去，软件必须去适应芯片，要基于芯片的约束来开发软件；而今天往往是为了更好地运行软件，最大限度地发挥软件性能来设计芯片，即基于软件需求去研发芯片。

首先，芯片具有为软件"容身、计算、存储"的作用，软件具有为芯片"赋值、赋能"的作用。软件与芯片的各自优点综合匹配在一起，才能发挥最好的效益。软件与芯片共同构成了一个融合体，是一个"准 CPS"，很难说谁"定义"了谁。但有两点显而易见：软件是芯片强大算力的作用对象，没有芯片强大算力的支持，软件很难发挥对物理实体的"赋能/赋智"作用；蕴含在软件中的人类知识是人造系统"智能"的源头，没有软件中的各种模型与算法知识的逻辑导引，芯片强大算力也失去了用武之地，同样无法形成对物理实体的"赋能/赋智"作用。软件和芯片的共生关系如图 1-5 所示。

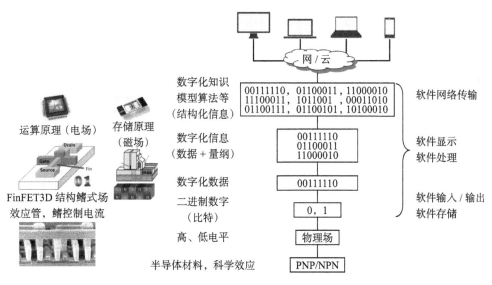

图 1-5　软件与芯片的共生关系（图中 1/0 排列仅为示意）

其次，软件所产生的决策与数据对物理设备具有精确的控制作用。如图 1-5 所示，以 CPU 门电路中的场效应管为例，在软件数字指令驱动下，高电平（开/

通电流）为 1，低电平（关/断电流）为 0，因此在该场效应管上不断以极速"开/关"的状态来进行计算，最终一组一组的门电路输出了一串一串经过计算后形成的"1/0"排列的二进制比特数据，这些比特数据可以用来驱动显示设备（如各种显示屏），也可以用来驱动物理设备中的控制器，让机器或产品精准运转，由此而体现出软件对芯片、外设、物理设备的控制性。

早期软件只在电脑上使用，硬件范围只包含一些显示、打印等外部设备，软件运行的结果只需要显示在硬件屏幕上，显示的可能是数据，也可能是曲线曲面，还可能是图像或声音，但是，这些计算结果并不要求形成"闭环"，只要能辅助人进行决策就可以了。而今天，硬件范畴已经扩展到所有与电脑联接的工业设备，软件运行的结果是要用来驱动物理设备的，是要与物理设备形成"闭环"的，即物理设备的每一个细微动作都被感知到，都要通过传感器反馈到软件中，软件根据物理设备"此时此刻"的工作场景进行计算，根据内嵌的机理模型或推理规则进行决策，给出物理设备下一步的最优化、最精准的动作指令。因此，软件和芯片，与工业设备之间的关系就变得实时、紧密，并且是丰富多彩了。

软件从驱动芯片运算、"软件+芯片"驱动计算机外设运行，发展到"软件+芯片"驱动工业物理设备运行，使得软件对物理设备的行为产生了强大的"定义"作用，形成了软件定义制造的基本内涵。

研发生产　全面定义

工业软件的应用已经全面覆盖、细微渗透到了全寿期中的产品研发、生产、使用维护，甚至是报废等环节。为了说明这种覆盖与渗透的情况，作者以自行车上的一个结构非常简单的前轴零件为例，来说明在这个零件的设计生产过程中，都用到了哪几类软件，这些软件是如何定义前轴诸多制造要素的。

1）软件定义前轴的形状与结构：前轴是一根细长圆柱状零件，中间段光滑并直径略小，两端有螺纹，可以用尺寸定义其总长、直径和螺纹长度、螺距以及螺牙角度。用 CAD 软件定义的前轴及两端外螺纹如图 1-6 所示。

图 1-6　用 CAD 软件定义的前轴（北京华成经纬软件科技有限公司用 tpCAD 软件绘制）

2）软件定义零件装配关系：可用三维 CAD 软件画出与前轴有装配关系的其他零件的装配图，如图 1-7 所示；也可以同时给出手工绘制的二维装配图纸，如图 1-8 所示。中间从左到右贯通的 6 号零件就是前轴。利用装配图制作的分解图（也称爆炸图）可以清晰地描述多个零件之间的装配关系（次序、位置、姿态等）。

图 1-7　前轴三维 CAD 装配图（北京华成经纬软件科技有限公司用 tpCAD 软件绘制）

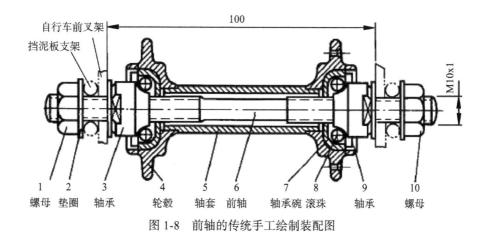

1	2	3	4	5	6	7	8	9	10
螺母	垫圈	轴承	轮毂	轴套	前轴	轴承碗	滚珠	轴承	螺母

图 1-8　前轴的传统手工绘制装配图

3）软件定义力学仿真：根据前轴的实际应用场景和受力情况（简称工况），在用三维 CAD 建好的前轴模型上施加数字化的"载荷"，即给出这个轴的受力情况，是静载荷（一个 60 千克的人骑在车上不动）、还是动载荷（在骑行过程中急刹车）、还是冲击载荷（在坑洼沟坎路面上颠簸），前轴的设计强度是否满足给出的某种工况要求（总重 300 千克的人是否会压断前轴，或者会在骑行过程中颠断前轴），等等，都可以用 CAE 软件进行仿真计算。

如果一辆自行车上承载了类似杂技表演叠罗汉的多个人，那么前/后轴就会被施加上很大的载荷，而此时就要考验前轴在这种场景下的强度表现了。当分别施加了 12kN、25kN 和 50kN（千牛顿，1 牛顿 =0.102 公斤）载荷时前轴的力学表现情况（设定计算条件——杨氏模量为 100GPa，抗拉强度为 200MPa，泊松比为 0.3，密度为 7800kg/m³，弹性极限为 0.2%，断裂极限为 25%），如图 1-9 所示。

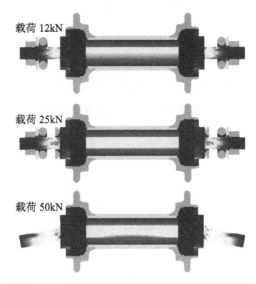

载荷 12kN

载荷 25kN

载荷 50kN

图 1-9 不同载荷下前轴的强度和失效计算（用 DELAB 软件计算）

4）软件定义材料及特性：上述力学状态分析需要 CAE 软件里必须有较为完整的材料数据库，其实材料数据库也是软件模型。根据前轴设计中的选择，指定自行车前轴模型使用某种特定材料，于是就有了材料属性的模型，这样才可以做静力、动力、强度、疲劳、可靠性等内容的计算和仿真，有时甚至需要非常专业的材料非线性仿真分析软件和可靠性分析软件。某些情况下，需要专门开发某种材料来用于某种产品，这就有可能用到专业的材料分析软件。

如果前轴强度不满足工况（例如支撑 300 千克骑行者使用至少 5 年）要求，就必须要换一种强度更高的材料，至于用哪一类钢材，甚至用什么合金，包括是否需要反过来改动前轴的结构（如加粗直径）等，都需要用 CAE 软件做一定的计算，然后形成一个前轴的数字孪生体（参见第五章），在前轴数字孪生体上做完大量数字化试验之后，确保前轴可以一次做优，从而进入前轴的批量生产阶段。

5）软件定义工艺流程：自行车前轴的结构看似简单，但是其生产过程也涉及很多工艺内容。加工这样一个前轴的工艺过程并不复杂，但是该有的工艺程序一步也不能少。首先，把一根合格的金属棒料夹在车床上，根据图纸把中间段外圆车出来。然后，根据图纸要求车出两端的螺纹。如果螺纹要求不高的话，也可以用制造普通螺栓的方式去搓制螺纹（需要设计出搓制螺纹的搓丝牙板）。最终，给前轴做表面强化处理，让它成为一个合格的自行车零件，装配在自行车上正常使用。上述一系列工艺过程的制定，特别是在实际加工前的工艺仿真，可以使用计算机辅助工艺 CAPP 软件来进行设置和计算，最终给出最佳工艺过程。

6）软件定义刀具轨迹：例如用车床制作前轴的外螺纹，可以用 CAM 软件在数控车床上编制好数控代码，做好加工过程的刀具轨迹仿真并进行虚拟验证，检验工件（或刀具）转速、切入点、进给量等必要加工参数，确认走刀轨迹正确无误，不会撞刀和栽刀，才可以将验证后的 G 代码（数控程序指令）输入数控车床，进行实际加工。

7）软件定义产品检测：最后加工完成的前轴产品，还要使用检测设备进行检测，查看前轴所有的结构尺寸是否满足图纸上的尺寸及公差要求，螺纹的螺距、螺牙角度、螺纹长度是否符合要求，产品表面是否有瑕疵等。包括在试验台上给出静载荷或动载荷等苛刻试验条件，采集产品在检测中的试验数据，实际验证产品真实的性能和质量指标。检测过程可用 CAT 软件辅助完成。

8）软件定义使用维护：已经上市的产品，还要考虑如何进行定期的保养、维护与修理，例如，自行车前轴该何时保养、如何更换失效的零件、拆装的顺序和注意事项是什么、该向哪些合格的供应商订货或购买替换件等，都需要严格遵守产品维护手册或原厂规定的程序与标准。如果复杂产品疏于保养或者维护不当，或者使用了非指定供应商的替换产品，设备可能就会报废。复杂产品的维护可以在 MRO 软件辅助下完成。而且，在产品设计阶段就应该完成对产品使用维护的所有涉及要素的考虑。

9）软件定义数字孪生：最后形成的数字化虚拟前轴还要装到数字化虚拟自行车上去，做整个自行车的数字化装配分析，以及在数字化路面上、数字化的各种气象条件下，进行自行车骑行过程中的各种工况的数字动态仿真计算分析，包括预测该产品能用多长时间，物理产品消失后数字产品如何发展和管理等。这些分析会用到系统仿真软件、多物理场综合仿真软件，以及前面提到的多种软件等。

一个小小的自行车前轴，从产品设计、仿真、工艺设计、工艺仿真、编制数控车床加工的数控代码、成品检测等，都是基于包括材料特性和工艺属性的数字模型工作，并不断迭代生成新的数字模型（数字孪生）。

作者以一个自行车前轴为例，仅仅讲了该产品全寿期中几个阶段的部分内容，仅仅做自行车前轴数字化研制过程的某些仿真分析验证，就需要十几个工业软件和相关的材料数据库、环境数据库等才能完成。看得见的是产品的结构与表面，看不见的是产品的微观结构与材料属性，这才是产品研发能够展现真功夫的地方。如果是自行车整车的研发，或许就需要几十个乃至上百个工业软件，而复杂产品的研制过程，可能就需要数百个乃至几千个软件了。

可以说，在产品竞争白热化的今天，如果没有软件定义，复杂产品研制成功的概率几乎为零。

正视局限　认清两面

"软件定义制造"的作用与价值在于打破了原来以物理设备功能为核心的传统系统框架，在物理设备原有的功能基础上，把物理设备作为一种"平台"，通过丰富多彩的软件来对平台上的各种既有功能进行增加、放大、组合、管控、协调等操作，充分展现物理设备的功能性、灵活性、适应性、易扩展性、安全性、可管理性等，使得系统整体功能更强、价值更大、更趋于智能。

尽管本书的写作重点是"软件定义制造"，但是对其理性看待显得尤为重要。一方面，我们要充分认识到软件的巨大作用，另一方面，也要看到软件的某些短板，不能无限夸大软件作用，不能陷入"唯软件论"或夸大到"软件定义一切"。

软件尚不能定义一切

首先，"软件定义"并不等于"软件决定一切"——软件可以在给定的物理设备的基础上，来定义物理设备的某些内涵和外延（所能达到的功能、价值、智能程度），可以驱动物理设备控制器的底层功能，但软件不能倒过来决定物理设备是什么，即软件"赋值、赋能"的作用再强大，也不能改变物理设备的基本属性。例如，CAM 软件、数控软件或工业 APP 可以丰富发展数控机床的作用，将数控机床定义为一台"铣床""增材 + 减材设备"或者是"工业机器人"，但是数控机床的基本架构决定了它还是一台数控机床，无法成为一辆汽车。再例如，一部智能手机，通过 APP 的作用，可以将其定义为"导航仪""血压计""收音机""网上银行"，甚至更多，但是 CPU、存储、通信模块等硬件架构决定了它还是一部智能手机，不可能具备超算功能。

其次，强调"软件定义"并不是说芯片等计算机硬件不重要——芯片是软件的容器，运行的载体，逻辑的联合实现者。软件与承载它的芯片是强强联手的融合体，单独谈软件的功能意义不大，因为没有算力强大的芯片，就没有功能强大的软件。前已述及，软件是一个"软 + 芯"的"准 CPS"。另外，网络设备也非常重要，未来的软件，绝大部分都是云（移动互联网）化软件，运行在云端，没有泛在的网络，就没有泛在的软件和泛在的数据。

再者，"软件定义"与工业设备 / 物理机器唱主角并不矛盾——软件定义的目的，就是让所有的工业设备 / 物理机器能够以更新的面貌、更可控的系统、更高的效率、更精准的动作来驱动工业设备的运行。软件、硬件与物理设备的有机结合与互相依托，缺一不可。提倡"软件定义制造"并不意味着用户必须淘汰现有的物理设备，或者去搞"机器人换人"等。任何物理设备的强大与先进都离不开软件的支撑，但是当任何软件脱离了制造业的实际场景和应用载体，也将变得"魂不附体"。因此，软件作为工业之魂，物理设备之魂，必须要"定魂守体""强魂壮体"，以伟岸之体魄、智慧之灵魂，来打造新工业装备。

最后，作者想强调的是，软件可以定义客观世界中的无数事物，但是软件不能定义一切，软件只能定义可以定义的一切。简而言之，从基本内涵和实现逻辑来说，软件是人类知识（如运行规律、机理模型、推理规则等）的数字化实现，是把人类语言经过编程转换成了机器低层语言，才能让软件的计算在程序引导和驱动下进行下去。客观世界中还有大量的人类尚无法认识其规律、不知其机理、难以将其准确描述的事物，很多情况下，人类的语言都是苍白乏力的，甚至人对自己的大脑思考过程都是缺乏了解的。显然，软件无法定义不知运行规律、缺乏机理模型、难以准确描述的事物。"软件定义一切"是不成立的。

软件定义具有正负两面性

作者必须指出：实现"软件定义"的前提是输入的数据正确。对于软件里面所包含的机理模型、模拟人类思考的推理逻辑等，都需要给各种计算变量赋予正确的数据。如果数据出了问题，那么计算结果必然有问题，也就会引发物理设备问题，这就是常见的"garbage in, garbage out"（垃圾输入，垃圾输出）。波音737 MAX 8连续两起空难就佐证了这个问题。

波音公司时任CEO米伦伯格在2019年4月承认："很明显，737 MAX 8的自动防失速系统（机动能力增强系统，MCAS）为了回应错误的迎角信息而被激活"，导致了两起致命空难。MCAS其实就是一套由软件和飞控操作部件组成的系统，其设计初衷是避免因为发动机安装位置的变化所导致的飞机容易机头上扬而进入失速。当飞机的迎角过大时，MCAS就会启动。为了监测迎角大小，MCAS需要依赖飞机机翼上安装的传感器，如果检测到迎角接近失速状态，该系统就会通过调节位于平尾的水平安定面，增加飞机的低头力矩，以改出失速。但是，只靠某一侧机翼上的单一的传感器的信号去启动MCAS的设计显然是不合理的。如果传感器给出了错误的信号输入，就会导致错误的输出结果。

因此，即使软件中的逻辑推理非常正确，即使机理模型设计无误，但是如果输入的数据是不可靠的，计算完毕后给出的输出结果也是不可靠的。实现"软件定义"的基本前提是输入数据正确！还有一种极端的情况，就是对软件定义的非法使用。对于实现了软件定义的系统，如果一旦被黑客或不怀好意的人非法侵入利用，那么其所产生的破坏力是惊人的，因为这种非法利用既可以跨越时空（如网络远程侵入），又可以接管系统，还可以修改原有软件代码或替换软件版本，或是植入木马病毒（如震网病毒）。

作者提醒读者：病毒或恶意程序，也是一种"软件定义"的具体实现，病毒或恶意程序的设计目的，就是对正常软件系统中的文件系统、数据系统，甚至对计算机管理与控制的物理系统进行干扰和破坏。值得注意的是，早期的病毒只是破坏电脑中的数据甚至破坏电脑网络，但是在万物互联的大背景下，在新工业革命所形成的工业互联网时代，病毒会直接影响甚至破坏工业设备中的物理系统，如导致各种设备中的软件功能失效（例如关闭燃气水电系统，让所有路口的交通灯都是绿灯或红灯、让铁水不浇铸而冷凝在炉内），或者利用软件和物理设备的自身缺点来导致物理设备失效（让设备超过额定转速运转，让盛满钢水的钢包跌落，让工业锅炉数倍超压，让机械手猛击产品而自损等）。因此，对软件定义有可能引发的工业信息和设备安全的问题，必须保持足够警惕，必须制定有效防范措施。

综上所述，软件定义虽然从理念到绝大部分实现的功能都非常好，但是读者对其中所包含的正负两面的内涵应该有清醒认识。在具体应用上，要做到"有所为，有所不为"，要根据具体的应用场景和实现环境来做具体实施与管控。

软件作用：无软不硬

各种形式的复杂工业系统，其核心使能技术是工业软件。过去，连接工具、系统、设备等"工业躯体"的是管道、电线、触发器、连接件、支撑件和紧固件等物理组件，而今天，起到联接作用的是已经成为"工业神经"和"工业魂"的工业软件。没有工业软件的工业，将是一具丢了魂的躯壳。

近十多年来，软件大举进入了机器，成为机器中的"软零件""软装备"，进而成为机器的大脑和神经，主宰了机器世界的运行逻辑；同时，开发任何复杂产品，都已经离不开软件手段的支撑，例如没有计算机辅助工程（CAE）软件，诸如飞机、卫星、航母、高铁、高端芯片等复杂产品根本开发不出来。

研发缺软件　难出精品

对于现今产品，考虑其结构复杂程度、技术复杂程度以及产品更新换代的迭代速度，如果离开各类工业软件的辅助开发，仅仅依靠人力已经是不可能实现的研发任务。因此，基于软件的研发手段实现产品开发，已经是工业领域的常态。基于软件的研发手段实现产品开发和传统产品开发的最大区别，就是改模拟量传递为数字量传递，把串行工作模式变为并行工作模式。其带来的必然结果是缩短产品研制周期，提高产品质量，降低研制成本，给客户呈现精品。

在飞机制造领域，早年是"以图纸为基础、以样机为驱动"的串行研发模式。极其复杂的飞机结构设计，是由千千万万的设计工程师们一笔一画地手工绘制出来的。设计师绘制图纸需要手持铅笔和 T 形尺，或坐或站，甚至趴着来绘制超大幅面的飞机装配图或大部件图纸。不仅工作十分辛苦，而且精心绘制的图纸还会包含很多当时难以发现的隐性设计错误，而这些隐性错误要等到试制飞机零件 / 部件，甚至要等到组装整机时才能被发现，因此，尺寸超差，结构件无法正常对接等问题层出不穷。反反复复的迭代修改，造成飞机研制周期很长，通常需要 8～10 年。传统手工绘制工程图方式如图 1-10 所示。

图 1-10　传统手工绘制工程图方式

基于三维计算机辅助设计软件（3D CAD）的数字化设计，彻底改变了飞机的设计过程。基于 CAD 的三维数字化技术让飞机研发过程逐渐演变到"以模型为基础，以仿真为驱动"的并行研发过程。

波音公司于 1986 年开始采用三维数字化技术分别对 747-400 液压管路系统、PD41 段三维概念设计和空间布置、767-200 RB211 三维数字样机及制造、737-500 三维生产过程、V-22 管路电缆协调验证、767-200 飞行舱三维制造过程、757-46 段数字化预装配、767-200 43 段三维设计和制造过程、777 41 段驾驶舱100% 三维设计过程等进行了应用验证。在此过程中获得了大量经验与教训，制订了一系列有关数字化设计制造的规范、手册、说明等技术文件，同时按精益生产思想不断改进研制过程，基本上建立起数字化设计制造技术体系，为全面应用数字化技术奠定了组织和管理方面的基础。

波音 777 飞机作为世界上第一个采用全数字化定义和无图纸生产技术的大型工程项目，成为 20 世纪 90 年代制造业应用信息技术的标志性进展。波音 777 飞机开发、研制、制造一次试飞成功的根本途径就是采用数字化技术和并行工程。波音公司在多年扎实的数字化技术试验的基础上，具有充分的技术积累和组织管理经验，并在研制波音 777 新机过程中全面应用了这一新技术，主要体现在三个方面，零部件的 100% 三维数字化定义、数字化预装配和以精益制造思想为指导，共建立 238 个设计建造团队实施并行工程。在此过程中，采用数字化预装配取消了主要的实物样机，修正了 2500 处设计干涉问题，便于测定间隙、确定公差以及分析重量、平衡和应力等，使设计更改和返工率减少了 50% 以上，装配时出现的问题减少了 50% ～ 80%，使波音 777 飞机于 1994 年 4 月提前一年上天。波音 777 飞机的研制周期由 10 年减少为 4.5 年，造出的第一架波音 777 飞机就比已经造了 24 年的第 400 架波音 747 的质量还要好！

中国航空工业集团第一飞机研究院（简称"一飞院"）2000 年在"飞豹"飞机研制中全面采用了数字化设计、制造和管理技术，在飞机全机研制和应用中取得了重大突破。数字化设计技术和产品数据管理得到应用，在国内应用水平领先，发挥了先导和示范作用。数字化设计制造管理的基础条件建设初具规模。一飞院根据飞机的研制特点全面应用了数字化设计技术，取得了显著成效。实现了飞机整机和部件、零件的全三维设计，突破了数字样机的关键应用技术，建立了相应的数字样机模型，在此基础上实现了部件和整机的虚拟装配、运动机构仿真、全面装配干涉的检查分析、空间分析、拆装模拟分析、人机工程、管路设计、气动分析、强度分析等，显著地加快了设计进度，提高了飞机设计的质量，飞机的可制造性大幅度提高。如图 1-11 所示。

在 PDM 系统的应用中，也一定程度地实现了对飞机产品结构、设计审签、数据发放、设计文档（包括 CAD 模型）的管理与控制。最终建立了全机数字样机（具有 51897 个零件、43 万个标准件、共形成 37GB 的三维模型的数据量），并以三维模型（全部数控零件共 487 个）和二维工程图样的方式向工厂发放数据。通过应用初步建立了数字化技术体系的雏形，包括三维数据技术体系、数字化标准体系、三维标准件库、材料库，以及实施数字化设计的部分标准规范，在实施并行工程方面也已取得了一些经验。在实施数字化设计 / 制造的集成和数据管理方面做了许多工作。初步编写开发的数百份数字化设计、管理文件，开发的标准件库有 GB、GJB、JB、HB 等；类别有结构、机械系统、管路、电器等，共有 5 万多个，都已在飞机设计中得到了应用，已取得了一定的经验。

图 1-11 飞豹全三维数字样机

一飞院在此基础上，在新支线飞机研制中水平又有了新的提高。开始采用 VPM（虚拟产品管理）系统进行设计过程和产品数据的管理。确定了产品结构体系和产品数据体系。初步实现了任务流的管理、产品结构和构型管理及 DMU（数字样机）的管理，取得了以下多方面效益：

1）数字化设计技术的推广应用已为中航第一飞机研究院和制造厂商西飞公司带来了巨大的效益。

2）设计周期由常规的 2.5 年缩短到 1 年。设计周期缩短 60%。

3）减少设计返工 40%，提高了设计质量。

4）制造过程中工程更改单由常规的 5000 ～ 6000 张减少到 1081 张。

5）工装准备周期与设计同步，缩短了制造周期；保证了飞机的研制进度。

从 1999 年底开始研制到 2002 年 7 月 1 日飞机首飞成功，仅用两年半时间。没有工业软件定义的高精度的数字样机和设计制造一体化，这个目标不可能实现。未来，诸如飞机等复杂产品的研制，将会迈向"以综合模型为基础，以数字孪生为驱动"的新型研发模式。参见第五章。

<h2 align="center">生产缺软件　产线瘫痪</h2>

美国国家标准与技术研究院（NIST）在其提出的"智能制造生态系统"模型中，把 MES（现在称 MOM）放在了"智能制造金字塔"的重要位置上，如图 1-12 所示。

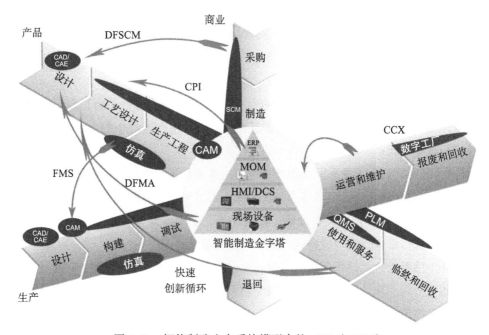

图 1-12　智能制造生态系统模型中的 MES（MOM）

MES 是 ERP 等上游系统与 DNC/MDC 等下游系统之间的桥梁，MES 强调控制、协调和执行，使企业信息化系统不仅有良好的计划系统，而且能使生产计划落到实处。MES 可将 ERP 的主生产计划按照车间设备、人员、物料等实际情况，分解成每一工序、每一设备、每一分钟的车间工序级计划，使企业生产管理数字化、生产过程协同化、决策支持智能化，促进精益生产落地及企业转型升级。

狭义的 MES 软件包含以下模块：

1）基础数据管理：包括组织结构、人员权限、客户信息、设备信息、产品BOM（物料清单）及工艺路线、系统设置、日志管理等；

2）计划管理：包括计划的创建、分解、浏览、修改、激活、暂停、停止、统计等；

3）作业管理：包括派工管理、调度管理、零件流转卡管理等；

4）高级排产：通过各种算法，自动制订出科学的生产计划，细化到每一工序、每一设备、每一分钟。对逾期计划，系统可提供工序拆分、调整设备、调整优先级等灵活处理措施；

5）现场信息管理：任务接收、反馈、工艺资料、三维工艺模型查阅，利用多种数据采集方式，进行计划执行情况的跟踪反馈。支持条码、触摸屏、手持终端、ID卡扫描登录等各类反馈形式；

6）协同制造平台：实现生产准备、现场作业的协同进行，包括对工具、工装、加工程序、物料、工艺等准备状态管理，以及生产过程中的各种异常处理、统计分析等功能；

7）物料管理：包括车间二级库房的出入库等日常事务管理；

8）工具管理：包括工具库房的出入库、刀具维修、报损等日常事务管理；

9）设备管理：包括设备维修、设备保养、备品备件管理等功能。通过与设备物联网进行集成，实现设备运行数据的实时显示；

10）质量管理：对车间内生产过程质量进行及时的监控与管理，对质量信息进行相关分析、统计，支持质量追溯等功能；

11）决策支持：对系统内数据进行深入挖掘，提供计划制订、任务执行、库存、质量、设备等多视角的统计分析报表，为车间相关人员，如管理者、库房员、操作工等各角色提供决策依据；

12）输入输出：包括与条码扫描仪、触摸屏、手持终端、LED大屏幕等硬件设备进行集成使用，便于进行信息采集、接收、展现等；

13）系统集成：与其他系统进行集成，实现数据共享。

功能完善的MES软件应该包含高级计划与排程（Advanced Planning and Scheduling，APS）这个企业生产制造中必不可少的软件。在离散制造业，APS是MES的核心模块，只有通过APS才能使MES中的计划更精确、科学，才能使 MES 流畅地运行起来。

车间级的详细排产，是在对生产过程知识高度抽象的基础上，基于各种优化算法，在车间生产资源与能力约束的基础上，比如原材料、加工能力、交付期、工装等各种约束条件下，通过先进的算法（如神经网络算法、遗传算法、模拟退火算法等）以及优化、模拟技术，从各种可行方案中选出一套最优方案生成详细生产计划，从而帮助车间对生产任务进行精细而科学的计划、执行、分析、优化和决策管理。

一套成熟的 APS 系统中，蕴含着大量的制造业与算法技术等隐性知识，可以很好地帮助制造企业进行科学化、智能化地计划排产，是实现车间生产计划精细化、准确化的有效手段，是实现整个生产过程智能化的前提。APS 根据 MES 软件的计划，基于车间现有设备有限能力进行工序级任务排产，可很好地解决在多品种、小批量生产模式多约束条件下的复杂生产计划排产问题，便于进一步优化生产安排，实现负荷均衡化生产。没有车间的 MES/APS 软件所定义的设备能力、最优生产计划和生产质量管理等内容，所有的机床、生产线等制造设备，不可能按照给定的计划来组织有序、高效的生产，甚至会陷于混乱和瘫痪状态。

管理缺软件　执行不力

工业中用到的管理软件有很多，是一个十分庞大的体系。仅仅在制造业领域，较为常用的有管理产品生命周期的 PLM 软件、管理企业资源规划的 ERP 软件、管理供应链的 SCM 软件、管理产品维修与维护的 MRO 软件、管理设备生产运营的软件、管理试验设备和试验过程的软件甚至包括管理软件开发过程与代码的软件等。这些不同的软件之间，在功能上也有一定的重叠和嵌套。如 PLM 软件中就包含了某些 ERP 和 MRO 的功能。下面以企业较为常用的 ERP、PLM 软件为例，来说明软件如何定义研发、生产与运维的管理。

ERP 软件定义企业资源管理

国内较早从事 ERP 软件开发与应用的资深专家蒋明炜先生指出，在企业实施 ERP 的目的在于最大限度地缩短产品生产周期和采购提前期，降低库存和在制品资金占用，提高准时交货率，快速响应客户需求，提高客户满意度，提高生产效率，减少加班工时，降低产品成本，提高劳动生产率，提高资金周转率。提高产供销人财物生产经营数据的及时性、准确性、集成性和共享性。实现整个供应链上物流、资金流、信息流、责任流的集成。最终提高企业的核心竞争能力。

ERP 软件的效益机理主要基于"两个闭环"。

▶ 科学的供应链计划体系

有不少人曾经对 ERP 的直接经济效益持怀疑态度，认为很多指标难以量化。其实只要认清并牢牢抓住 ERP 的真谛，ERP 是可以为企业带来实实在在的经济效益的。

ERP 软件也经历了一个长期的发展过程，从物料需求计划（MRP），到制造资源计划（MRPII），到今天的企业资源计划（ERP），都紧紧围绕一个"P（计划）"字来发展和提升——P 即整个供应链的计划。从需求计划（DP）、主生产计划（MPS）、粗能力计划（RCCP）、物料需求计划（MRP）、能力需求计划（CRP）到车间作业的准时（JIT）生产计划，P 将用户需求转换成产品生产计划，零部件和物料的采购、外协、生产计划，再到车间工序级的计划，形成一个动态闭环的供应链计划体系。

ERP 中的 MRP 改变了传统人工以产品为对象的台套计划的方式，它按照每一种物料的提前期、批量政策编制这些物料的采购计划、外协计划和车间生产计划，因此它能最大限度地缩短物料的采购提前期和生产周期，降低库存和在制品资金占用，达成 ERP 的诸多目的。手工台套计划与 MRP 零件计划的比较，如图 1-13 所示。

另外，由于 ERP 是一个滚动的动态闭环的计划体系，而不是人工的静态非闭环的计划。滚动计划与非滚动计划的比较如图 1-14 所示。

图 1-14 中上方左边为人工季度计划，右边是季度计划月滚动。下方左边是人工月计划，右边是月计划周滚动，甚至细化到按天滚动。动态闭环计划将会消除计划执行中的各种干扰因素，确保计划的可执行性。所以，科学的供应链

计划是 ERP 为企业创造效益的真谛。到现在为止，很多没有认识到这一点的企业，花了大量的人力、财力和物力，但是 ERP 的实施仍然停留在"供 / 销 / 存 + 财务"的层面上，稍好一点的企业做到了业务财务一体化，提高了管理效率，但是，ERP 软件并没有为企业创造真正的管理效益。

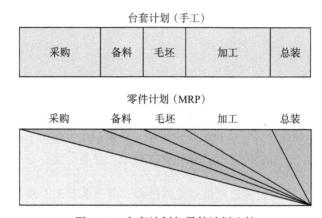

图 1-13　台套计划与零件计划比较

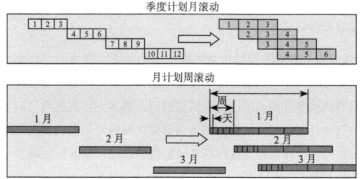

图 1-14　滚动计划与非滚动计划

▶ **科学成本核算方法**

ERP 成本管理是要做好事前计划，事中控制，事后分析。建立标准成本、实际成本、成本分析的闭环控制体系。采用逐步结转法，细化成本核算对象到零部件，到工艺阶段。成本数据基本上都要从工程数据管理系统、库存管理系统、车间管理系统、财务的账务系统获取，而不是来自车间会计手工输入，这样才能保证数据的客观性和准确性。为成本控制提供科学的依据。

即使到了新工业革命时代，ERP 软件的内涵并没有过时，在图 1-12 介绍的美国 NIST 智能制造生态系统模型中，ERP 软件仍然处于"制造金字塔"顶端。当然，ERP 软件现在正向云端迁移，以适应工业互联网的发展需要，这是一个重要的技术发展趋势。

PLM 软件定义

产品全生命周期管理（PLM）的范围从需求管理、概念设计、研发设计、工艺规划、生产制造，到维护服务直至退出市场。它管理了整个过程中与产品相关的各阶段的产品数据，通过将产品生命周期下游的信息反馈到上游，以优化前期产品的研发过程，从而综合提升产品的研发效率与服务价值。

传统的 PLM 聚焦在制造业信息化的层面，着重实现对企业的数字资产（如各种产品数据）的管理，往往不涉及对企业物理资产的管理（参见第四章第一节）。管理企业数字资产的观点认为，产品生命周期是一种将产品视为具有不同成长与发展阶段的观点理论。很多相关的信息和管理技术需要分解到生命周期的某个阶段才能更清晰地体会。

1）需求管理：有些产品的生命周期是从某种构思开始的，有些产品则来自于市场的实际需求、客户的偏好等个性化需求，还会有一部分需求纯粹始于企业自身业务发展的战略方向。不是每个需求都可以转换到正式的产品研发，但这些需求相关的资料乃至尝试的过程，都会为未来产品的诞生形成宝贵创意财富和新一轮研发的参考，因此也需要进行需求的捕捉、管理、分析与规划。

智能制造的难点之一，在于对产品研发需求的搜集、分析和有效管理，尤其是针对个性化的客户需求。

2）概念设计：概念设计是设计过程的初始阶段，是产品设计者对客户需求的响应和验证，对于新产品开发而言，概念设计要建立若干重要的产品初始参数，确立产品的基本轮廓，例如如何确定实现产品功能的原理、服务、流程和策略等。概念设计的交付物可以是概念草图、数字模型或实物模型，其验证可以是企业内部的专家验证，也可以是概念产品的市场验证。

通常，设计者往往对概念设计的认识比较模糊，企业产品研发过程中也缺乏严谨的概念设计过程，甚至错位把工业设计直接当成概念设计，结果导致所开发的产品市场定位不准，特色不明。

3）研发设计：研发设计又叫产品工程阶段，即基于概念设计，采用进一步的步骤和详细规格来进行产品开发，把此前概念设计变为具体产品定义。产品规格描述形式与载体主要包括：各种 Office 格式的说明性文档、各种 CAD 软件所产生的二维图纸和三维模型，各种 CAE 软件所产生的分析性数据和结论，尤其重要的，是形成与产品开发阶段有关的物料清单（BOM，Bill of Material），为了与后续各阶段产生的不同用途的 BOM 相区分，研发设计阶段的产品 BOM 又被称为 EBOM（Engineering BOM）。

因此，在此阶段相匹配的技术解决方案有：各类 CAD 软件的建模技术，基于各种物理场的单一仿真、综合仿真以及有限元分析技术（CAE），对各类工具软件（包括但不限于 Office、结构设计软件、电子设计软件、电气设计软件、编程软件等）的完整识别和多学科一体化数据集成、可视化方案及评审技术等。

这个阶段还会涉及一系列工程思想和管理理念：如 MBSE（基于模型的系统工程）、EBOM 的配置管理，产品数据的有效性管理（产品数据的状态管理、版本管理、基线管理及发放等），自顶向下的产品设计、自底向上的产品设计、工程变更管理等。

4）工艺规划：该阶段也称制造工程阶段，是基于产品研发输出的详细规格进行生产工艺的准备与信息转换，最终形成产品制造过程的具体操作方法，即：用什么样的材料、劳动力和设备，通过怎样的操作，以什么顺序来制造出满足产品工程设计规格的产品。不论最终的工艺结果文件采用哪种描述格式，一般都要涉及：工艺路线（工序、工单等）、生产资源需求，而作为企业知识的完整管理，往往还要涉及标准工艺路线管理、工艺资源库等内容。

随着技术手段的不断提高，近些年，数字化工艺技术在不断完善成熟，成为产品全生命周期管理中最有价值的领域。通过数字化工艺手段，能够实现包括但不限于以下方面的价值：虚拟调试、装配仿真、机器人离线编程及仿真、人因工程、物流仓储方案仿真及优化、工艺设计及优化、生产布局优化、工时分析、设施验证分析、工装设备优化等等。

在此阶段，强调了并行工程理论，即工艺在设计阶段就能够提前介入并同步验证工艺方案，为传统的工艺规划提供了更早的决策基础。

结构化工艺、数字化工艺是目前的热点和亮点，对在未来制造过程中全面提前模拟分析极具业务价值。

5）生产制造：也称生产制造执行阶段。根据上一阶段的工艺规划结果，进行相应的订单处理和资源调度，生产出所需数量的物理产品。由于这阶段产生了大量企业级信息系统的集成对接以及很多信息数据的大量交换，往往面临并需要能够解决以下问题：

生产订单的管理（包括与 ERP 集成或独立运行模块）、设备绩效数据管理（包括与不同设备的连接集成选项）、物料与生产物流（车间库存管理）、物料追踪与追溯、车间排程能力计划、工具与资源管理、设备程序管理、质量数据管理、生产能源管理、工艺数据采集、人员工时与出勤管理、绩效工资管理、门禁管理、事件升级管理（事件通知工作流）、数据分析及展现。

6）维护服务：此阶段的要求是确保产品能够持续提供给用户所需要的价值，在不同的行业，其所提供的不同产品都面临不同周期的维护服务。有些快速消费类产品甚至不需要复杂的维护服务，而有些复杂设备则面临大量的日常运维，一些大型产品（如核电站、飞机）等，则面临几十年的运维周期，因此需要维护、维修与大修软件（即 MRO）。

依据产品的复杂程度以及运维需求的不同，维护服务往往采用如下四种模式：面向简单产品的故障应激反应式处理，面向较复杂装备的计划性维护、预防式维护和预测性维护。

7）退出市场：当运维服务不再能够继续提供，大部分产品退出市场这个状态也将同步快速完成，同时意味着会有新一代产品即将更新上市。只是对于一些特殊行业的大型设施，如核电行业，往往核电站经过几十年的运维，涉及系列安全因素，其退出市场的过程却是漫长而复杂的，一般称为退役过程，即设施的逐渐停机及缓慢拆除。

产品全生命周期在"RAMI4.0（工业4.0组件参考架构模型）"中占有一个重要的维度（参见第四章），也是工业4.0中定义的"端到端集成"中的主要内容。所谓的"端"，就是产品全生命周期管理中所定义的各种人员、角色、供应方、数字/物理设备之间的端口等。

ERP、PLM是两种比较典型的常用管理平台，分别以软件形式定义了企业运营管理和产品研发管理。支持企业管理的软件还有很多，如供应链管理软件、设备健康管理软件、维修维护管理软件等。此处不再逐一列举。

设备缺软件　无法运转

工控系统是用于工厂、电气、水、石油、天然气等行业的一类工业软件/硬件系统。在工业生产和关键基础设施中常用的工控系统有PLC（可编程逻辑控制器）、SCADA（监控和数据采集系统）和DCS（分布式控制系统）等。工控系统的相关技术也称作OT（运营技术）。

广义上说，工控系统中的工控软件，包含了数据采集、人机界面、软件应用、过程控制、数据库、数据通信等内容，其特点是与硬件绑定，相对封闭和专用。现代工业设备的正常运转和精准工作，都是依靠工控软件来实现的。没有工控软件，设备必将瘫痪。

PLC

PLC是一种专为工业环境应用而设计的数字运算操作电子系统。它采用可以编制程序的存储器，用软件程序来执行存储逻辑运算和顺序控制、定时、计数、算术运算等操作的数字指令，并通过输入/输出（I/O）接口来控制各种类型的机械设备或生产过程。PLC既可以集成由几十个I/O组成的小型"积木"式设备，也可以集成由数千个I/O组成的大型机架式设备，这些设备也与其他PLC

和 SCADA 共同组网。

PLC 是在对工业电气控制设备具有高可靠性要求的汽车工业中发展壮大的。在 PLC 尚未出现的第二次工业革命时期，汽车制造业的控制、排序和安全联锁逻辑主要由继电器、凸轮定时器、滚筒排序器和专用闭环控制器等来实现，每种装置都要设定特定的控制模型。由于在车间里有上千个这类装置，因此每年更换这些装置的控制模型是一个耗时费力的工作，电工们需要为每种继电器重新布线来改变其工作特性。而继电器触点接触不良造成的故障频繁发生。PLC 出现后，用软件编程方式代替了大量的继电器、定时器和排序器，仅剩下与输入和输出有关的少量硬件，凸显的软件优势将模型调整工作量减少到原有继电器的百分之一。

DCS

DCS 是适用于流程制造的高性能、高质量、低成本、配置灵活的计算机控制系统。它可用工业通信网络将分散在系统中的控制器连接成一个彼此相连、密切相关的整体，并按照工艺要求对该整体进行优化和预测性维护。

DCS 通常使用定制设计的嵌入式系统作为微控制器，并使用专用或标准协议（如 Foundation Fieldbus、Profibus、HART、Modbus、PC Link 等）进行通信。微控制器从输入模块接收数据、处理数据并决定由输出模块执行的控制动作。输入模块从过程（或现场）中的传感仪器接收信息，输出模块向其所控制的执行器（如控制阀）发送指令。现场的输入和输出可以是连续变化的模拟信号，例如 4 ～ 20mA 的直流电流，也可以是"开"或"关"的状态信号，例如继电器触点或半导体开关。

DCS 控制操作的功能划分符合 ISA 95 模型并具有普渡（Puedue）企业模型特征，分为 5 个级别，0 级是工厂里的 PLC 或远程终端单元（RTU，指连接到控制过程中的传感器和执行器），1 级是由嵌入式系统组成的微控制器，1 级和 2 级运行 DCS 和 SCADA，2 级和 3 级运行 MES 软件，4 级运行 ERP 软件。这个五个级别的软件，分别定义了从生产现场到企业级生产计划的不同管控程度。如图 1-15 所示。

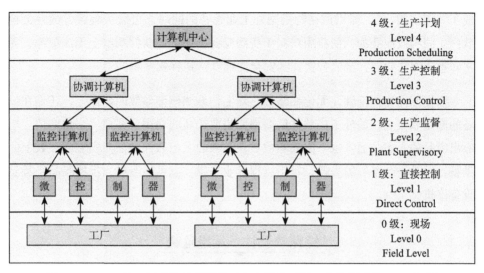

图 1-15　DCS 的 5 级功能控制结构（来自维基百科工业控制系统 DCS 架构）

SCADA 系统

SCADA 从电力监控系统发展而来，是一种以计算机、工业通信网络和图形用户界面来管理工业过程中的工厂或机器设备的控制系统架构。SCADA 的操作员界面可以监控设备和发出过程命令（如更改控制器设定值）。现在大型 SCADA 系统在功能上已变得与 DCS 很类似，可以远距离控制包括多个"站点"的大规模生产过程，因此 SCADA 的网络安全是一个不得不考虑的问题。

SCADA 软件仅在工厂监控层级（2 级）运行，控制操作则由 0 级的 PLC 或 RTU 自动执行，因此 SCADA 的控制功能往往仅限于工厂监控层级的干预——例如 PLC 可将流经部分工业设备的冷却水流量控制在设定值，但该设定值可由 SCADA 操作员进行更改。

工控软件事关安全生产

工控软件与工业密切相关，休戚与共，其重要性无须赘述。

软件原厂长期沉淀下来的技术诀窍、工艺知识都写入了工控软件中，因此原厂通常都不会公布工控软件的源代码，造成了软件内容的"黑盒效应"；另外，由于诸如 PLC、DCS、SCADA 之类的工控软件大都事先安装在工业设备内，形成了"绑定效应"，即用户在购买国外工业设备的同时，也默认购买了国外工控软件。两种效应叠加，使得用户对于所购设备中的工控软件基本上无法拒绝，无法知悉，无法研改，难以替换。其安全性难以得到有效保障。

根据国内客户反映，无论在软件更新上，系统模型参数的调控上，还是在设备的网络联接上，国外工控软件厂商都要收取较高的费用。客户出于怕麻烦、担心出废品的心态，通常也不愿或不敢对设备中的工控软件做任何模型或参数上的调整，因为一个参数的失调，对于流程行业来说，就可能造成大批的废品，甚至设备停机。

综保缺软件　运维危机

再先进的机器设备，如果没有及时、恰当的维护、维修与保养，也很快会变得经常出毛病甚至无法使用。通过对机器设备定期实施有效的维修与保养，可以提高设备运行效率，保持设备精度，延长设备寿命，降低生产成本，避免发生设备事故。因此，设备的综合保障，是工业领域的一个重要命题。

关于设备综合保障，擅长智能维护的美国辛辛那提大学李杰教授在《工业大数据》一书中写道："制造企业设备故障的突然发生，不仅会增加企业的维护成本，而且会严重影响企业的生产效率，使企业蒙受巨大损失。据调查，设备 60% 的维护费用是由突然的故障停机引起的，即使在技术极为发达的美国，每年也要支付2000 亿美金来对设备进行维护，而设备停机所带来的间接生产损失则更为巨大。"

对于飞机综合保障来说，最大的费用和时间成本就是按部就班的各种检查，每次起飞前检查，降落后检查，50 小时定期检查，100 小时定期检查，200 小时定期检查，500 小时定期检查，1000 小时定期检查，外带各种出其不意的突发故障，让维修人员疲于奔命，成本居高不下，例如美军购买发动机费用一年 13 亿美元，但是发动机维修费用却高达 35 亿美元。因此，定期的维护，在军方强烈呼吁下逐渐变成了"视情况维护"，这样可以让维护成本和时间减半。但是，如何"视情况维护"？这就必须要对设备的实际运行状况实施监测，掌握设备的实际运行情况，各种形式的传感器就逐渐加入到设备中了。

20 世纪 70 年代美军 A-7E 海盗攻击机发动机、80 年代 F-18 大黄蜂机队 GE F404 就有了发动机监测系统，PW F117 的发动机具备了自测试、诊断、记忆等功能，可实施计算机辅助故障诊断。F35 战斗机则开发了故障预测和健康管理系统，通过传感器全面监测飞机机体、发动机、机载设备、机电系统等，汇总诸如发动机吸入屑末、滑油状况、发动机应力、轴承健康信息、静电式滑油屑末等信息，进行综合分析和推理处理，飞机管理单元通过对所有系统的故障信息的相互关联，确认并隔离故障，最终形成维修信息和供飞机维修人员使用的知识信息，大大降低了维修费用和人工耗费。这种自带诊断装备、随时预测故障、保障飞机健康的系统，称作故障健康管理（Prognostics Health Management，PHM），与之相配的是 PHM 软件。

在朱铎先、赵敏合著的《机·智：从数字化车间走向智能制造》书中写道：在企业中，常见的设备维护方式可分为三种：事后维护、预防性维护与预测性维护。事后维护（也称被动维护）是企业中最常见的维护方式，是在故障出现后用最短的时间快速完成设备的维护，最大程度上减少停机时间。但由于机床的主轴、丝杠等关键部件损坏所导致的故障维护时间较长。除了设备直接损失以外，设备故障也会对生产进度带来更为严重的影响。

与被动维护相对的就是主动维护，主动维护又分预防性维护与预测性维护。

预防性维护是指为避免突发和渐进性故障及延长设备寿命，按照经验、相关数据或设备用户手册等传统手段对设备定期或以一定工作量（如生产产品件数）为依据进行检查、测试和更换，可在一定程度上避免潜在故障带来安全和停机等风险。但这种定期或者凭经验的维护存在不够准确、不够经济等缺点。有些设备可能并没有磨损或没有衰退到要维护的程度，提前的维护就造成了人工及资源的浪费，并影响正常的生产。对衰退严重的设备按照固定时间去维护，又可能因为时机的延迟而造成设备的加速老化，影响产品质量，甚至带来严重的安全隐患。

预测性维护是在设备运行时，对设备关键部位进行实时的状态监测，基于历史数据预测设备发展趋势，并制订相应的维护计划，包括推荐的维护时间、内容、方式等等。预测性维护集设备状态监测、故障诊断、故障（状态）预测、维护决策和维护活动于一体，是近些年新兴的一种维护方式。

美国联邦能源管理计划所（FEMP）研究表明，预测性维护技术对于工厂的应用效果明显，可以降低维护成本25%～30%，消除生产宕机70%～75%，降低设备或流程的停机35%～45%，提高生产率20%～25%。

除了在生产效率方面带来明显提升外，由于设备关键参数可以一直被监测并能得到及时的维护与保证，预测性维护还能在产品质量、设备寿命、人机安全等方面发挥重要的价值。

在事后维护、预防性维护、预测性维护三种维护方式中，由于事后维护是在设备出现问题后的被动维护，除设备自身维护成本以外，还会因设备停机而造成生产损失，造成损失最大。预防性维护常常是在很多设备并不需要维护时或者超过最佳维护时间点后做的维护，容易造成维护成本增高和生产停滞。而预测性维护是基于设备自身健康状况，在恰当的时机，比如生产任务不饱满时，进行相关维护，既保证了设备的正常维护，又将对生产的影响降到最低，维护成本最低，同时还能保证设备性能一直处于最佳工作状态。

在制造执行系统（MES）软件的设备管理模块中，既包括对设备的台账、维修、保养、备件等常规管理功能，也包括通过与设备数据采集系统（MDC）进行集成，对设备实现实时信息采集与管理。随着数字化设备及传感器、数据采集、网络传输、大数据分析等技术的发展，基于今天蓬勃兴起的工业互联网来进行准确、及时、经济的预测性维护已成为当前发展趋势。

由此可见，从传统架构的MRO、PHM、MES软件，到基于云架构的工业互联网平台和数字孪生、设备管理和预测式维护，从未缺位，一直快速发展。软件已经成为设备管理和预测式维护的必备基础设施。

软件本质：聚智铸魂

知识供给　软件助力

制造过程乃至整个制造业，说到底，是在物料和知识等要素的共同驱动下前进的，而前进的步伐，就是一个接一个的业务活动，以及支撑这些业务活动的一批接一批的物料供给和知识"供给"。而知识这种"供给"要素，在制造过程中的任何一个使用场景中往往都是供给不足的。

首先，在传统载体下，指导人正确做事的知识严重不足。按照《三体智能革命》书中观点，经典的知识发生学是典型的"两体"作用，即知识源于意识人体与物理实体的相互作用。千百万年来，"人创造和积累了无数的知识：人对自然界认知的意识活动的结果，形成了对自然信息的记录、描述、分析、判断和推理，逐渐建立了经典的DIKW（Data-Information-Knowledge-Wisdom）金字塔体系，来描述人的知识体系及其演化路径：数据→信息→知识→智慧。数据可以比较大小，3比2大，5比6小；信息则体现了数据的含义，具有了时空意义；知识是模型化的、指导人做事的信息；智慧则是人的洞察力在意识上的体现，推断出未发生的事物之间的相关性，在既有知识的支持下产生创新知识。"

DIKW金字塔是以人为主体来产生作用与衡量结果的。"指导人做事"的意义在于，知识可以指导人来正确地、优化地做事。但是，当知识载体基于人脑、纸介质和物理实物而存在时，其流动性、分享性和多领域复用性受到了时空的严重制约，僵化、固化、局域化、碎片化的知识，一直无法被有效地集成、管理和利用，难以在较大范围内传播、分享、优化、指导人正确做事。传统的知识管理并没有很好地解决这些问题。

在今天，当工业技术/知识不断被软件化，当知识以芯片和软件为载体进入了机器等人造系统并且可以在其中自动流动之后，知识不仅可以指导人正确做事，也可以指导机器正确做事，由此而快速响应和减少复杂系统的不确定性，实现资源的优化配置——这是智能制造的内涵，也是知识作为制造过程中任何一个业务活动的关键"供给"要素的本质。

即使有了先进的工业软件，软件本身包含和承载了大量的知识，也不代表企业自动获得了产品研发能力。因为使用这些工业软件，同样还需要人类的使用者具备大量的专业知识，软件才能真正用起来。

我们经常看到这样的场景：许多企业，购买了很多好软件，但是熟练使用软件的员工跳槽了，这些软件就没有人玩得转，闲置在那里干不了活，领导往往急得团团转；或者是配置了最强的计算机、最新版的各类进口工业软件，但是就是开发不出来国外同行最好的产品，掌握不了最关键的核心技术。

问题出在哪里？

企业购买的那么多的先进软件不能解决问题吗？答案是不能。因为大部分软件都是通用软件，尽管软件中有不少通用知识，但是缺乏企业研发特定产品时真正需要的最适用的专业知识。这些专业知识是在长期的技术积累过程中形成的，要么由专业人士脑记忆携带，要么在资料室以纸介质保存。在知识"供给"中最容易产生的问题是：人跳槽则知识随之带走，锁在保险柜中的知识并不好用。最好的办法是在使用软件的过程中，不断把所获得的新的技术、诀窍、使用软件的经验提炼成新知识，写入既有软件或开发成为新软件。

上面讲的两个知识"供给"不足的场景，是在人脑智力系统和软件工具系统中严重供给不足的例子。

在很多工业场景中，都迫切需要知识但是往往又是同时隐含了知识的供给与支持作用，例如对工业大数据的分析就离不开知识，而分析的结果往往又以知识的形式呈现出来。但是，很多人看到的就是大数据，而看不到大数据背后的知识，更看不到默默无闻地承载了这些知识的软件。

知识供给，软件聚之。无论在软件内部还是在软件外部，都需要大量的知识作为支撑，软件才能真正在企业发挥应有的作用。

人智沉淀　机智提升

对于智能制造，不同的人有着不同的理解和定义。市场上使用的定义有很多种。但是，大多数的智能制造定义，往往是高大上的词汇组合，让读者听起来云里雾里，干起来不明就里。

对智能制造的理解，关系到人机关系的演变。机器，从它诞生的那一天起，就是对人的躯干、肢体和生物能量的模仿与延伸。从蒸汽机、热机到电机，替代了人的生物能量，从卡钳、老虎钳到专用卡具，替代了人的双手，从机架、箱体到塔吊，替代了人的躯体，等等。机器有力量，机器不疲劳，机器很精细，机器可以干人类能干但更多是干人类所不能干的事情。

但是，从工业革命到20世纪80年代，两百多年以来，机器一直是非常愚蠢的机器，没有丝毫智能可言。最明显的事情是，机器不"认识"人，没有视、听、嗅、味、触这"五觉"感官能力，更没有一个类人的"大脑"去理解人的意图。因此，愚蠢的机器伤人的事件时有发生。即使到了今天，绝大部分工业机器人的工作场所还必须用围栏和铁丝网隔离开来，防止人误入机械臂的工作范围，避免将人打伤。

今天，当我们给机器加上各种传感器来模拟人的感官，给机器加上芯片和软件来模拟人的大脑，机器就逐渐演变成了智能机器，制造业逐渐演变成了智能制造。智能制造并不是一个高深莫测、难以理解的术语。通俗地说，所谓智能制造就是一个"人智变机智"的过程——把人的智能（简称"人智"）以显性知识的形式提炼出来，进行模型化、算法化处理，再把各种模型化（机理模型、数据分析模型等）的知识嵌入软件，软件嵌入芯片，芯片嵌入某个数字装置／模块，再把该数字装置／模块嵌入到物理设备中，由此而赋予机器一定的自主能力，让机器具有一定程度的"智能"（简称"机智"），我们将这个过程称之为"赋能"。

如此，机器在软件支撑下具有了一定的人类思考能力，当软件算法越好，芯片算力越强，工业数据越多，"机智"程度就越高。于是，当"机智"达到一定程度后，就具备了部分或完全替代人体／人脑的功能。当人体／人脑离开了工作场景的系统回路后，机器在无人参与的情况下，仍然可以像人在现场时一样自主工作，甚至还可以工作得更好，较好地优化了制造资源的配置。如图1-16所示。

从上述描述过程不难看出，智能制造的关键使能要素就是工业软件。

工业软件是工业化的顶级产物。它如容器一般盛装了人类工业知识，给制造业带来两大巨变：第一改变了传统的设计、工艺、生产和运维方式，产品随时在赛博空间迭代优化，使制造过程敏捷精准；第二塑造了产品的"五官"和"大脑"，产品在物理空间的行为随场景而自动调整，变得更加聪明。两大巨变融汇，形成一种新工业智能模式——软件定义制造。

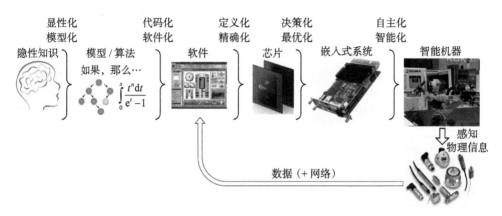

图 1-16 "人智"转"机智"的过程

知识产生精炼于意识人体，泛在流动于数字虚体，创新作用于物理实体。三体交汇，数据自动流动，知识循环应用，智能显现并逐渐提升增强。智能制造中的本质与机理，理应如此。

软件不软　实力"五器"

如前所述，软件并非只有"软"的特性，而是软硬兼备，实力不凡，无论在设计、生产、试验、使用维护等环节，都在发挥着巨大的作用。作者曾经撰文给软件做出了"五器"的评价与定位，以期恰如其分地反映软件的巨大作用。

▶ 软件是替代器，替代了过去的机械零件、机电零件、电子元器件，甚至是人和企业等系统要素，由此而产生高柔性、高效率。例如在本章的例3指出，由软件驱动的显示屏替代了各种工作参数显示仪表的大量物理零件，原来的很多物理零件和显示过程都变成了软件中的一个个"函数"，供计算程序随时调用。

▶ 软件是粘接器，通过自动有序的数据流动，把不同零部件、不同系统要素连接、集成在一起，由此而产生新产品、新系统。不同的软件系统之间的数据格式是不一样的。软件中的数据在每个软件自己的内部结构中可以畅通无阻，但是在与其他不同软件交互时，就会遇到数据格式的相互转换问题。即使是在与软件自身不同的版本交换数据时，都会遇到"互不认识"的障碍，例如某 CAD 软件的 5 版本，就无法读 4 版本的数据，而此后的 6 版本，又无法读 5 版本的数据。工控领域存在同样的问题，不同的物理设备采用不同的总线，遵循不同的协议，当试图让两个设备联网时，也会遇到"互不认识"的障碍。解决这类研发软件互不相通、设备协议互不相认的问题，都需要开发二者之间的接口转换协议。最终，通过软件的"翻译"与转换，让互不认识的数据彼此认识，进而和谐地相互流动。

▶ 软件是赋能器，可以让原有事物的逻辑变得更加强劲有效，让不易实现、不可实现的事物变得可以实现，由此而产生新动力。软件嵌入芯片，芯片装入盒子，盒子融入机器，再加上各种必要的传感器，可以让原本没有任何运算与思考能力、只能根据所设定的程序来一成不变工作的物理机器，具有了根据外部场景变化而随时调整自身工作状态的能力，成了具有一定智能的机器，可以让操控机器的人离开而机器仍然保持自主工作。这个过程实际上是将软件中所装载的人类思考能力赋予了机器，是软件对机器实现了"赋能"。

▶ 软件是映射器，把物理世界的事物尽量以数字化形式予以精确映射，模拟其形、其态，其变化与运动规律，由此而产生新认知。人类已经使用软件几十年，用软件在数字世界创造了大量的数字虚体，这些数字虚体大都是物理世界的物理实体在数字世界的精确映射，如物理实体的轴，被以三维造型的方式做出了数字化的结构与外观模型，又在工艺软件中做出了加工该轴的工艺流程，随后在某台机床上做出了实际加工时的刀轨仿真，甚至还模拟加上了某种工况条件的载荷而给出了力学仿真结果等等。所有这些数字化的业务 / 技术活动，都是对物理世界的业务 / 技术活动的精确映射，二者之间的映射关系称为"数字孪生"。本书第五章将对数字孪生做详细讨论。

▶ 软件是创新器，可以在数字虚体空间赋予人类无限想象力，激发人们创造出自然界原本并不存在的事物，由此而产生新创意、新事物。毫无疑问，人们可以在数字化的软件环境中，尽情释放想象空间，激发创新激情，不仅用软件做出了物理世界已经存在的事物，也用软件做出了物理世界原本不存在的事物。在用途上也大致分两种，第一种是文化数字创意，主要用于动漫、游戏、平面设计等文化领域，可以尽情夸张、随意设计任何艺术形象（如阿凡达、龙凤、麒麟等）；第二种是高科技新产品开发，开发目前根本不存在或者从未生产过的产品，如未来人类在火星或其他星球上生活用的生存舱以及生产／生活器具等。

总之，在软件的世界里，既可以有物理世界的严格与规范，也可以有精神世界的不羁与畅想。二者之间的选取和平衡，完全由人来预先设定。

软件还有更多的"器用"，作者会在后续章节中阐述。

工业立国　软件铸魂

从 2018 年至 2019 年，西方等国对诸如中兴、华为等中国行业领头企业实施了多种形式的贸易封锁和货物断供，其中既有芯片类的硬件断供，也有工业软件断供。如果说芯片断供的结果是导致企业停产，而软件断供的结果则是扼杀企业的芯片设计和试验试制能力。长达两年的中美贸易战让很多人明白了此前不太明白的一些事情：首先是工业软件的概念，从过去与普通 IT 软件混为一谈，变得边界逐渐清晰，认同的人越来越多；其次是工业软件对工业的发展的不可估量、不可替代的支撑与提振作用，日益为人们所切身感受和深刻认知；再者是过去对中国工业不是很在意的人，特别是某些缺乏前瞻意识的行业领导，开始意识到中国工业"缺芯少魂"的窘境，没有工业软件之魂，社会可能停摆，企业可能断命，绝大多数先进设备就是废铜烂铁；最终，业界凝聚了共识，必须要以工业软件来铸造中国工业之魂，必须要工业立国。只依赖高度发达的社交／消费互联网、虚高的互联网金融和天价的房地产是无法形成强大国力的。

进入 21 世纪以来，各行各业都实施了多种形式和主题的"数字化／信息化工程"，软件的价值和作用得到了一定程度的体现和发挥。特别是近几年，新工业革命蓬勃兴起，带来了很多新概念和新技术，如物联网、大数据、云计算、区块链、智能制造、人工智能、虚拟现实、数字工厂／智能工厂、工业互联网、工业 APP 等，层出不穷。在这些新概念背后，支撑它的都有一个非常核心的关键的技术，就是工业软件。

但是各有关方面对软件明显重视不够，工业软件和普通 IT 软件混为一谈，软件的"使能作用""灵魂作用"并未真正得到有效发挥，甚至有减弱甚至消失的危机。从政府资源投向来看，近几年国家推出了若干重大工程，重点在集成电路、大数据、智能制造等领域加大了资源投入力度，但是在工业软件这个核心的"工业灵魂"问题上，一直没有大的动作，以"软件"为名的重大工程几乎没有，更不用说专业化程度极高的工业软件了。对于不少行业主管部门来说，工业软件往往处于"说起来重要、落实起来次要、干起来不要"的尴尬境地。

反观国外，很多国家都把发展软件产业作为重要的产业方向（如印度、美国、德国、韩国、以色列、爱尔兰等）。在改革开放的 40 年里，由于认识上的缺位，中国已经错过了 20 世纪 70 ～ 80 年代的软件兴起期，90 年代末的互联网软件高潮（仅少数中国因特网企业成功介入）期，作者希望不要再错过今天的智能技术重新洗牌、新工业革命已经到来的这一轮"窗口期"。在这一时期，软件特别是工业软件将成为新工业革命的关键要素。

作者梳理了新工业革命的内涵，总结了其五个基本特征：

1）"人智"转"机智"——人类知识不断进入软件，知识载体由以碳基知识为主转向以硅基知识为主，数字生产力激增；

2）传感器低价普及——传感器为产品增添了"五官"，极大增强了产品和设备感知能力，物理信息加速数字化；

3）软件定义制造——工业软件成为设备和企业的"大脑"，算法／算力急剧增加，软件定义了材料／零件／系统的时空表现；

4）真正两化融合（软件闭环）——比特拥抱原子，IT 携手 OT，赛博融合物理，软件给出的数字指令跨时空精准操控物理设备；

5）大范围优化配置制造资源——基于工业互联网，实现多域而非单域、大范围而非小范围优化配置制造资源。

上述五个基本特征中，每一个都是依靠工业软件来实现的。

软件已经无处不在。软件的"赋值""赋能""赋智"作用日益明显，正在带动各行各业的产品、业态、模式不断创新，刺激新需求，实现基于精细化运营、推动消除不确定性的"结果经济"蓬勃发展。在智能制造的大视野下，我们要以推动先进制造业与互联网融合发展为主线，以工业互联网、工业互联网平台、工业APP、工业软件的创新研发和推广部署为重点，进一步强化和推广"软件定义制造"的理念和模式。

我们要尽快从较为单一的重视"数字化／信息化"过渡到同时重视"软件化"。而重视"软件化"（特别是重视工业技术软件化），是对工业发展驱动力的认识上的巨大提升与进步。

于无声处，大隐于市，形软实硬，工业之魂。软件已经悄悄地融入了我们的生活、嵌入了我们身边的器物，成了很多工业与生活设备的数字"脑"和赛博"魂"，不可须臾或缺。一场以"铸魂"为主题的"软件定义制造运动"已经大范围展开，一场"软件赋能运动"也已经在悄无声息地行动。"软件化生存"已经向我们走来。未来智能社会的关键要素之一，就是无处不在的软件定义和软件赋能／赋智。

第二章

软件定义与工业软件

商用工业软件数控编程系统 PRONTO 始于 1957 年，历史已逾 60 载。60 多年来，工业软件层出不穷，形态各异。工业软件的分类成为必须研究的重要内容。重新分类工业软件，相当于改换赛道：弯道超车基本无望，换道超车或许可行。工业软件本质姓"工"，工业不强则软件羸弱。我国尚未完成工业化进程，自主可控之路仍然漫长。

软件大致分为系统软件、应用软件和中间件。工业软件是这些软件中的重要组成部分。通俗地讲，所有承载工业要素、用于工业过程的软件都是工业软件。工业软件是一种以数据与指令集合对工业知识、算法、控制逻辑等进行固化封装的数字化技术，从而成为在工业领域中建立数据自动流动规则体系、赋能业务活动、延伸人类知识与智能的载体和工具。

工业软件不管用哪种计算机语言编程，最终都是把计算机语言解释成汇编码，汇编码解释成机器码（即成组的 0、1 代码），这些机器码以指令的形式驱动显示设备显示图像，或驱动物理设备中的执行器或致动器发出动作。

软件本身往往是不可见的。其运行态是一串串流动在芯片和线路中的程序指令，其存储态是硬盘 /U 盘 / 光盘上的一堆不同模型、相互关联的比特数据。

工业软件的历史与现状

这是一个巨大的话题，本书无法也不可能就此展开详细论述。对工业软件中所涉及的几个重要行业——制造业、能源、原材料、采掘，每个行业的工业软件内容和应用成果都可以专门写几本书。本节的目的在于，简要梳理每个行业中的某几类工业软件样本，以说明软件的应用普及性和不可或缺性，更重要的是说明软件定义制造的普适性意义。

制造业信息化软件

制造业信息化软件是一个庞大的、应用广泛的家族，以至于很多人误将工业软件视为制造业信息化软件，出现了以偏概全的错误。根据工业技术软件化联盟整理的软件目录资料，加上作者的调研资料，特为读者呈现以下工业软件目录资料（限于篇幅和调研范围，以下目录无法列举所有现存软件，只是尽量收集与整理了已知软件信息。排名不分先后）。

▶ CAX 领域的软件见表 2-1～表 2-3。

表 2-1　工业软件中的 CAD 软件

序号	软件名称	生产厂商
1	AutoCAD	欧德克 Autodesk
2	Creo/Pro/E	参数技术公司（PTC）
3	CATIA	达索 Dassault
4	SolidWorks	达索 Dassault
5	UG NX	西门子（Siemens）
6	Rhino	美国 Robert McNeel & Assoc
7	TPCAD	日本 CITEC
8	中望 CAD	广州中望龙腾软件股份有限公司
9	CAXA 电子制图	数码大方
10	浩辰 CAD	浩辰软件
11	InteCAD	武汉天喻
12	TH-PCCAD	清华天河
13	KMCAD	武汉开目

（续）

序号	软件名称	生产厂商
14	中科辅龙 CAD	中科辅龙
15	SINOVATION	华天软件
16	新迪 3D 2020	杭州新迪公司
17	tpCAD	北京华成经纬软件科技有限公司

表 2-2 工业软件中的 CAE 软件

序号	软件名称	生产厂商
1	ANSYS	美国 ANSYS 公司
2	ABAQUS	达索（Dassault）公司
3	NASTRAN	瑞典 Hexagon 公司
4	NX NASTRAN	德国西门子工业软件
5	MARC	美国 MSC 公司
6	ADMAS	美国 MSC 公司
7	Algor	美国 Algor 公司
8	Ls-Dyna	美国 LSTC 公司
9	Comsol	瑞典 COMSOL 公司
10	Cosmos	美国 SRAC 公司
11	ADINA	美国 ADINA 公司
12	Open VTOS、PAM-CRASH、ProCAST、PAM-STAMP	法国 ESI 集团
13	Simerics	合工仿真
14	HAJIF	中航工业集团飞机强度研究所
15	RecurDyn	韩国 FunctionBay 公司
16	SiPESC（原 JIGFEX）	大连理工大学
17	FEPG	中科院数学与系统科学研究所
18	紫瑞 CAE	郑州机械研究所
19	APOLANS	中航工业集团
20	FastCAE	数智船海
21	Strenlab	上海数设科技有限公司
22	LiToSim	重庆励颐拓软件有限公司
23	EastWave 电磁	上海东峻信息科技有限公司
24	电气 CAE	上海利驰软件有限公司
25	proNas、SimCube	安世亚太科技股份有限公司
26	FASTAMP	武汉华锋惠众科技有限公司
27	Simright	上海数巧信息科技有限公司

（续）

序号	软件名称	生产厂商
28	Device Studio	鸿之微科技（上海）有限公司
29	DELAB/tpCAD	北京华成经纬软件科技有限公司
30	GCAir5.0	世冠科技有限公司
31	VizARena	北京三维直点公司
32	MWorks	苏州同元软控公司
33	Laspcem	西安电子科技大学
34	EasyCAE	北京蓝威公司
35	市政管网压力容器与桥梁设计仿真软件	北京希格玛仿真技术有限公司

表 2-3　工业软件中的 CAM 软件

序号	软件名称	生产厂商
1	NX CAM	西门子（Siemens）
2	MasterCAM	美国 CNC 软件公司
3	PowerMill	英国 DELCAM
4	Cimatron、Gibbscam	以色列 Cimatron 公司
5	Edgecam	英国 Planit
6	CAMWorks	印度 Geometric Technologies
7	ESPRIT	美国 DP Technology
8	WorkNC CAM	法国 Sescoi 公司
9	Tebis CAD/CAM	德国 Tebis
10	HyperMill	德国 OpenMind 公司
11	Space-E	日立造船情报系统株式会社
12	SINOVATION	华天软件
13	同泰智能数控软件	武汉承泽科技

注意：在 MCAX 领域，未将 3D 打印软件计入。第四章将专门讨论 3D 打印及增材制造内容。

▶ EDA 领域的软件见表 2-4。

表 2-4　工业软件中的 EDA 软件

序号	软件名称	生产厂商
1	SPICE/PSPICE	美国 MicroSim
2	multiSIM7	美国国家仪器（NI）有限公司
3	Proteus	英国 Labcenter

（续）

序号	软件名称	生产厂商
4	Saber	美国 Analogy 公司
5	Matlab	美国 MathWorks 公司
6	Edison	匈牙利 DesignSoft
7	Tina Pro	
8	Protel	澳大利亚 altium（前称 Protel）
9	Altium Designer	
10	Cadence Allegro	美国 Cadence
11	OrCAD/SPB/PSD	
12	Spectra	
13	Synplity	
14	Mentor EN	美国 Mentor Graphics（被西门子工业软件收购）
15	Mentor WG	
16	Mentor PADS	
17	Xpedition PCB	
18	Leonardo	
19	Astro	美国 Synopsys
20	DFT Compiler	
21	TetraMAX	
22	Vera	
23	VCS	
24	Power Compiler	
25	CR5000	日本 Zuken
26	CADSTAR	
27	EAGLE	Premier Farnell 集团的全资德国子公司 Cadsoft
28	Viewlogic	Viewlogic 公司
29	QuaRTUs II/ 英特尔 QuaRTUs	Altera（被英特尔收购）
30	Foundation，ISE	美国 Xilinx
31	ispLSI2000/5000/8000、MACH4/5	美国 Lattice
32	ACTEL	美国 ACTEL 公司
33	Filter Solution	Nuhertz 公司
34	ADS 电子设计自动化软件	美国安捷伦 Agilent
35	VHDL 语言	在美国国防部的资助下始创
36	Verilog HDL	Gateway 设计自动化公司（被 Cadence 收购）
37	QuaRTUs II/ 英特尔 QuaRTUs	Altera（被英特尔收购）

（续）

序号	软件名称	生产厂商
38	AetherFPD、ALPS、XTime、XTop 等	北京华大九天软件有限公司
39	Barde、Tuta、Scout、XCal 等	天津蓝海微科技有限公司
40	SmtCell、TCMagic、ATCompiler 等	杭州广立微电子有限公司
41	SnpExpert、Metis、ViaExpert、IRIS 等	苏州芯禾电子科技有限公司
42	AveMC、MegaEC	成都奥卡思微电科技有限公司
43	Genius、GSeat、VisualTCAD、CRad 等	苏州珂晶达电子有限公司
44	ePCD、eWave、eSpice、eSim 等	湖北九同方微电子有限公司
45	MeQLab、PQLab、FS-Pro、NC300 等	北京博达微科技有限公司
46	NanoSpice、NanoYield、BSIMProPlus、MEPro 等	济南概伦电子科技有限公司

▶ PLM 领域的软件见表 2-5。

表 2-5　工业软件中的 PLM 软件

序号	软件名称	生产厂商
1	Enovia、MatrixOne、SmarTeam	法国达索
2	Windchill	美国 PTC 公司
3	Teamcenter	西门子
4	mySAP	德国 SAP 公司
5	Agile PLM	美国 Oracle
6	K/3 PLM	金蝶
7	Extech PLM	北京艾克斯特
8	TiPLM	清软英泰
9	Inforcenter PLM	华天软件
10	CAXA PLM	数码大方
11	TH-PDM	清华天河
12	PLM	安世亚太
13	PLM	神州软件
14	KMPDM	武汉开目
15	Ablaze	通力凯顿

▶ ERP 领域的软件见表 2-6。

表 2-6　工业软件中的 ERP 软件

序号	软件名称	生产厂商
1	SAP ERP	德国 SAP
2	SAP Business ByDesign	
3	SAP S/4 HANA	

（续）

序号	软件名称	生产厂商
4	SAP Business one	德国 SAP
5	SAP ERP ECC6.0	
6	Oracle ERP	美国 Oracle
7	Microsoft Dynamics GP	美国 Microsoft
8	Microsoft Dynamics 365	
9	Epicor ERP	美国 Epicor
10	Iscala	
11	Sage ERP	英国 Sage
12	Infor ERP	美国 Infor
13	TEEMS ERP	金蝶
14	Turbo ERP	用友
15	浪潮 PS	浪潮
16	URPi6、A3	新中大软件
17	Aisino ERP	航天信息股份有限公司
18	T100ERP、易飞 ERP、E10ERP	鼎捷软件股份有限公司
19	宝信 ERP、MES 系列产品	上海宝信软件
20	速达 V5-PRO	速达软件技术（广州）有限公司
21	分销 ERP A8、ERP X3	任我行软件
22	eERP-B 、eERP-E 、eERP-G	北京金算盘

▶ MES 领域的软件见表 2-7。

表 2-7 工业软件中的 MES 软件

序号	软件名称	生产厂商
1	MES	德国 MPDV
2	FactoryTalk ProductionCentre（FTPC）	美国 ROCKWELL
3	FactorySuite2000	英国 Wonderware
4	MES	美国通用 GE
5	TCM-EMS	美国 EMS 公司
6	Invensys Intelligent Automation	英国 Invensys
7	Siemens Energy & Automation	西门子
8	Hi-Spec Solutions	美国 Honeywell
9	MES	石化盈科信息技术有限责任公司
10	兰光 MES	北京兰光创新科技公司
11	RichonMES	深圳市昱辰泰克科技有限公司

（续）

序号	软件名称	生产厂商
12	R2E- MES	南京比邻软件
13	E-MES	深圳效率科技有限公司
14	KS-MES	锦湖软件（中国）有限公司
15	MES	北京和利时信息技术有限公司
16	MES	浙大中控信息技术有限公司
17	MES BM2	上海宝信软件股份有限公司
18	MES	上扬软件（上海）有限公司
19	MES	中软国际有限公司
20	MES	安达发网络信息技术有限公司
21	灵娃 MES	上海灵娃科技有限公司

▶ OT/ 工控领域的软件见表 2-8 和表 2-9。

表 2-8　工业软件中的 DCS 软件

序号	软件名称	生产厂商
1	横河 CS3000	日本横河公司
2	霍尼韦尔 TDC3000	TPS 霍尼韦尔公司
3	WDPF	美国西屋公司
4	DCS 系统	瑞士 ABB
5	Ovation	美国艾默生（Emerson）电气公司
6	FOXBORO I/A	美国福克斯波罗有限公司
7	DCS 系统	法国施耐德（Schneider）
8	YAMATAKE	山武 – 霍尼韦尔公司
9	PlantPAx	美国 ROCKWELL
10	DELTA-V	FISHER-ROSEMOUNT 公司（艾默生）
11	NT6000	南京科远自动化股份有限公司（SCIYON）
12	DCS 系统	北京国电智深控制技术有限公司
13	OC6000DCS 系统	上海新华控制工程有限公司
14	XDC800	上海新华控制技术（集团）有限公司（正泰新华）
15	SUPMAX800	上海自动化仪表股份有限公司
16	JX-300	浙大中控公司
17	HS-2000	北京和利时信息技术有限公司
18	威盛自动化	威盛自动化公司
19	KingIOServer	北京亚控科技有限公司

表 2-9 工业软件中的 SCADA 软件

序号	软件名称	生产厂商
1	Vijeo Citect	法国施耐德（Schneider）
2	PowerLogic SCADA	
3	InTouch	英国 WondWare 公司
4	WinCC	西门子
5	iFix	美国 Interlution 公司
6	LogView	意大利 LogoSystem
7	E-Form++ 组态源码解决方案	UCanCode 软件公司
8	组态王 KingView、KingSCADA	北京亚控科技有限公司
9	紫金桥 Realinfo	紫金桥软件技术有限公司
10	Hmibuilder	纵横科技（HMITECH）
11	世纪星	北京世纪长秋科技有限公司
12	三维力控	北京三维力控科技有限公司
13	MCGS	北京昆仑通态自动化软件
14	态神	南京新迪生软件技术有限公司
15	uSCADA	捷通模拟通信试验室
16	Controx 开物	北京华富远科技有限公司
17	iCentroView	上海宝信软件股份有限公司
18	QTouch2	武汉舜通智能科技有限公司
19	易控	九思易公司

能源领域专用软件

电力系统也有很多仿真软件，其构成较为复杂。按照不同的标准，可以分为：实时与非实时，短时间与长时间。

国外常用电力设计仿真软件

国外常用电力设计仿真软件见表 2-10。

表 2-10 国外电力设计仿真常用软件

序号	软件名称	主要用途
1	BPA	具备电力系统稳态、暂态和中长期动态，以及短路电流计算、电压稳定计算和频域计算等交直流电力系统全过程仿真能力

（续）

序号	软件名称	主要用途
2	PSS/E	是一个用来研究电力传输系统、发电机的稳态和动态功能的程序包，能处理潮流计算、故障分析、网络等值、动态仿真和安全运行优化等问题
3	EMTP	是电力系统中高电压等级的电力网络和电力电子仿真应用最广泛的程序，侧重系统的总体运行情况
4	PSCAD/EMTDC	是世界上广泛使用的电磁暂态仿真软件，EMTDC 是其仿真计算核心，PSCAD 为 EMTDC（ElectroMagnetic Transients including DC）提供图形操作界面
5	Digsilent	是一个综合性的电力系统仿真软件，可以把电磁暂态和机电暂态结合起来，用于仿真微电网、新能源发电、电能质量、配电网方面
6	Opendss	主要是配电网加分布式电源的仿真

国内常用电力系统仿真软件

国内在电力系统仿真软件方面也做了很多年工作，已经有下列常用软件。

▶ PSASP 软件

电力系统分析综合程序（Power System Analysis Synthesis Program）简称 PSASP。它是一套历史长久、功能强大、使用方便的电力系统分析程序，具有中国自主知识产权，是资源共享、使用方便、高度集成和开放的大型软件包。在电网基础数据库、固定模型库以及用户自定义模型库的支持下，PSASP 可进行电力系统（输电、供电和配电系统）的各种计算分析。PSASP 软件在内地各省市、香港特区电力规划设计、生产调度运行、科研教育等领域有超过 400 家用户，它不仅应用于多项大型电力系统工程计算分析，还是应用于多所大学作为科研和教学的有力工具。该软件在 1985 年荣获首届国家科技进步一等奖。它是基于公用资源的交直流电力系统分析程序包，具有潮流计算、暂态稳定、短路电流、网损分析、电压稳定、静态安全分析等应用功能。

▶ PSD-BPA 软件

PSD 是 Power System Department 的简称，PSD-BPA 是指中国电力科学研究院电力系统研究所消化吸收美国的 BPA 制作成有中国特色的 BPA，只是 PSD 系列软件的一个模块，负责潮流和稳态计算部分。

中国版本是 1978—1982 年由中国电力科学研究院和浙江大学等单位的专家

从美国 BPA 引进的，1984 年开始由中国电力科学研究院电力系统研究所在全国推广应用和开发维护，现已发展成为以 PSD 电力系统软件包命名的大型商用电力系统分析软件包，具备电力系统稳态、电磁暂态、机电暂态和中长期动态，以及短路电流计算、电压稳定计算和频域计算等交直流电力系统全过程仿真能力。美国 BPA 已于 1996 年终止了 BPA 潮流和暂态稳定程序的开发和维护，如今只有中国电力科学研究院电力系统研究所在维护升级 PSD-BPA。BPA 的模型和算法是公开的，从 PSD 电力系统软件包的用户手册以及相关论文可以找到。

▶ ADPSS 软件

中国电力科学研究院开发的电力系统全数字实时仿真装置 ADPSS 兼顾仿真规模和精确性，可将实际大规模电网作为试验背景，通过模拟实际规模背景电网的运行特性，全面考察被测试对象在大电网中的行为及其对电网的影响。

ADPSS 是世界上首套可模拟大规模电力系统（1000 台机、10000 个节点）的全数字实时仿真装置。该仿真装置基于高性能机群服务器，采用网络并行计算技术实现大规模复杂交直流电力系统的机电暂态实时仿真和机电、电磁暂态混合实时仿真以及外接物理装置试验。该装置可与调度自动化 SCADA 和 EMS 系统相连接取得在线数据并进行仿真，还可进行继电保护、安全自动装置、FACTS 控制装置和直流输电控制装置的闭环仿真试验，因此它不仅是实时的也是在线的仿真系统。

▶ D5000 软件

国家电网公司于 2009 年全面启动智能电网发展战略，在调度控制领域重点推动智能电网调度控制系统（其基础平台简称 D5000 平台）的技术研发与集成应用。如图 2-1 所示。

其中的主要应用系统包括：

1）研发并应用了面向电网事件及统一支持 IEC61970、IEC61968 和 IEC61850 等多种对象模型的电网运行实时监控功能，有效支撑了大电网调度的一体化协调运行和分布式备用。

2）研发并应用了考虑电网安全约束、多区域、多目标的自动发电控制（AGC）和自动电压控制（AVC）技术，实现了特大电网多级调度的有功无功协调控制。

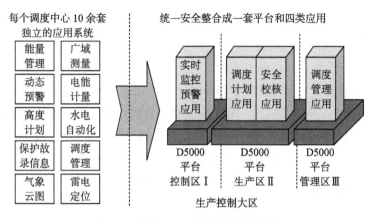

图 2-1　智能电网调度控制系统结构

3）提出了多级调度协同的大电网综合智能告警方法，构建了面向全网的电网故障实时告警体系，实现了多级调度告警信息的实时共享，增强了大电网故障的全景感知和协同处理能力。

4）提出并建立了基于服务的广域测量系统（WAMS）分布式应用体系，构建了世界上规模最大的电网动态监测系统（覆盖 1500 多个厂站），实现了电网实时监测从稳态到动态、从局部到全局的重大技术突破。

5）研发并应用了国、网、省三级调度联合互动的在线动态预警功能，建立了大规模跨区潮流数据在线共享、任务并行处理和计算分布协同机制，解决了特大电网动态预警分析的数据快速准备和多级调度协同计算的技术难题。

6）研发并应用了基于事件触发和周期启动的大电网多重相继故障动态跟踪预警功能，实现了跨区电网静态安全、暂态稳定、电压稳定、短路电流和小干扰稳定的在线计算，为调度应对多重相继故障提供了技术手段。

7）研发并应用了低频振荡预警和在线小干扰稳定分析相结合的低频振荡综合分析功能，提高了低频振荡在线监测与分析的精准性。

8）研发并应用了综合考虑电压水平、开机方式和负荷分布等多种因素的输电断面裕度在线分析功能，实现了电网断面稳定水平的在线校核。

9）研发并应用了基于轨迹灵敏度法、考虑发电机动态功角特性的暂态稳定辅助决策功能，实现了调度对大电网及时有效的预防预控。

10）研发并应用了多目标、多时段的安全约束机组组合（SCUC）和安全约束经济调度（SCED）关键技术，解决了时空耦合、兼顾安全与经济的特大电网发电计划协调优化难题。

11）研发并应用了多时间尺度母线负荷预测关键技术，采用多模式自适应方法提升了预测精度，为发电计划和安全校核提供了高质量的基础数据。

12）提出了发电计划静态、动态和暂态三位一体的安全校核方法，实现了对发电计划的功角稳定、电压稳定和小干扰稳定的安全校核，实现了大电网安全运行的预防预控。

13）研发并应用了日前、日内和实时发电计划的自适应滚动优化技术，结合短期和超短期风电/光伏功率预测，提高了大电网消纳可再生能源发电能力。

国内自主开发核电软件

目前，中国核动力研究设计院等单位已经开发了较为完善的核动力设计分析软件包 SARCS 和核电工程设计分析软件包 NESTOR，以及初步数字化反应堆集成研发平台 VEACTOR。2010 年，国家核电技术公司成立了软件技术研究中心并正式启动核电厂核设计与安全分析软件（COSINE）计划，计划开发出一套一体化软件包，目前已取得初步成果。

中国广核集团中科华等单位也正在开发 PCM 软件包等核电软件包。核动力运行研究所开发了核动力仿真平台 RINSIM，以此为基础建立全范围仿真机，涵盖包括三代 AP1000 在内的国内绝大部分运行和在建机组类型。哈尔滨工程大学基于 GSE 平台，针对中国实验快堆自主开发了全范围模拟机。

中国核动力研究设计院初步建立了数字化反应堆设计仿真平台，开发了建模组态工具，完成了堆芯物理、热工水力和仪控的多专业间的联合仿真和耦合设计，还应用到了核电厂严重事故的分析与管理上，开发了秦山核电二期 3、4 号机组严重事故模拟软件以及中核运行严重事故专家支持系统软件和田湾 SAMG电子化软件，基于自定义的事故序列对严重事故进行预测、分析及仿真，依据SAMG 对严重事故进行智能化管理。

国内外常用风电软件

国内外常用风电设计仿真软件见表 2-11。

表 2-11　国内外风电设计仿真常用软件

序号	软件名称	主要用途
1	Garrad Hassan	包括风机叶片设计软件、风电场设计软件、风电场运行监控和数据采集系统以及风机数据采集系统等系列软件产品
2	GH Bladed	为用户提供一个陆上、离岸风机性能和负载的设计解决方案
3	GH WindFarmer	风电场设计优化软件工具。它综合了各方面的数据处理、风电场评估，并集成在一个程序中快速精确地计算处理
4	GH SCADA	是与风机制造商、风电场运营商、开发商和金融企业等共同协作设计开发的，用于满足风电场运行、分析和风电报告中相关企业的需求
5	AREVA T&D Eterrawind	由于在电力系统中应用了不连续的发电技术，对相关发电单位提出了新的挑战，包括精确风量预测、确保电力质量（电压和频率波动）、辅助服务以及风电入网的成本和运行效果
6	GH T-MON	一个综合信号处理和风机数据采集系统
7	RiSO Wasp	是目前国际认可的进行风电场发电量计算与风机最优化布置的软件
8	Resoft WindFarm	主要用于分析、设计和优化风电场，可同时考虑地形和尾流效应来计算风电场电能产量
9	DIgSILENT	具有光伏发电、搭建虚拟电厂的功能
10	EnOS ™ Wind	是远景集团开发的一款风电场生产运营的操作系统
11	USCADA	设备直连与风场本地监控
12	Forecast Wind	风速功率与电量预测
13	Enlight Wind	风场绩效分析与能量可利用率
14	Ensight Wind	风机性能与健康度管理
15	WTD	上海工程技术大学开发，分析叶片气动性能，包括叶轮功率计算、叶片的安装角分布、风轮的转速、叶片翼型弦长分布、叶片扭转角分布等

采掘领域专用软件

在各种矿物质（包括林木）开采过程中，有大量工业软件用于各个业务环节。通常认为石油行业属于能源领域，但是石油行业的钻探采挖阶段其实也属于采掘领域。在任何一个石油企业中，都大量开发和应用各类工业通用软件和专用软件。

国内油田使用工业软件情况

采掘领域的油田管理，已经从传统的人工现场巡检＋基于 IT 的管理软件，逐渐升级为利用先进的卫星遥感技术、地理信息系统及各种传感器实时采集工作现场信息，用"数字油田"软件实现标准化、数字化、网络化、智能化的油田作业管理，从而减少人为失误，随时把正确的数据传给正确的人和设备，加速业务反馈，提升决策效率，极大地优化了油井的生产与管理过程。

在大庆油田使用的"卫星油田数字化管理系统"中，自主软件系统见表 2-12。

表 2-12 "数字油田"专业软件

序号	软件名称	软件商名称
1	卫星油田数字化管理信息系统	安达市庆新油田开发有限责任公司
2	卫星油田数字化能源管控系统	
3	卫星油田数字化生产智能预警系统	
4	卫星油田数字化功图量油系统	
5	实时数据管理平台	
6	卫星油田数字化机采措施管理系统	
7	油气生产物联网设备智能诊断系统	
8	油田智能注水优化专家系统	
9	数据质量管控系统	
10	QHSE 智能一体化管理系统	
11	物资全周期智能管理系统	
12	油田技术一体化智能管理集成平台	

例如在国内某石油公司，使用的石油工业专业软件见表 2-13。

表 2-13 国内某石油公司所使用的专业软件

序号	软件名称	软件商名称	应用的专业	功能
1	Petrel 地震包	斯伦贝谢	物探	解释
2	兰德马克 DSG	哈里伯顿 – 兰德马克	物探	解释
3	Geoframe	斯伦贝谢	物探	地震综合
4	Jason	法国 CGG 集团	物探	反演
5	HRS	法国 CGG 集团	物探	反演
6	GeoLog	帕拉戴姆	测井	地质
7	TechLog	斯伦贝谢	测井	地质
11	Petrel 建模	斯伦贝谢	地质	建模
12	Petrel RE/Eclipse 油藏类	斯伦贝谢	开发	数值模拟

（续）

序号	软件名称	软件商名称	应用的专业	功能
13	OFM 油藏分析	斯伦贝谢	开发	地质
14	CBM	原"奥伯特"，后被哈里伯顿－兰德马克收购	开发	地质
16	兰德马克 EDT	哈里伯顿－兰德马克	钻完井	钻完井
17	Drill Bench	哈里伯顿－兰德马克	钻完井	钻完井
18	MFrac Suite	贝克休斯	压裂	压裂
19	Saphir	阿什卡	开发	试井
20	Pipesim	斯伦贝谢	开发及地面	集输管网
15	Well Test	本地	开发	地质
8	GeoScope	北京诺克斯达石油科技有限公司	地质、物探	地质
9	Reform	西安海卓石油信息技术有限公司	地质成图	地质综合
10	双狐	北京金双狐油气技术有限公司	地质成图	地质综合
21	地震资料处理解释平台	中石油物探公司	物探	资料处理
22	CIFLOG-GEOMatrix	中石油长城钻井公司	钻井	测井

斯伦贝谢等两三家大石油公司的软件大约占据了 80% 的市场份额，剩下的 20% 市场由百余家企业瓜分。油藏模拟是石油领域最重要的专业能力，估计有几十到近百个企业在开发油藏模拟软件。大石油公司都倾向于投入巨资开发自己的油藏模拟软件，因为高性能的油藏与上油网络的模拟软件虽然投资巨大，但是回报也极为丰厚。例如某石油公司开发的一款油藏模拟软件，做了 11 年才达到商用水平，耗资 2 亿美元才做出了第一个商用版本。当然，也有一些小微公司针对某些极为特殊的具体场景来开发油藏模拟软件。

国外油田使用工业软件情况

在国外长期从事石油领域钻探采挖软件开发的资深专家介绍，该领域使用了大量的工业软件，软件数量有可能超过了汽车领域，接近航空航天领域。

石油领域的专用软件，总体数量非常多，有很多是与专用设备和现场共生的，也有不少是与数据结合应用的，还有一些是独立运行的软件。在国际某石油公司的软件资产名录中，有 3000 多种共 7000 多个软件登记在册。为了让读者对软件在工业中的重要作用有一个直观认识，本书罗列了该软件目录中的很少一部分，见表 2-14。

表 2-14　国际某石油公司的部分软件目录

序号	软件名	序号	软件名
1	ZAPP	13	3D PreStack Depth Migration
2	Pason Datahub	14	2D PreStack Depth Migration
3	Horizon	15	RTD Tracker
4	Power Builder	16	Dreamweaver MX
5	License Usage Reporting	17	ERViewer USA
6	SolidGeo	18	ERMapper Plugin for ArcView 3.1
7	GeoDepth EM	19	EXcalibur Edge
8	GeoDepth 2D3D	20	Excalibur Browser Query-USA
9	Seismic Feature Enhancement	21	Excalibur-Lease Map
10	Seismic Data Attributes	22	LandLink.USA
11	3D Tomography	23	Active Field Surveillance
12	3D PostStack Depth Migration	24	Lease Sale System- USA

　　工业软件的管理是一项非常复杂、极其重要、高度细致的工作。每个软件，都有其运行的基本环境，有安装和运行的许可证序列号，有适合的硬件配置，有匹配的数据库、图卡和显卡要求，有正确版本的操作系统和补丁等。任何一个方面出了问题，都会影响到软件的正常运行。对一个大企业来说，不仅需要有专门的部门和人员管理软件名录，还要建立其主要功能区域，做"功能 – 应用"映射、版本映射、系统与数据对照分析，等等。

　　在工业界，使用工业软件的一个重要共识是：凡是软件能稳定使用，就尽量不替换它。这就是为什么在不少国际知名企业中尚有一些"古老"软件在运行。据说丰田公司到目前还有极少量 586 电脑上的软件系统在正常使用，美国 NASA 的某些计算机甚至还在使用 8086 与 80286 等"古董级"系统。

材料领域专用软件

　　材料领域相关软件的简要归纳见表 2-15。

表 2-15　工业领域中的材料软件

序号	软件名称	主要用途
1	ThermoCalc、Dictra、Pandat 等	材料成分设计、相图与相变、热力学 / 动力学计算等

（续）

序号	软件名称	主要用途
2	MaterialStudio、Lammps、VASP、Win2K、Abinit 等	材料微观结构可视化建模、仿真、设计及优化等
3	ProCAST、Magma、Ft-star、AnyCasting、CastDesigner 等	材料铸造成型工艺仿真与优化设计等
4	Deform、Marc、Abacus 等	材料塑性成型工艺仿真与优化设计等
5	PAM-Stamp 等	材料钣金及管材成型工艺仿真与优化设计等
6	SysWeld、Simufact welding、Abacus 等	焊接及材料热处理工艺仿真与优化设计等
7	VeriCUT 等	材料数控加工工艺仿真与优化设计等
8	Moldflow 等	非金属材料注塑成型工艺仿真与优化设计等
9	PAM-Composites 等	复合材料工艺仿真与优化设计等
10	ANSYS、Abaqus 等	材料结构分析与仿真优化等
11	Dyna、PamCrash、VPS 等	材料结构动力学分析、冲击碰撞模拟仿真分析等
12	VA-ONE 等	材料及其结构振动与噪声分析等
13	Ansoft 等	材料结构电磁性能仿真分析等
14	ZEMAX 等	材料及其结构光学性能仿真与分析等
15	SYSTUS 等	材料高温蠕变及裂纹扩展等
16	ZENCRACK、NASGRO 等	材料疲劳断裂仿真与分析等
17	Granta MI、MSC Mvision、ESDU 等	材料数据管理与应用等
18	Deform、Abaqus、ANSYS、Simufact Forming、Transvalor forge 等	锻造变形仿真分析等
19	Jade、Matlab、Origin、Tecplot、channel 5 等	材料图像处理等

常用的 16 种材料分析软件罗列如下：

▶ ATOMS

ATOMS 是用来绘制晶体结构的软件，它将 CIF 文件转成三维晶体结构文件，是用于绘制包括晶体、聚合物和分子在内的所有原子结构类型的程序。它可以使用最新的系统软件制作完全"三维"彩图，也可以制作简单的黑白示意图，以便在出版物中小范围复制。

▶ Hyperchem

Hyperchem 是一款以高质量、灵活、易操作而闻名的分子模拟软件，可通过 3D 对量子化学进行全面的计算，有着方便的模拟工具、美观的图形界面，可通过量子化学的半经验方法（AM1、PM3 等）、从头算方法（UHF、RHF、CI 等）、密度泛函方法进行计算，完成单点能计算、几何优化、分子轨道分析、蒙特卡罗和分子力学计算、可见光到紫外光谱预测等功能。如图 2-3 所示。

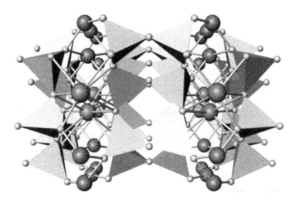

图 2-2　ATOMS 软件绘制的晶体结构图

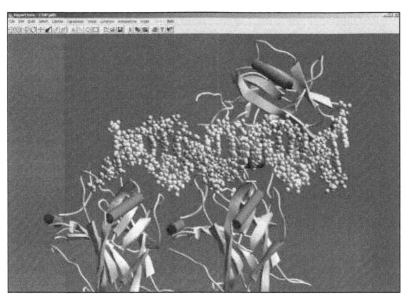

图 2-3　Hyperchem 分子模拟软件

▶ ChemDraw

ChemDraw 作为 ChemBioOffice 核心工具之一，是一款专业的化学结构绘制工具，它是为辅助专业学科工作者及相关科技人员的交流活动和研究开发工作而设计的。它给出了直观的图形界面，开创了大量的变化功能，只要稍加实践，便可很容易地绘制出高质量的化学结构图形。

▶ Diamond

Diamond 是 Crystal Impact GbR 公司开发研制的一款化学软件。用 Diamond 可以画出晶体结构的球棍模型图、密堆积图、线形图、热椭球图和立体图，它也可以用于晶体局部结构的绘制、编辑。其结果以 BMP、GIF、JPEG 等图片格式输出，同时也可以用复制 / 粘贴命令将绘制的图片文件直接放入文档。该软件还可以对构建的晶体结构进行转动、放大、缩小等操作，同时记录其运动过程，制成动画文件，在其他多媒体播放器中播放。如图 2-4 所示。

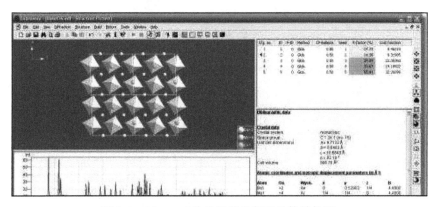

图 2-4　Diamond 化学软件绘制的晶体结构图

▶ CrystalMaker

CrystalMaker 是晶体和分子结构可视化软件，从金属到沸石，从苯到蛋白质，CrystalMaker 是了解晶体和分子结构的最简单方法。CrystalMaker 是一款在创建、显示和操作各种晶体分子结构中屡获好评的软件。CrystalMaker 在生产力方面提供了一个流线式的工作流程，用户只需把数据文件拖到程序中便可即时显示照片般逼真的色彩，用鼠标就可以实时操作晶体结构。如图 2-5 所示。

▶ Materials Explorer

Materials Explorer 是一个立足于 Windows 平台的多功能分子动力学软件。它拥有强大的分子动力学计算及蒙特卡罗软件包，是结合应用领域来研究材料工程的有力工具。Materials Explorer 可以用来研究有机物、高聚物、生物大分子、金属、陶瓷材料、半导体等晶体、非晶体、溶液，流体，液体和气体相变、膨胀、压缩系数、抗张强度、缺陷等。如图 2-6 所示。

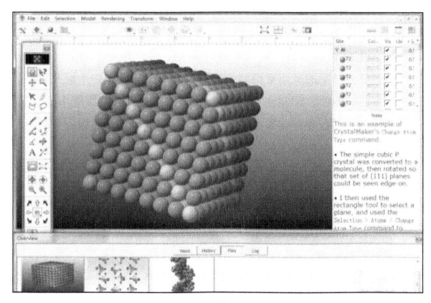

图 2-5 CrystalMaker 绘制的晶体和分子结构

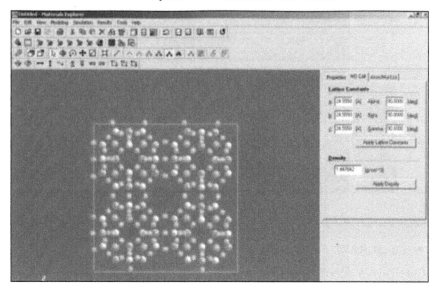

图 2-6 Materials Explorer 分子动力学软件

▶ Materials Studio

Materials Studio 是新一代材料计算软件，可解决当今化学、材料工业中的一系列重要问题，使化学及材料科学的研究者能更方便地建立三维结构模型，并对各种晶体、无定型以及高分子材料的性质及相关过程进行深入的研究。多种先进算法的综合应用使 Materials Studio 成为一个强有力的模拟工具。无论构型优化、性质预测和 X 射线衍射分析，以及复杂的动力学模拟和量子力学计算，我们都可以通过一些简单易学的操作来得到切实可靠的数据。任何一个研究者，无论是否是计算机方面的专家，都能充分享用 Materials Studio 软件所带来的先进技术。Materials Studio 软件能使任何研究者达到与世界一流研究部门相一致的材料模拟的能力。模拟的内容包括催化剂、聚合物、固体及表面、晶体与衍射、化学反应等材料和化学研究领域的主要课题。如图 2-7 所示。

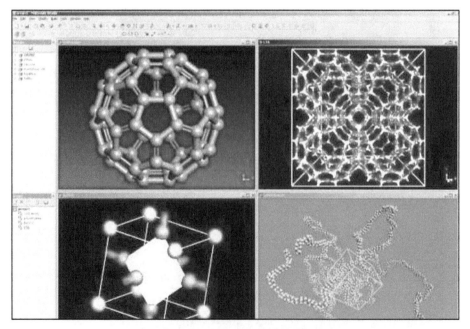

图 2-7　Materials Studio 材料计算软件

▶ CorelDRAW

CorelDRAW 是一个专业图形设计软件，专用于矢量图形编辑与排版，借助其丰富的内容和专业图形设计、照片编辑以及网站设计能力，能够结合科研中其他绘图软件做出既满足设计者功能需求，又满足阅读者视觉美观要求的图片。

▶ Origin

Origin 具有两大主要功能：数据分析和绘图。Origin 的数据分析功能主要包括统计、信号处理、图像处理、峰值分析和曲线拟合等。准备好数据后，进行数据分析时，只需选择所要分析的数据，然后再选择相应的菜单命令即可。Origin 的绘图是基于模板的，Origin 本身提供了几十种二维和三维绘图模板，而且允许用户自己定制模板。用户可以自定义数学函数、图形样式和绘图模板，可以和各种数据库软件、办公软件、图像处理软件等方便地联接。

▶ SHAPE

SHAPE 是一个用于绘制晶体和准晶体外部形态（表面）的程序，并可绘制部分晶体。它还可绘制任何单晶和大多数孪晶和外延共生体。如图 2-8 所示。

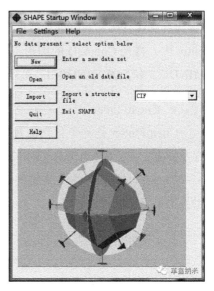

▶ ChemDraw

ChemOffice 系列是美国剑桥公司研究开发的桌面化学软件，功能非常强大。ChemDraw 是世界上最受欢迎的化学结构绘图软件，是各论文期刊指定的格式，也是大家在使用 ChemOffice 时用得最多的软件。它主要有以下功能：

AutoNom：可自动依照 IUPAC 的标准命名化学结构。

图 2-8　SHAPE 绘制的水晶和准晶体

ChemNMR：预测 13C 和 1H 的 NMR 光谱，节省试验的花费。

ChemProp：预测 BP、MP、临界温度、临界气压、吉布斯自由能、logP、折射率、热结构等性质。

ChemSpec：可输入 JCAMP 及 SPC 频谱资料，用于比较 ChemNMR 预测的结果。

ClipArt：高品质的实验室玻璃仪器图库。

Name=Struct：输入 IUPAC 化学名称后就可自动产生 ChemDraw 结构。

▶ Chem3D Ultra

Chem3D Ultra 提供工作站级的 3D 分子轮廓图及分子轨道特性分析，并和数种量子化学软件结合在一起。由于 Chem3D 提供完整的界面及功能，已成为分子仿真分析最佳的前端开发环境。它主要有以下几个功能：

Excel Add-on：与微软的 Excel 完全整合，并可连接 ChemFinder。

Gaussian Client：量子化学计算软件 Gaussian 98W 的客户端界面，直接在 Chem3D 运行 Gaussian，并提供数种坐标格式（需要安装 Gaussian 98W）。

CS GAMESS：量子化学计算软件 GAMESS 的客户端界面，直接在 Chem3D 运行 GAMESS 来进行计算（需要另外获得 GAMESS）。

MOPAC Pro：Fujitsu 的量子化学计算软件 MOPAC 已内含在 Chem3D Ultra 内，搭配 Chem3D 的图形界面。分子计算的方法有 AM1、PM3、MNDO、MINDO/3 和新的 MINDO/d。可以计算瞬时的几何形状及物理特性等。

▶ ChemFinder

ChemFinder 是一个化学信息搜寻整合系统，可以建立化学数据库，进行储存及搜索，或搭配 ChemDraw、Chem3D 使用，也可以使用现成的化学数据库。

ChemFinder 是一个智能型的快速化学搜寻引擎，所提供的 ChemInfo 是目前世界上最丰富的数据库之一。

▶ ChemSketch

ChemSketch 是高级化学发展有限公司（ACD）设计的用于化学画图的软件包，该软件包可单独使用或与其他软件共同使用。该软件可用于画化学结构、反应和图形。它也可用于设计与化学相关的报告和演讲材料。该软件的一个重要功能是能够自动计算所绘结构式的分子式、分子量、摩尔体积、摩尔折射率、折光率、表面张力、密度、介电常数、极化率等数据，免除人工计算的烦恼。如图 2-9 所示。

▶ ISIS/Draw

ISIS/Draw 是 Symyx 公司推出的智能化学绘图软件，能自动识别化合价、键角和各种环，能绘制复杂的生物分子和聚合物等化学结构。其操作简单，使用方便，可将 ISIS/Draw 结构图剪切到 Microsoft Word、Excel、PowerPoint 等软件中，具有很好的兼容性。它曾经是化学结构式绘制领域最流行的软件，但目前似乎 ChemDraw 更具有影响力。

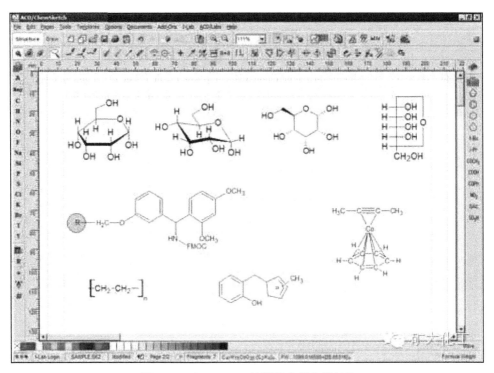

图 2-9　ChemSketch 绘制的分子化学结构

▶ ChemWindow

ChemWindow 是 SoftShell 公司推出的化学绘图软件，主要功能是绘制各种结构和形状的化学分子结构式及化学图形，可利用工具箱中的各种图标直接进行操作，非常快速、便捷。它含有大量的结构式模板，使用起来非常方便。它还具有一般绘图软件所不具备的化学分子图形编辑功能，并能提供许多试验仪器进行组装，可作为演示工具等。ChemWindow 运行于 Windows 平台下，可与 Microsoft Word、PowerPoint 等软件联合使用，兼容性好。如图 2-10 所示。

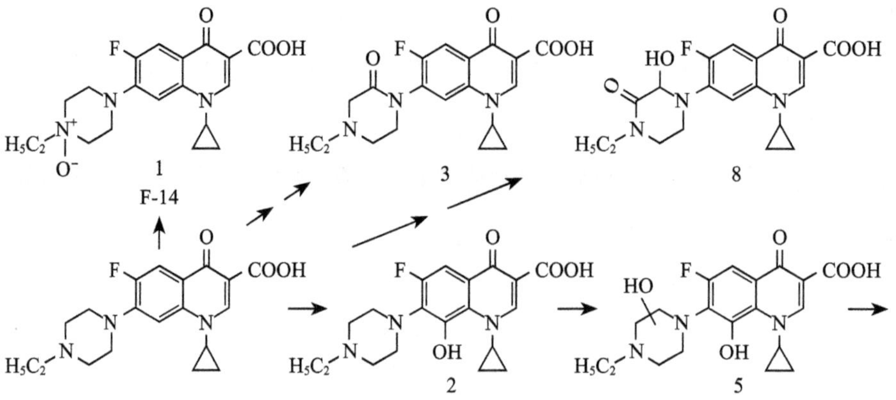

图 2-10　ChemWindow 绘制的化学分子结构式

工业互联网平台软件

　　工业互联网平台及其上所搭载的工业 APP 软件等，是一个新兴的工业软件门类，在本书第六章、第七章各有专门论述。本小节只是承袭本节内容体例，列出作者目前能搜集到的一些国内外工业互联网平台的基本信息（排名不分先后），见表 2-16。

表 2-16　工业互联网平台软件

序号	平台软件名称	国际生产厂商
1	ThingWorx 工业物联网平台	美国 PTC 公司
2	MindSphere 工业物联网平台	德国西门子
3	Predix 工业互联网平台	美国 GE 公司
4	SAP Intelligent Enterprise Suite 平台	德国 SAP 公司
5	ABB Ability 工业云平台	瑞士 ABB
6	霍尼韦尔工业物联网	霍尼韦尔
7	EcoStruxure	施耐德电气
8	ProfiCloud	菲尼克斯电气
9	PlantWeb	艾默生
10	AWS	亚马逊
11	Azure	微软
12	Nebbiolo 雾计算平台	美国 Nebbiolo Technologies
13	Davra IoT	爱尔兰 Davra Networks
14	KUKA Connect	库卡

（续）

序号	平台软件名称	国际生产厂商
15	Cloudiip 工业互联网平台（BIOP）	东方国信
16	根云工业互联网平台	树根互联
17	COSMOPlat 工业互联网平台	海尔数字科技
18	航天云网 INDICS	航天科工
19	精智工业互联网平台	用友网络
20	In-Cloud 工业互联网平台	浪潮集团
21	FusionPlant 工业互联网平台	华为
22	BEACON 工业互联网平台	富士康
23	汉云工业互联网平台（Xrea）	徐工机械
24	SYSWARE 工业互联网平台	索为
25	NeuSeer 工业互联网平台	寄云科技
26	supET 工业互联网平台	阿里云计算
27	iSESOL 工业互联网平台	智能云科
28	宝信工业互联网平台	宝信软件
29	HiaCloud 工业互联网平台	和利时
30	ProMACE 工业互联网平台	石化盈科
31	MeiCloud 工业互联网平台	美的
32	船舶工业智能运营平台	中船工业
33	UNIPower 工业互联网	紫光
34	supOS 工业互联网	中控工业
35	启明星云 QMAC	启明信息
36	CPS 平台	中国电信
37	OneNET 工业互联网平台	中国移动
38	KSTONE 工业互联网平台	昆仑数据
39	ProudThink 工业互联网平台	普奥
40	LeapAI 工业物联网平台	联想
41	木星云工业物联网平台	华龙迅达
42	烁金工业互联网平台	金蝶
43	PERA.SimCloud 工业仿真云平台	安世亚太
44	Wellincloud 工业互联网平台	亚控科技
45	ASun 工业互联网平台	中天科技
46	LONGO-IoT 工业互联网平台	兰光创新
47	Thingwise 工业互联网平台	优也科技
48	制造云工业互联网平台	蜂巢互联
49	中服工业互联网平台（CServer IIP）	西安中服软件
50	名匠 NewTonIoT	名匠智能

（续）

序号	平台软件名称	国际生产厂商
51	BachOS 工业互联网平台	中电互联
52	AIdustry	华能集团
53	星云智汇	上海电气
54	CISDigital	中冶赛迪
55	智通工业互联网平台	智通科技
56	Zvolly OS	中科云谷
57	船海智云	中船互联
58	EdgePro 工业物联网	天泽智云
59	WISE-PaaS	研华科技
60	机智云工业物联网	广州机智云物联
61	航天智控	航天智控
62	展湾智慧通	展湾科技
63	M. IoT	美的集团
64	海创云	中海创
65	研祥云	研祥集团
66	Simdroid	云道智造
67	OctoIoT	文思海辉
68	3i 工业互联网平台	顶逸科技
69	FinIN 工业互联网平台	武汉烽火通信
70	积梦工业互联网平台	积梦智能
71	雪浪云	雪浪数制
72	滴普科技工业互联网平台	滴普科技
73	HanClouds	瀚云科技
74	蒲慧制造云平台	蒲慧制造
75	天工物联平台	百度云
76	网易工业互联网平台	网易（杭州）
77	迈迪网工业互联网应用平台	迈迪信息
78	网络协同制造工业互联网平台（Tengnat）	中之杰
79	传化智能供应链服务平台	传化智联
80	（轴承）行业工业互联网平台	陀曼智造
81	袜业行业工业互联网平台	创博龙智
82	磁性材料行业工业互联网平台	横店集团东磁
83	机泵安康管控工业互联网平台	哲达科技
84	享控云网	享控智能科技
85	苏畅工业互联网平台	朗坤智慧

（续）

序号	平台软件名称	国际生产厂商
86	擎天绿色低碳工业互联网平台	南京擎天科技
87	CloudLinx 工业物联网平台	中能远景
88	博拉云协	博拉科技
89	iWoCloud 工业物联网行业应用平台	深圳英威腾
90	Tlink 工业物联网平台	深圳模拟科技
91	全应智慧热能云	全应科技

作为工业软件领域里的新势力，工业互联网平台近年来在国内发展势头迅猛，数量不断增加。不同的工业互联网平台来源不同，各具工业基因，各有工软特色，由用户根据自己需求和应用场景来选择使用。

工业软件的细分与重构

软件类别 传统划分

软件种类成千上万，总量不计其数，可能没有人能够说清楚世界上到底有多少种软件。按国际通用的软件类别划分，软件被划分为应用软件、系统软件和恶意软件这三大类。国内软件界的分类稍有不同，软件被划分为应用软件、系统软件和介于这两者之间的中间件。

应用软件

应用软件指使用计算机系统执行各种特定应用功能或提供超出计算机本身基本操作范围的娱乐功能的软件。应用软件有许多不同类型，因此现在计算机可以执行的应用任务范围非常宽广，不同的应用软件可以为不同专业领域的用户提供不同的应用功能，例如，办公软件、工业软件、语言处理软件、图像处理软件、网络管理软件、电脑 / 手机 APP 软件、金融信贷软件、游戏软件、安全与保密软件、软件评测软件等。

其中的工业软件包含了以制造业、原材料、采掘、能源四大领域为主的应用软件，是本书阐述的重点内容之一。

工业软件本身是一个庞大家族，可以细分成很多种不同用途的软件。如机械自动化、生产自动化、企业管理信息化等不同的门类。如果再细分，则有 CAX、ERP、PLM、MES、OA、EB、MRO 等专用软件，以及用于电力、矿山、车辆、原材料、武器装备、家电、交通等工业现场的 PLC、DCS、PAC/PLMC、SCADA、工控机、嵌入式系统、信息安全、生产安全、工控供应链、工业以太网、现场总线、无线通信、低 / 中 / 高压变频器、运动控制、机械传动、电机、电气连接、工业机器人、机器视觉、离散传感器、分析测试仪表、显示控制仪表、工业电源、机箱机柜、低压电器等领域的专属用途软件。

系统软件

系统软件是直接操作计算机硬件，提供用户和其他软件所需的基本功能，并为运行应用软件提供平台的软件。系统软件包括：

1）操作系统：是计算机系统的内核，负责管理计算机硬件与软件资源的所有程序的集合，并为运行在这些资源上的其他软件提供公共服务。操作系统的核心内容是监控程序、引导加载程序、命令解释器（Shell）和窗口系统，还负责管理与配置内存、决定系统资源供需优先次序、控制输入与输出设备、操作网络与管理文件系统、支撑开发环境等基本事务。有时操作系统与其他软件（包括应用软件）捆绑在一起，这样用户就可以在只有一个操作系统的计算机上进行工作。

2）设备驱动程序：操作或控制连接到计算机上的特定类型的设备。每个设备至少需要一个相应的设备驱动程序——因为计算机通常至少要有一个输入设备和一个输出设备，所以计算机通常会安装多个设备驱动程序。

3）嵌入式软件：在谈到设备驱动程序时，还会涉及一种不太容易分类的嵌入式软件，它是一种为专用计算机系统——嵌入式系统设计的软件，由程序及其文档组成，也可以细分为系统软件、支撑软件、应用软件三类，是嵌入式系统的重要组成部分。

嵌入式系统一般由嵌入式微处理器、外围硬件设备、嵌入式操作系统以及用户的应用程序等四个部分组成，是控制、监视或者辅助设备、机器和车间运行的装置,即以应用为中心,以计算机技术为基础,软／硬件可裁剪,适用于应用系统对功能、可靠性、成本、体积、功耗有严格要求的专用计算机系统。

嵌入式软件作为固件存在于嵌入式系统、专用于单一用途或少数用途的设备(如汽车和电视)中,尽管一些嵌入式设备(如无线芯片组)本身可以是普通的非嵌入式计算机系统(如 PC 或智能手机)的一部分。在嵌入式系统环境中,有时系统软件和应用软件之间没有明确的区别,也有一些嵌入式系统保留了系统软件和应用软件之间的区别(尽管通常只有一个固定的应用程序始终运行)。

微代码是一种特殊的、内容相对晦涩的嵌入式软件,它告诉处理器自己如何执行机器代码,因此其层级实际上比机器代码还要低。它通常是处理器制造商的专利程序,普通程序员无法接触,通常也不需要处理微代码。任何修正微码的软件更新都由处理器制造商提供给用户(如有必要更新,比更换处理器要便宜得多)。

4)公用程序:是一种旨在帮助用户维护计算机的实用程序。

5)支撑软件是支撑各种软件的开发与维护的软件,又称为软件开发环境(SDE)。它主要包括环境数据库、各种接口软件和工具组,还包括一系列基本的工具(比如编译器、数据库管理、存储器格式化、文件系统管理、用户身份验证、驱动管理、网络连接等方面的工具)。

恶意软件

恶意软件是一种用来危害和破坏计算机的特殊软件,往往与计算机／网络犯罪密切相关,例如计算机病毒、木马、恶意小程序等。有些恶意软件可能被乔装设计成类似于恶作剧,但是最终都是以不同形式侵害了计算机用户的文件、数据或使用权。

中间件

中间件是一种独立的系统软件或服务程序,位于客户机服务器的操作系统之上,管理计算资源和网络通信(IDC 定义)。分布式应用软件借助这种软件在不同的技术之间共享资源。

工业软件　渐露新态

由于工业软件对工业具有至关重要的战略意义，各大工业软件公司都在加紧发展工业软件，因此软件的技术和分类也呈现出多元化的趋势。在经典的工业软件分类中，工业软件巨擘已经在逐渐放弃使用二十年之久的 PLM 名称，例如西门子在 2019 年将自己的工业软件命名为"数字工业软件平台（DISW）"，达索也把自己的工业软件命名为"业务体验平台（Business Experience Platform）"，而参数技术公司在数年前就弱化了 PLM 色彩，转向工业物联网（IIoT）。同时，那些影响了工业软件公司技术走向的顶级航太公司，也都在部署自己的数字化发展战略。

空客公司宣布，其最新的数字化转型之道是依托于战略核心地位的 DDMS（Digital Design Manufacturing Service），即"数字化设计、制造和服务体系"。具体措施是：从设计到运营业务都采用了统一数据模型，同时覆盖了各型号或产品线、各业务部门。

波音公司持续关注数字化转型技术，在 2017 年构建了 2CES（2nd Century Enterprise System），即"第二个百年企业系统"，其特点是构建企业级单一数字化解决方案，实现持续的平台能力部署策略。所谓单一数字化解决方案，是指整合、简化企业的各个系统，减少系统之间大量的孤岛式点对点的连接和数据复制。

作者认为上述两巨头数字化转型技术，会反过来影响工业软件技术走向，促进形成新型工业软件平台。毕竟工业软件总体上是由客户的需求和发展战略驱动的。

工业软件可以从多种角度来划分，目前并没有国际公认的统一分类方式。例如，可以按照工具、系统、平台和业务四个层次来划分，也可以按照研发手段、产品自身、生产控制、运营管理来划分，也可以按照所属行业或专业类别来划分，还可以按照商用、定制和自开发 / 自用来划分，还可以按照本地安装、云端安装来划分，或可以按照近几年流行的智能、非智能来划分等等。这些划分之间是彼此包含或重叠的，某个工业软件可能会分到多个类别中。

例如一款"云 CAD"软件，安装在云端服务器上提供订阅式服务，用户本地不需要任何安装文件，它既属于工具类软件，也算是云端软件，还可以是为企业定制的软件。如果从工作载体和使用场景来看，工业软件可分为：嵌入式软件和非嵌入式软件。作者认为：产品本身数字化软件属于嵌入式软件，是嵌入在控制器、通信、传感装置之中的数据采集、人机界面、过程控制、数据库、数据通信等内容的软件，多用于 OT/工控领域；研发与管理手段数字化软件属于非嵌入式软件，是安装在通用计算机或者工业控制计算机中的设计、编程、工艺、监控、管理等软件（研发手段类的软件还可以细分为工具类和集成框架类），属于制造业 IT 范畴。也有业内专家将其分别称作"装上"和"线上"软件。

今天的工业软件，已经呈现出了一些新的技术特征，正在形成新型工业软件，如果仅用两个维度去分类已经不太容易区分软件之间的技术特征差异了。因此，作者在本书中采用"算法""架构""存储方式"三个维度来区分工业软件的形态。这并不是一个完备的分类（例如没有将开源与非开源作为一个维度），但至少可以简要描述和区分现在已经出现的多元化工业软件。如图 2-11 所示。

例如在存储方式上，传统形态软件有研发与管理手段数字化软件（如 CAX、PDM、ERP 等）和产品本身数字化软件（如洗衣机中的嵌入式软件等）；在算法上，有常规算法软件和采用了新一代人工智能算法软件；在架构上，有传统架构工业软件（几乎所有现有工业软件）和基于云 /SaaS 的订阅式软件（如云 CAX、云 MES、工业互联网 APP 软件等）。

另外，即使软件架构、算法和存储方式都不做改变，而仅仅是软件之间的相互融合创新，也会产生新的软件形式，例如数字孪生（参见第五章）。另外由嵌入式与非嵌入式软件的合体而形成的 CPS 软件，也是工业软件的一个重要发展方向。

按照图 2-11 软件形态分类，不同形态的软件见表 2-17。

表 2-17 不同形态的软件

序号	软件形态分类	具体软件
1	传统架构·常规算法·非嵌入式软件	CAX、PLM、ERP、SCM 等
2	传统架构·常规算法·嵌入式软件	组态王、InTouch、iFix、Cimplicity 等

（续）

序号	软件形态分类	具体软件
3	传统架构·人工智能算法·非嵌入式软件	华中 9 型数控机床的新一代 AI 数控系统
4	传统架构·人工智能算法·嵌入式软件	Automation Studio 平台等
5	云架构·常规算法·非嵌入式软件	工业云、工业互联网平台、工业 APP
6	云架构·常规算法·嵌入式软件	云 PLC 平台、工业 APP
7	云架构·人工智能算法·非嵌入式软件	云 MES 软件 SuperFlex 等
8	云架构·人工智能算法·嵌入式软件	云加边缘计算的混合模式软件

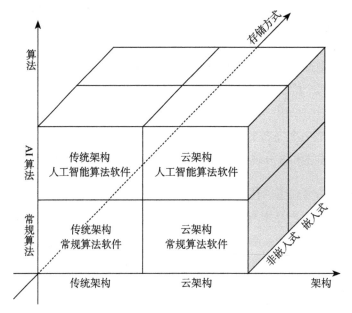

图 2-11　不同算法、架构和存储方式的软件

如果讨论新兴的工业软件，大致可以从几个方面来看其究竟"新"在哪里。

1）算法新，软件是算法生存和发展的天然沃土，很多新算法的出现都是为了能在软件中得到更好的应用。在传统架构软件中使用了新算法，例如从常规算法发展到人工智能算法等，可以有效地提升软件的计算效率和计算结果。

2）架构新，即从传统的软件架构过渡到了基于云计算的软件架构，由此而彻底改变了软件的开发、销售、安装、使用、维护、安全等多方面的原有模式。

工控领域资深专家／上海工业自动化仪表研究院彭瑜教授在 2019 年初预测：
"大约五年时间内所有软件的开发将会使用云软件开发的方法，这一趋势已不是
初露端倪，而是如日中天。如果说'软件正在吞噬世界'，那么吞噬软件开发的
软件则是云软件开发及其工具。甚至在嵌入式软件的特殊领域，软件开发几乎会
被当前和未来的云软件技术所左右，或者完全吞没。"

CAX 软件专家／杭州新迪数字工程公司彭维总经理认为："采用完全基于云
的架构，打造我国自主的工业软件云平台，是实现我国工业软件换道超车的重大
发展机遇，抓住这个机遇可以造就出国际领先的自主工业软件企业。"

由此可见，无论是 OT 领域，还是 IT 领域，对于工业软件的云化趋势，业
内专家已经有了一致的观察结论。

与云架构相适应的是工业 APP、工业互联网平台。APP 本身是英文的"应
用软件"的缩写，借用手机 APP 的形式发展而成。工业 APP 是运行在工业互联
网平台上的一种基于云架构的新型工业应用软件。工业互联网是智能制造的关键
基础设施，是新工业革命的核心要素。工业互联网平台是工业互联网的"工业操
作系统"或"工业安卓"，工业软件以全新的架构与面貌——工业 APP 在工业互
联网平台上运行。我们可以类比一下：如同电脑上只有操作系统而没有应用软
件，电脑就干不了什么事；如果工业互联网没有工业互联网平台，或者只有工业
互联网平台而没有工业 APP 的汇聚与助力，工业互联网的应用也难以取得实效。

3）分类或打包新，传统的软件分类已经逐渐被打破，沿用了 20 年的 PLM
的软件类别已经有被工业软件巨头放弃的趋势，取而代之的是新的工业软件分类
和打包方式，如前面提及西门子 DISW、达索 BEP 的命名，以及现在已经出现
的多专业软件（如机械与电子）打包到一起等。

当然，工业软件发展趋势并不止这些，但限于篇幅不再展开论述。

全新分类　重新命名

工业软件的分类，一直是一个非常复杂的问题。到底是按照行业来分，还是

按照功能来分，或者是按照生命周期来分，都不太容易分得界线清晰。

因此，目前在国内外，大都是按照传统的通用软件的分类来命名和分类产品，如 CAD、PDM、MES 等。这样的划分也客观上造成工业软件种类庞杂、数量巨大和功能冗余。仅仅在波音，为了飞机这样一种复杂产品的全生命周期中的每一个环节、每一个流程的方方面面，就使用了数千种软件（约 8000 种），其中外购商用软件有 7000 种；前面也提到一个国外石油公司的软件超过 3000 种。如此多的商用、自用工业软件门类，如果缺乏科学的分类和简明的命名，是非常不容易学习、理解和掌握的，更不用说以"自主可控"或"安可"的形式做研发追赶了。

另一方面，从话语权和工业文化自信来说，我们在包括工业软件在内的诸多技术领域一直是跟随国外的命名习惯，国外怎么命名，我们就怎么沿用，甚至翻译错了也笃信不疑。我们已经在仿制、跟随的道路上走得太久，甚至形成了膜拜国外的习惯。

作者根据长期观察与独立思考，给出了一个新的工业软件体系结构图，尝试重新划分和命名了一些常见的工业软件。如图 2-12 所示。重新分类后的每种软件的简要说明见表 2-18。

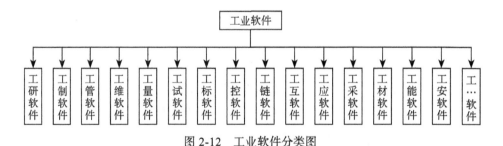

图 2-12　工业软件分类图

表 2-18　工业软件分类及内涵解读

软件类别	软件功能或作用
工研软件	以广义仿真为主导的 CAE，包含 CAD、CAT 等软件
工制软件	面向生产制造的加工、工艺、工装等软件，如 CAM/CAPP/MES/3D 打印等
工管软件	以企业管理为主导的工业管理软件，如 PLM/ERP/WMS、QMS 等

（续）

软件类别	软件功能或作用
工维软件	维护、修理、大修、故障与健康管理等软件，如 MRO/PHM 等
工量软件	工业计量、测量或探测等软件
工试软件	工业试验、试验或测试用软件
工标软件	工业标准与规范软件
工控软件	工业过程控制软件、组态软件、设备嵌入式软件等
工链软件	企业供应链、工业物流、生产物流软件，如 SCM 等
工互软件	工业云、工业物联网、工业互联网、工业互联网平台软件
工应软件	工业自用、工业 APP 软件
工采软件	工业矿山、油田开采（勘探、采矿、采伐、筛矿）类软件
工材软件	工业材料类软件等
工能软件	工业能源、能量、能耗管理软件等
工安软件	工业信息安全软件（杀毒、拒黑客、阻后门，密钥等）
工数软件	工业数据分析软件、工业大数据软件等
工智软件	工业智能软件、工业用 AI 软件等
工…软件	其他类型工业软件（待补充）

该工业软件分类，以"工 X 软件"的方式命名，四字一词，简明扼要，容易理解，分类清晰，中国独创。如果政府、企业、协会等能够出面支持和推广，以这样的冠名作为项目立项、招投标、国际采购内容，相信用不了多少年，就可以在业界得到广泛的认可和传播使用。

当中国用这样的方式来分类工业软件，并在市场上加以规范和推广后，工业软件的"赛道"就会逐渐发生变化，就会从原有的国外分类的工业软件赛道，逐渐转向中国分类的工业软件赛道。在此基础上，才有命名基础和技术空间去考虑"换道超车"这件大事。

改进研发　适合国情

对于工业软件的命名，也是一个值得讨论的问题。以作者首创的"工研软件"分类名为例，可以体现出对工业研发软件的独到理解——工研软件包含了 CAD 与 CAE 软件，不再把 CAD 与 CAE 各自单列。从过去到现在，人们总是认为 CAD 是 CAE 的基础，CAD 用于产品设计，CAE 用于产品仿真分析。其实，这种认识是不准确的。

实际上，用 CAD 设计出来的"产品"就是一套三维图形数据，只表达了产品的零件结构、尺寸、表面要求和彼此之间的装配关系。这样的"产品"其实只是一个"数字化作品"，是不能称其为产品的，没有经过仿真分析和实物测试验证，仅凭 CAD 设计数据，通常不可能用于生产制造。因为根本不知道这样生产出来的产品，是否符合真实工况条件的要求，是否经得住实际运行检验，是否能够长期、稳定、健壮地使用下去。因此，CAE 与 CAD 的统一、协调发展，特别是使用同一个模型，是国际上工研软件的一个重要研发趋势。

CAD 底层基于样条理论，而绝大部分 CAE 底层基于有限元网格剖分理论，两种理论在计算原理上并不兼容，因此 CAD 三维模型数据传输到 CAE 有限元模型中时，往往做不到两种模型之间通过计算而实现精确转换，还需要大量的模型表面检查和手工处理工作（如缝合不连续的有限元模型表面等）。例如一台发动机的仿真分析，计算只需要一天，但是网格划分需要一个月。

现在无论是 CAD 还是 CAE，其底层理论包袱已经非常沉重，难以更改，而且软件企业本身也没有一定要改的内在动力。直到今天，二者之间的数据转换仍然是一个大问题，在绝大部分企业的实际使用中形成任务瓶颈，严重影响产品研发进度。如果未来能够以统一 CAD、CAE 的工研软件为研发目标甚至将其定为行业标准，业界自然就会向标准考虑，想尽办法来对二者进行底层数据和模型上的统一。

另外，以现在很热的"工业 APP"的名称为例，该词应该是借鉴了手机 APP 的术语而形成。如果网上检索"APP"的话，将会看到其对应的解释往往是"应用程序（Application）的缩写，指手机软件"。该缩略语前面加上工业二字，意思就成了"工业应用程序，工业应用软件，类似手机 APP 形式的工业应用软件"。其实"APP"本身是一个让人略感困惑的词汇，对以英文为母语的人来说，没有任何听、读、写、理解的问题。但是如果在中文中混杂了类似"APP"这样的词汇，如"工业 APP"这样的中英文组合，就会引起某些困扰。

首先，不符合国家行文和出版规范。广电总局自 2010 年起要求央视等媒体尽量屏蔽英语缩略词，转而使用中文全称。随后新闻出版总署也出台类似"禁缩令"，要求在汉语出版物中，禁止出现随意夹带使用英文单词或字母缩写等外国语言文字。在行政指令约束下，未来在中文中夹带的英文缩略语会越来越少。因此，减少使用诸如 APP 这样的英文缩略语无疑是明智选择。

其次，诵读也是一个问题，对于很多很多比较正式的场合用中英文混合发音总是有一点不正规的感觉（例如中英文组合词汇念作"工业阿普"或"工业诶辟辟"）。不少没有学过英语的普罗大众也未必能真正明白这些英文缩略语的意思。

再者，"禁缩令"早有先例。在很多非英语国家，为了维护语言的纯洁性，已经命令禁止使用国外缩略语。

最后，也是最重要的，我们应该逐渐树立中国人自己的工业文化自信，逐渐摆脱对英文缩略语的依赖。对于工业领域的外来术语应该有自己的相对应的中文翻译和便于理解、记忆的中文缩略语。

因此，"工业 APP"，取其"工业应用软件"之意，作者将其缩写为作"工应软件"，虽不是最佳，但也算恰当。首先该术语是中文术语，消除了中英文混合；其次减少了一个读音，从五个读音变成了四个读音；再者减少了一个字符，从五个字符变成了四个字符；而且，简化后的中文缩略语并不影响其本身含义。更重要的是，以工字开头，四个字为一组术语，简单明了，一看就懂，有利于记忆和传播，有利于未来形成国内业界标准，有利于开辟工业软件新"赛道"。

工业软件与工业化进程

工业进程 尚未完成

一个国家完成工业化进程的几个重要标志：

▶ 第三产业（服务业）产值和就业率超过第二产业（工业）；

▶ 高质量发展——能源和资源消耗增长速度趋于下降，国民生产总值增长与能源和资源消耗的增长脱钩；

▶ 知识工作者——白领工人数字超过蓝领工人，大多数人要去生产知识和处理信息，而不是生产产品；

▶ 工业技术的积累达到相当高程度与水平，工业技术软件化较为彻底；

▶ 固定资产多不再是企业优势，大范围资源优化配置彰显企业优势；

▶ "三高一低"，生产能力强大而且零库存，形成强大的综合竞争能力。

中国的基本国情是，在工业化进程尚在半途之中时，在全球信息化发展的洪流（第三次浪潮）席卷中，不得不迈入了信息化的进程。对"信息化"的认识，经历了几个阶段与反复，在近些年才摸索出来两化融合的正确方向和路径。

完成工业化进程的基本特征见表 2-19。

表 2-19 完成工业化进程的基本特征

	知识经济时代	数字经济时代
完成工业化进程	第三产业产值和就业率超过第二产业	第二产业、第三产业加速数字化
	GDP 增长与能源和资源消耗增长脱钩	数字经济形成新动能
	白领职工总量超过蓝领职工	一半白领成为知识工作者
	优化配置资源而非拥有大量固定资产	工业互联网优化资源配置
	拥有大量先进工业装备和材料	CPS 融入工业装备和材料
	积累大量工业技术 / 知识	工业技术软件化 / 工业软件成熟

作者涉足工业软件 37 年，一直在观察和思考中国工业软件难以振兴的问题。个人将其总结为以下原因：

首先，中国没有完成工业化进程。读者可以看一下现有的工业软件强国，美国、德国、法国、西班牙、瑞士甚至日本等，无一不是已经完成工业化进程的工业强国。凡是工业化进程已经完成而且工业化水平较高的国家，工业技术软件化都做得非常好，作为工业技术软件化的结果之一，其中有些国家孕育出了大量的工业软件，而没有完成工业化进程的国家，都没有能力开发出有影响力的、优秀的工业软件，无一例外。

因此，不难得出结论：完成工业化的国家，不一定都能开发出优秀的工业软件，但是没有完成工业化的国家肯定没有优秀的工业软件。

没有完成工业化进程，就没有深厚的工业技术积累；没有深厚的工业技术积累，就不可能做好工业技术软件化；而没有工业技术软件化，就谈不上优秀的工业软件。

　　中国工业化进程还在后半途，还在尝试以两化融合为主线的多种模式加速发展完成。由于国内企业普遍缺乏工业技术的积累和忽视对工业知识的管理，因此没有多少工业技术／知识可供软件化。工业龙头企业普遍没有带头开发自主工业软件或带头使用自主工业软件，再加之极度缺乏资金、人才、政策、市场等工业软件成功的必备要素，自主工业软件的崛起之路仍然漫长。

两化融合　反复探索

　　两化融合在中国走过了十几年的发展路径，经历了三种"融合"方式。

　　2002 年提出"信息化带动工业化"，结果是带而不动。经过不断探索和调整，到 2007 年时已经不用这个提法。实践证明，软件、互联网、通信、人工智能等 ICT（信息通信技术），其实无法独立担负"带动"工业化发展的重任，但是可以助力、放大甚至是以"大脑"的定位来主导某些工业要素的发展。而且，工业化也不能仅靠 ICT 去助力和放大，天量的工业化要素本身也必须逐步发展，如技术积累，材料创新，知识沉淀，设备升级，刻苦钻研，反复实践等，一个都不能少。

　　2007 年提出"信息化与工业化融合"，结果是融而不合。直到今天，两化融合在中国仍然是一个需要持续引导、反复加深认识、没有彻底解决的问题。自从确定了两化融合的基调之后，十多年来，在企业实践层面大都不清楚"两化"该怎么融合，"信息化与业务两张皮"现象十分普遍。很多的"指南"、经验、示范企业，如果仔细去看，大都是"一化融合"，即在 IT 层面制造业信息化软件彼此融合，在 OT 层面多种设备彼此联机实现监测和控制，但是 IT 与 OT 之间一直像油和水一样，界限分明，极少融合。其实本质问题是没有解决二者的定位问题。

　　2012 年提出"信息化与工业化深度融合"，方向正确，路径清晰。深度的意思，是要在底层去找突破口，而底层，恰恰是车间，是机器，是装置，是具体产品。提出深度融合说法仅一年，德国政府就推出了"工业 4.0"发展战略，指出 CPS 是工业 4.0 使能技术，并以 RAMI4.0 的方式，把工业 4.0 的实施路径模型化、标准化和实操化。RAMI4.0 把融合的落脚点放在了车间、设备、装置和产品上。中德两国的思路基本一致，CPS 是典型的两化深度融合技术，RAMI4.0 是典型的两化深度融合模型。同时，在德国这样的制造强国，工业为主，信息为辅，是无须讨论的话题。而在中国，"深度融合"的提法，仍然没有解决"工"与"信"谁主谁次的问题。

国务院 2015 年发布了"中国制造 2025"纲领性文件，指出两化融合是主线、智能制造是主攻方向，既明确了 CPS 是实现智能制造的使能技术，也强调了制造立国的定位。

2017 年"十九大"报告中明确指出：加快建设制造强国，加快发展先进制造业，推动互联网、大数据、人工智能和实体经济深度融合。以对 CPS "大而化之"的提法，把两化深度融合的路径做了具体、清晰、完整的表达，制造强国、制造立国被明确提升到国家战略层面上，彻底摒弃和刹住了轻视制造业、经济脱实向虚的倾向。

从上述回顾看出，前三种两化融合提法，出于重视的需要，都把信息化放在了首位，但是无形之中，或多或少地忽视了对工业这个主体的准确定位和深入理解，没有清晰地阐明二者之间的主次关系。信息化要素可以类比为大脑和灵魂，可以放大、赋能甚至主导工业要素的行为，但是其最终目的是工业强大，是制造立国，是体量庞大的工业身躯的高速飞奔。在两化深度融合过程中，工业是主角，信息是配角，以信息化要素的精控、放大、赋能、创新作用来让工业这个主角由大变强，让中国从工业大国变成工业强国，是两化深度融合的基本逻辑。

实践证明，时空界限，在软件、互联网、通信等信息领域里很容易被打破，但是在工业领域，时空是最大的障碍，能源是最多的需求，材料是最严的考验。天量的身躯，巨大的空间，绵长的时间，合格的材料，持续的能源，耐心的沉淀，反复的迭代，是工业的基本属性。这些属性单靠信息化是无法满足、优化和完成的，因此信息化的最佳定位，就是去辅助工业化发展，加速和放大工业化发展的进度和效果，而不能颠倒过来，像互联网公司的业务逻辑那样，通过重视对数据/信息的处理、放大、传输，找到数据/信息应用的新模式就能做好某种业务，就能有机会"爆款"，就能快速盈利。在工业领域不会有这种模式，过去没有，现在没有，以后也不会有。

工业基因　强者愈强

回顾工业软件的发展史，任何一个著名工业软件的起家，无一例外都是诞生于军火和汽车工业的摇篮。

理论上说，工业软件的研发主体应该是多样化的，有军火巨头的按需开发，有专业商用公司开发，也有企业员工根据需要自己开发，还有自由个体凑几个人凭兴趣开发，或由高校组织教师进行开发，由研究院所自己开发，还有企业自己成立专门的部门或独立的公司来开发。但是，能真正把工业软件开发成功，用自己的销售利润不断持续投入新版本开发，形成良性的滚动发展，并且能在全球名列前茅，目前看来只有工业巨头能够做到。

工业软件的开发，是一项非常烧钱的工作。软件架构难度大，算法逻辑门槛高，硬件条件开销大，编程高手难寻觅，产权保护不容易，后期维护很烦琐。20世纪 70 年代的冷战时期，是工业软件开发的爆发期，但是也只有财大气粗的军火商、汽车商们才有条件独立开发、依托某厂商开发或大手笔支持早期的 CAD 软件。例如：

CADAM——由美国洛克希德公司支持的商用软件；

CALMA——由美国通用电气公司开发的商用软件；

CV——由美国波音公司支持的商用软件；

I-DEAS——由美国 NASA 支持的商用软件；

UG——由美国麦道公司开发的商用软件；

CATIA——由法国达索公司开发的商用软件；

SURF——由德国大众汽车公司开发的自用软件；

PDGS——由美国福特汽车公司开发的自用软件；

EUCLID——由法国雷诺公司开发的自用软件，后成为商用软件；

ANSYS——由 John Swanson 创立，得到西屋核电的大力扶植；

NASTRAN——由 NASA 开发，后成为商业软件。

因为国外大企业本身就是软件的第一用户，开发人员也大都来自企业本身，对自身的需求十分了解，因此，他们开发的工业软件有以下三个特点：

1）在需求上不会有较大偏差；

2）基本上都是现在企业真实的工作场景中使用，然后不断反馈回来修改意见，让软件快速迭代修改；

3）软件发展到一定程度就开始了商业化的进程，专门成立部门或独立出去成为商业软件公司，在市场上去砥砺和打拼。

进入 21 世纪以来，硬件价格快速下降，软件开发与调试工具日益增多，软件编程人员喷发式增长，互联网爆发式普及应用等等，基于这些原因，对于工业软件的开发呈现出了百花齐放的态势，工业软件开发主体也呈现出一些变化：原本是做操作系统软件的企业，如微软公司也开发了微软 ERP 软件，力图借助系统软件的带动优势在工业软件领域打下一片天地；老牌工业巨头西门子因为 2007 年并购了原美国 UGS 公司而一跃成为工业软件巨头；洛克希德·马丁已经成为事实上最大的软件公司；大众汽车公司在 2019 年也宣称要转型成为一家软件公司，计划对旗下的软件业务进行整合，在未来三到五年内投入 90 亿美元的资金，整个集团的软件工程师数量将会增加到一万个；马斯克则表示，特斯拉正在计划让中国团队开发汽车软件，在中国打造一支"重要的工程团队"。

从近几十年国外工业软件的发展路径来看，国外工业软件开发，一直是以财大气粗的工业巨头为主体按需开发，其他企业为辅助锦上添花，高校往往是以试验室合作为主，为软件验证补充机理模型和输出软件人才，政府角色是选择性精准资助。另外，某些投资公司也在其中扮演了选择、孵化的角色。但是总体上来说，这是一个强者愈强的市场，凡是有独特功能的小软件厂商，几乎都没有独立做大的机会，在成长到一定程度之后，就被软件巨头并购了。

实用砥砺　迭代优化

源于工业，用于工业，优于工业，兴于工业，工业软件从来都带有天然的工业基因。工业软件总体上已经发展了 60 年，在中国发展了近 40 年。在最近十年，中国的工业软件界开始认识到了这个规律：任何一款工业软件，如果没有工业界的深入应用，这款软件就很难成熟，例如很难发现顶层设计缺陷，很难发现机理模型的算法缺陷，很难获得适合于某种专业性的潜在研发改进需求，很难获得工业界新出现的诀窍（Know-how）知识，很难获得工业界巨头的投资青睐，等等。因此，工业软件不断推出新好功能，同时工业界在实践应用中对工业软件进行"反哺"和实用砥砺打磨，是一种双方长期积极互动的双赢情境。

因此，振兴工业软件问题，并不是仅仅靠政府、资本方、工业巨头等投入巨额研发资金的问题，工业界大规模地参与应用工业软件并反馈软件缺陷也是一个非常重要的问题。工业是"皮"，工业软件是"毛"，皮之不存，毛将焉附。

无论从论证初衷、采购额、装机数量以及客观使用结果，中国工业界一直不太看好、不愿选用国产工业软件。个中缘由，是一个一言难尽的话题。作者仅列举以下几点。

▶ 开发主体问题：30 多年前，国内开始开发工业软件（如二维工程绘图等）就是以高校和研究所作为软件研发单位，基本上企业不参与软件开发。因此，如此开发出来的软件，绝大多数都不太适合企业应用，这些国产软件绝大多数已经消失，极少数特定行业软件和具有符合国标的符号库、标准件库的软件顽强生存了下来。

▶ 企业对工业软件高度轻视问题：早年（甚至到今天）不少企业领导都不认为工业软件有多么重要，绝大多数决策者心态是宁愿买计算机也不愿意买软件；如果真想用软件就去买盗版；或者认为找上几个会编程的研究生、博士生就能自己编软件；当编来编去软件不能用而又确实需要软件时，企业就又会转向购买国外工业软件。

▶ 软件功能问题：国外工业软件已经相当成熟，体系架构稳定，功能齐全。可以满足很多企业实际要求的复杂设计、生产、运营与维护功能，但是国产工业软件能实现的功能还比较有限，同样的功能水平有限。因此同类软件选型对比时，竞争乏力。

由此而形成了工业软件市场赢者占先、强者愈强的马太效应。缺乏国内工业界支持和"反哺"的国产工业软件一直在生存边缘苦苦挣扎，艰难度日，而获得国内外工业界支持和"反哺"的国外工业软件则越做越大，日益优化好用。例如，达索 CATIA V5 版是首个在 PC 上运行的版本，刚发布时全世界没有人敢用它设计飞机整机。一飞院迎难而上，首次用 V5 版设计了某型号全数字样机，并且发现和反馈了 900 多个大大小小软件缺陷，让达索公司及时改进优化了 CATIA V5 版。从这个意义上来说，工业软件是"用出来"的，不是"开发出来"的。二十年后的今天，国产工业软件还难以获得这样大规模的迭代优化机会。

工业软件是特殊工业产品

工业产品　大中小类

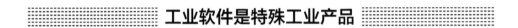

中国是工业大国。按照工业体系完整度来算，联合国产业分类中全部工业门类，39 个工业大类，191 个中类，525 个小类，而中国拥有联合提到所有工业门类，成为全世界唯一拥有联合国产业分类中全部工业门类的国家，联合国产业分类中所列举的全部工业门类都能在中国找到。39 个工业大类见表 2-20。

表 2-20　39 个工业大类

编号	分类	编号	分类
1	煤炭开采和洗选业	17	印刷业和记录媒介的复制
2	石油和天然气开采业	18	文教体育用品制造业
3	黑色金属矿采选业	19	石油加工、炼焦及核燃料加工业
4	有色金属矿采选业	20	化学原料及化学制品制造业
5	非金属矿采选业	21	医药制造业
6	其他采矿业	22	化学纤维制造业
7	农副食品加工业	23	橡胶制品业
8	食品制造业	24	塑料制品业
9	饮料制造业	25	非金属矿物制品业
10	烟草制品业	26	黑色金属冶炼及压延加工业
11	纺织业	27	有色金属冶炼及压延加工业
12	纺织服装、鞋、帽制造业	28	金属制品业
13	皮革、毛皮、羽毛（绒）及其制品业	29	通用设备制造业
14	木材加工及木、竹、藤、棕、草制品业	30	专用设备制造业
15	家具制造业	31	交通运输设备制造业
16	造纸及纸制品业	32	电气机械及器材制造业

（续）

编号	分类	编号	分类
33	通信设备、计算机及其他电子设备制造业	37	电力、热力的生产和供应业
34	仪器仪表及文化、办公用机械制造业	38	燃气生产和供应业
35	工艺品及其他制造业	39	水的生产和供应业
36	废弃资源和废旧材料回收加工业		

在上述分类中，看不到工业软件出现在哪个分类里，只有"通信设备、计算机及其他电子设备制造业"这个明显看起来偏硬件的分类，或许包含了软件这个门类，或许即使在这个看起来"有点像"的分类中也找不到工业软件的位置。按理说，39 大类工业中都应该含有工业软件。工业软件在工业大类划分中的缺位，反映出有关主管部门的管理思维还停留在第三次工业革命早期时代。

在工业软件领域，我国是一个"工业软件小国"，很多种软件都没有开发或者没有能力开发。但是，我们又是世界上最大的工业软件进口国，"工业大国＋工业软件小国＋工业软件进口大国"，是一种典型的跛脚巨人状态，是一种极不适应新工业革命发展的工业布局。

软件因为不可见，而往往不为人所知；因为不为人所知，而在中国工业发展的几十年里都没有真正受到重视，很多决策者还是把有限的经费投入到可见的硬装备上。根据 CAXA 的博客报道，国内工业软件仍面临两大主要困境，一是核心技术水平还比较低，在高端上的应用无法满足用户需求。而另一方面是，与国际软件产业竞争日加激烈，国外工业软件在技术上拥有很大优势，要改变在国内市场格局需要很长的时间。

整体上国产工业软件目前还是品种少，功能不全。很多国内厂商依靠低价格来获得客户，已经越来越难生存，企业越来越看重产品的特性、可用性以及是否符合自身需求。而国外工业软件的一些大厂商在很多领域在占据着主导地位，不仅有高技术的支撑，在产品应用和服务上同样具备优势。

在成百上千种工业软件中，真正国产自主可控的工业软件，实际上没有多少。作者估算，从许可证（License）数量上说，国产软件占比大约为 5%～8%/年，从采购金额上来说，国产软件占比大约为 3%～5%/ 年。

工业软件　本质姓工

工业软件对复杂工业品研制有着不可替代的巨大支撑与促进作用，因为工业软件封装了工业知识、经验和模型，建立了数据自动流动的规则体系。由此而让复杂产品的研发，每一步都有工业知识的辅助与引领，很多原本需要人工去判断和计算的步骤都由计算机自动地以最优方式做好了。

工业软件是一个典型的高端工业品，它首先是由工业技术构成的。以工业技术／知识为基本内容是工业软件区别于其他软件的关键。研制工业软件是一门集工业知识与"Know-how"大成于一身的专业学问。

工业软件本质"姓工"而并非仅仅是 IT 产品，是付出了三十多年代价后在工业界取得的共识。一个实体工业品凝聚了几代人的工业知识，但是以物理态固化这些知识的；而一个工业软件，同样凝聚了无数人的工业知识，但是以数字态载入的，因此软件可以打破时空限制，让人类对知识的积累、学习、优化、复用与创新，达到了一个前所未有的高度。无论是实体化工业品还是数字化工业软件，都需要长时间研发，反复打磨，轮番升级，凝聚几代人的知识与智慧，这是典型的工业属性。因此，工业软件的第一属性不是 IT，而是工业技术与知识，这就需要把工业软件归类到工业品范畴。

工业软件是工业化程度的重要标志。通常只有完成了工业化进程并具有丰富的工业技术储备与知识积累的国家，才能够开发出功能完备的大型工业软件和种类繁多的企业自有软件。

国内软件业界资深专家陆仲绩曾专门撰文写道："没有与众不同的核心技术，就难以体现出价值的。对于工业软件中不仅要有熟悉的行业背景，CAE 更要求有各种实践经验和大量隐性的知识和判断。这个投入是天量的，全球最大的 CAE 厂商 ANSYS 每年的研发投入在 3 亿美元左右，也就是每年投入 20 亿人民币。每年循环，持续如此。"如果能够像解剖人体一样来解剖软件的话，当打开软件的"躯壳"时，首先映入我们眼帘的是工业技术。

工业技术是在数百年工业发展中工业知识和技术积累的总和，是工业化完成的重要标志之一。工业界各行各业的领域知识、行业知识、专业知识、个人知识和工作经验、技术诀窍（Know-How），包括标准、规范等，都属于工业知识的范畴。

工业软件集成了数百年以来人类最优秀的工业知识和技术积累，并且有千千万万的开发者在不断优化这些数字化知识，功能不断迭代升级，任何个人和小团体所拥有的知识都无法与其抗衡。只学过计算机软件开发而没有工业知识的工程师，是设计不出先进的工业软件的。更重要的是，工业软件的打磨过程是需要花时间来渐进式积累的，不可一蹴而就。

没有经历完整的工业化进程，就没有工业技术的深厚积累；没有工业技术积累和大手笔的研发投入，就无法开发出优秀的工业软件，没有优秀的工业软件，就无法开发出优秀的工业品。这就是真实的工业境况，也是工业软件"姓工"的基本逻辑。

技术差距　逐渐拉大

在 20 世纪 80 年代，国内开始初期的工业软件研发。那个时候刚刚起步，只能照着国外商用软件的界面和功能学习。人家软件里面有什么也不清楚，但是很多的研究院所和高校都百花齐放式地开始了二维/三维 CAD、CAE 等软件的研发。国家机械部和国家科委也不断有专项资金支持。国产软件技术虽然很幼稚，但是当时国外软件在技术上也不是很强大，国内外软件差距总体上落后约 20 年（国外软件普遍在 60 年代开始研发）。

进入 20 世纪 90 年代，是国产工业软件一个难得的繁荣期。经过多年开发与技术积累，不少高校和研究院所已经有了自己的工业软件和研发团队。为了做大做强，有些高校和研究院所开始自办公司，集中技术力量专做软件研发，开发出了具有一定规模和功能的软件版本，在总体功能上有所追赶，在技术差距上有所减小，特别是一些二维 CAD 软件和某些专业用途软件，除了软件界面设计稍差之外，功能已经很接近国外软件。另外，国产 ERP、CAM、EDA 等通用和专用软件也都进入了开发兴盛期。相关的另一个问题是，国内企业一般愿意花钱买设备，不愿花钱买软件，更不愿买软件更新升级服务，造成幼苗期的国产软件往往是后继乏力。此时国内外软件的差距总体上落后约 15 年。

进入 21 世纪后的前 10 年，国外软件技术趋于成熟，PLM 概念大行其道，国内软件行业决策者一直没有做出面向未来、适应国情的软件研发布局，也难以集中优势资金来精准地支持基础技术开发，工业软件从技术和销量上日渐式微，国外工业软件大举进入各个细分工业市场，成了高端工业品研发主流手段，占据垄断地位。国产软件开发的市场重点也转向了声名鹊起的互联网社交与网购，高校和研究院所办的软件公司无法与国外商业软件竞争，大部分销声匿迹，软件研发逐渐退缩成为少数高校教研室自娱自乐的"科研项目"，或者是研究所自研自用的保留项目。极少数可以靠市场生存的工业软件的公司存活了下来，虽然无法与国外软件正面竞争，但是保留了国产工业软件的微薄力量。不过，国内外工业软件的差距又回到 20 年。

近 10 年，国外工业软件并购频繁、功能上羽翼丰满、技术上日臻成熟，进入了大规模集成、大规模升级换代、大规模推广应用的阶段。此间，几个业界大事"恰巧"凑到了一起：2011 年德国开始推工业 4.0、美国开始搞 AMP；科技部终止了延续很多年的 863 项目，每年能申请的少许软件研发经费断了，而信产部改成工信部之后在职能划分和项目经费上好几年没有找到接棒工业软件研发的感觉；互联网公司商业模式大获成功，于是很多人开始用"互联网思维"来衡量和贬低无法"爆款"的制造业；分不清楚 IT 软件和工业软件但是又急于振兴自主工业软件的行业领导数度使错了劲，屡屡向缺乏工业基因的 IT 软件公司商讨如何振兴工业软件。这几件大事形成的合力，再次压缩了国产工业软件的生存空间，还活着的国产软件公司只能在生存线上苦苦挣扎，有项目时就多招几个人继续开发软件，没项目时研发骨干流失，熬不过去的就关了公司。心有不甘、情怀尚在的企业家大多用其他行业的收入来为工业软件研发输血。这十年中，国内外工业软件的差距已经拉大到 25 年以上。

开发工业软件是一个非常"烧钱"的研发活动。据有关方面统计，近 30 年来，国家投入工业软件开发费用总体加起来约 47 亿人民币，这只是相当于国外两三家大型软件公司每年软件更新升级费用之和。投资严重不足，是让自主工业软件逐渐拉大与国外同行差距的原因之一。

包括作者在内的业内专家长期观察与分析后一致认为：工业软件是改革开放以后，唯一一个与国外同行不断拉大差距的工业产品领域。

安可软件 羽翼未丰

工业软件的安全性、可靠性与自主可控（简称"安可"），一直是未引起高度重视并留有重大隐患的关键问题。工业软件的安可有可靠性、安全性、自主性三个层面的认识。

可靠性层面

IEEE（电气和电子工程师协会）曾经在 1983 年给出了明确的定义："软件可靠性是软件产品在规定的条件下和规定的时间区间完成规定功能的能力"。据此，软件可靠性测试就是对计算机软件中存在的瑕疵（Bug）或缺陷进行及时发现与排除，极大地降低被黑客入侵和篡改的可能性，提高软件可靠性和安全性。

在可靠性方面，有很多可以识别的造成瑕疵的错误来源，如：

▶ 设计缺陷 / 错误（系统和软件）；

▶ 编码缺陷 / 错误；

▶ 文书错误；

▶ 调试不足；

▶ 测试错误。

在具体的软件代码设计中，可能存在下列问题：

▶ 内存访问超出了程序的空间；

▶ 在程序中过度写代码；

▶ 由外部驱动程序覆盖代码；

▶ 失控程序；

▶ 堆溢出；

▶ 所有本地阵列的库例程溢出；

▶ 不释放块（内存泄漏）。

软件可靠性瑕疵还有很多，此处不再赘述。值得注意的是，软件可靠性的问题不解决，很有可能就会转变成软件安全性的问题。

安全性层面

软件安全性是软件的一种内在属性。这种属性确定了软件在运行中，所具有的避免触发人身伤亡和设备损坏事故的能力。

在黄锡滋编著的《软件可靠性、安全性与质量保证》一书中指出：长期以来，业界对软件具有触发人身伤亡事故的可能性缺乏认识。美国在 1984 年就发布了军标 MIL-STD-882B "系统安全性大纲"，提出了软件安全性的问题，增添了软件风险分析的工作项目系列。此后，软件安全性在某些领域逐渐受到重视。软件安全性现在已经成为军用软件开发中的关键性问题。但是，在民用工业软件中，对安全性的重视还处于缺乏认识和要求不清晰的状态。而安可工业软件，正是建立在软件的安全性、可靠性和自主性上的。

在 IEC 61508—1:1998《电气 / 电子 / 可编程电子安全相关系统的功能安全要求》中指出："功能安全是指受控装备和受控装备控制系统整体安全相关部分的属性，其取决于电气 / 电子 / 可编程系统功能的正确性和其他风险降低措施。"ISO 840 的定义认为，安全性是 "使伤害或损害的风险限制在可接受的水平内"。

工信部电子五所软件评测专家刘奕宏描述了某些软件功能安全的典型现象，例如高铁的功能安全等级最高的功能项是紧急制动，需要达到 SIL4（SIL-Safety Integrity Level，安全完整性等级，最高等级为 4）。因此，在设计制动系统的软件和物理设备时，需要将紧急制动功能失效的概率降到最低，使残余风险达到人们可以接受的程度。

电子五所软件评测专家黄晓昆指出：软件安全性主要考虑系统风险分析，软件安全需求提取的正确性和充分性，软件设计的安全性，软件实现的正确性，软件测试的充分性等。同时要保证安全功能的可靠性，当发生风险时，能可靠正确行使安全功能。

软件具有安全生命周期。在整个软件安全生命周期中，要考虑软件安全设计阶段的代码逻辑内容，软件实现阶段的代码严谨性、函数公式正确性等。至于功能的安全性、驱动物理设备动作的可靠性，应该是保障安全功能在风险发生时必须能可靠正确行使，这本身需要靠功能安全一系列保障措施来达到软件 SIL 等级要求。

除了上述几点，重点需要考虑系统风险分析的充分性和正确性，从而保证系统安全需求是正确和充分的，由此而保障软件安全性。另外，还需要重点考虑测试的充分性，包括单元测试，集成测试，系统测试和仿真测试等充分性。

自主可控的工业软件，其安全性有如下具体考虑：

- ▶ 软件关键单元对输入或输出时序、多重事件、错误事件、失序事件、恶劣环境、死锁及输入数据错误的反应和敏感性。
- ▶ 软件程序、模块或单元中是否存在影响安全性的编程错误。
- ▶ 软件关键单元是否符合系统说明、分系统说明和软件需求说明中提出的安全性对策。
- ▶ 软件是否能确保达到所要求的目标，确保硬件和其他模块的失效不致影响软件的安全性。
- ▶ 让整个系统在危险状态下运行，考察硬件或软件失效、单个或多重事件、失序事件、程序的非正常转移对安全性的影响。
- ▶ 考察超界、过载输入对安全性的影响。
- ▶ 评审正在制订的软件文档，确保这些文档包含了软件的安全性要求。

自主性层面

对于没有源代码和缺乏详细有效的软件设计说明的非自主软件，上述安全性指标无从谈起。

自从病毒频频侵扰、勒索时时发生、软件动辄断供等安全事态经常出现之后，"自主可控"软件在这两年被各界关注和认识，将其提高到了国家的战略层面上来要求。"自主"意味着开发上的国产要求，"可控"意味着信息安全上的要求，即软件有完整的开发过程，良好的质量控制，清晰的源代码，不存在软件后门、恶意程序，开发者愿意不断改进软件质量，修补程序瑕疵或漏洞。

作者认为，自主与可控之间的关系是，自主不一定可控，可控也未必自主。将自主可控放在一起来对软件开发者提出要求，是比较严谨和合理的做法。

无论是非嵌入式的研管软件还是嵌入式软件，只要是不自主，其实都面临着严重的安全风险，都可以成为"卡脖子"的着手之处。例如按照作者粗略估算，在整个工业软件中，嵌入式软件营业额是非嵌入式软件的 5 ～ 6 倍，因此，对工控设备中的嵌入式软件的安全性，就必须予以重点考虑。中国很多大企业的工业设备都是成套引进，嵌入式工控软件绑定在设备中一起进口。因此，对于这部分看不见、摸不着的软件，国内用户一直是不敢动。这些软件到底是怎么写的，程序的安全性如何，有没有软件漏洞或恶意代码，用户都不清楚。于是，在凶恶的国外黑客面前，这些引进设备一直处于"裸奔"状态，有些企业的设备已经开始出现被攻击的问题。

即使是已经买断了 20 年使用权的某些研管软件，在特殊情况下也有可能"挂掉"，因为用户根本不知道里面有什么代码，例如某种可以受远程控制而停用软件的开关。有些人曾经天真地想，可以考虑通过第三方审核引进的软件代码，其实，即使是代码审核没问题，人家的编译器也有可能给加上一点"佐料"。

自主研发，道路漫长。安全可控，迫在眉睫。工业软件的安可问题，已经成为一个必须在各界引起高度重视的极其重要的问题。

软件定义与工业技术软件化

错过工业软件研发首班车，误了第二班车，所幸，中国人提出了"工业技术软件化"这个适合国情的命题。工业技术软件化的要点在于，既要将某些事物或要素（如工业技术／知识）从非软件形态变成软件形态，又要用软件去定义、改变这些事物或要素的形态或性质。工业技术／知识、人、机器三者之间的关系，颇为微妙，相互作用，相互赋能。

工业技术的转化与传承

工业技术是支撑工业发展的基本要素之一。工业技术软件化是几十年来工业技术发展的重要趋势。对工业技术软件化的理解，必须要放在工业化的大视野下来理解，才能知悉其发展规律和现实意义。工业技术软件化的结果是产生了海量的工业软件，这些软件作为工业技术／知识的容器，与人、机器设备实现了长期共存／共生，促进了工业转型升级。

传统知识　物化传承

知识首次出现的年代无从可考，但是以人体／人脑作为生物载体创造、理解和传输知识的时间，大概与古人类开始使用工具的时间是同期的。作者认为：动作示范→语言→符号／图→文字，大致上构成了人类知识的传承路径。大约330万年前，人类祖先就已经学会了打制石器，制作石制工具。那个时代还没有语言，作者相信古老且原始的制造经验可以通过示范、模仿的方式代代相传。

大概在7万年前，人类学会了以语言讲述和传输知识，语言的出现让智人这个人类分支在人类大家庭的发展中迅速占据了主导与主流的位置，逐渐替代了其他分支的人类。在数万年的过程中，知识都依附于人脑／人体而存在，人与知识具有不可分离性，口口相传＋示范模仿成为那个时代传播知识的主要方式。

大约在6000年前，人类开始以图画、符号和文字记录、撰写某些重要事件。此时，知识在记录和存储上开始逐渐与人脑／人体分离，而以图文撰写、绘画的方式，独立存在于某些物理介质上——以当时人类可以较为容易获得或制造出的物理介质（石、兽皮、甲骨、青铜器、木、竹）为主。文字的出现让人类迅速跨入到了文明时代。

在2000年前，纸出现了。以纸为载体、以文字来撰写和记录人类所要表达的知识，极大地推进了人类文化的传播。直到今天，以纸介质记录的文档和书籍，仍然是知识记录的重要载体之一。

传统上，记录、存储知识的载体有两种：人体（人脑、肢体）介质，物理介质。而物理介质又可以细分为人造实物（产品）载体，纸介质（典型代表）及其他实物介质。

书写图文语义的物理介质有石头、兽皮、甲骨、青铜器、木、竹、布、帛、纸等。对遗存的大量实物资料（如碑文、铭文、简文等）的考证，让今人能够直观地看到数千年前的纪事。

表达结构内涵的物理介质，如各种人造物、实物产品或模型等，让人能够间接地推测出来数千年乃至百万年前人类是如何制作这些器物的——所使用的材料以及制作的工艺流程。

以物理介质承载和表达知识的方式是固化、僵化的，这种承载和表达方式受到时间和空间的巨大限制，所有的传播范围，只限于在人的感官能力范畴之内。因此，距离稍微远一点，就看不见、听不见、闻不到、摸不到了。时间稍微久一点，看到的场景已然不在，说过的话随风而散，摸过的东西悄然消失，人造的东西难以传承。绝大部分人类曾经表达出来的知识和图文信息都无法保存，早已经灰飞烟灭，风化成尘，没有在历史长河中留下任何痕迹。

以人为载体承载和表达知识的方式也相当不可靠。知识在人与人之间转换与传输时，讲授和教学互动不易，理解和记忆难以保真，口口相传极易失真，哪怕是通过传统的书籍甚至是先进的电化教育方式、高效的互联网方式传播，都会作者/受众人群的悟性、表达能力、理解能力、语言内涵的一致性乃至恶意的歪曲等因素的干扰，而出现变形、失真、似是而非等情况。

在没有软件之前，所有的知识都记忆在人脑，书写或印刷在纸面，篆刻在某些物理介质上。无论是记录、使用、传播等都受到限制，特别是知识的更新非常困难，例如当使用知识的场景发生变化而需要随时更新知识文本时（说明书中规格发生变化、图纸上零件线条增删减、法规更改后调整产品使用条件等），就显得极为不便，人们应对此类图文内容更新的手段，只能是重抄、再冲印、少量粘贴、局部涂改等。

传统的物化载体记录和传播知识的方式，已经很难适应今天快速发展与不断升级的新工业革命的态势。

知识管理 ▌ 转化传承

不管企业意识到与否，它们都是靠工业技术/知识来"吃饭"的，工业技术/知识其实是企业每天都必须要用到的生产要素，但是又是一直没有收集到位、使用到位、管理到位的生产要素。

对于靠知识"吃饭"的企业来说，知识是企业的本钱和能力的表征。企业内的设计、生产等业务创新活动中产生的经验、创意、原理、方法、规则、Knowhow等各种工业技术/知识，是企业智力资产的重要组成部分，是企业的宝贵财富。如何把工业技术/知识有效地组织起来，留在企业，留给后来的年轻人，实现知识的传承和增值，并且将这些工业技术/知识作为企业未来持续创新的支撑，已经成为企业管理中的一项十分重要的任务。这种管理知识的想法，就是知识管理（Knowledge Management，KM）产生的土壤和市场动力。

知识管理，顾名思义，重点落实在对知识的管理上，是管理学的一个分支。在 20 世纪 70 年代，管理大师彼得·德鲁克形成了管理人们想法的观点。知识管理一词正式出现于 1989 年。1990 年，一些管理公司开始在其内部推行知识管理，美国、欧洲和日本的几家著名企业也在特定业务领域开始实施知识管理项目。

1995 年出版的《知识创造型公司：日本公司如何建立创新动力机制》（作者：Ikujiro Nonaka 和 Hirotaka Takeuchi）第一次介绍了"知识型企业"的概念，对知识管理的宣传和普及做出了很大的贡献。该书给出了知识管理的基本定义：将知识作为资产进行管理，提升其价值，目的在于实现和谐管理，提高企业的核心竞争力。

针对知识管理中的难题——隐性知识和显性知识的相互转化，日本著名知识管理专家野中郁次郎（Ikujiro Nonaka）提出了著名的 SECI 模型，如图 3-1 所示。

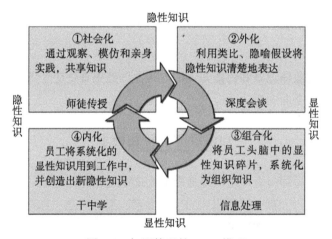

图 3-1　知识管理的 SECI 模型

这一模型主要有四个方面的转化：①通过向专家学习，切身实践掌握并共享知识——社会化（Socialization）；②进而通过与专家的深度会谈，将头脑中的隐性知识表达出来——外化（Externalization）；③通过分类、聚合和关键词等方式对知识进行组合——组合化（Combination）；④在组织 / 企业内推动知识的利用，实现更高层次的知识创新——内化（Internalization）。SECI 模型的由来，也正是这"四个转化"的英文单词的首字母缩写。目前，该模型已经成为知识管理的奠基性理论和方法，是知识管理的亮点、精髓和强项。

值得指出的是，"四个转化"都是在人群中发生的，这与知识管理本来强调要"管理人们想法"的初衷有关。知识管理比较完善地研究了知识在人与人之间的转化模式，但是在人与计算机和物理设备之间的交互作用研究得很不够，就连知识的分类也一直没有清晰的界定，因此知识的作用并没有在企业中完全发挥出来。但是，传统的知识管理，还是给工业技术软件化打造了一个良好的开端，做了较为充分的前期知识积累与铺垫。

数字知识　流化传承

在 20 世纪 90 年代末，业界曾经实施基于数字化技术的"知识管理的解决方案"，少数企业试图开发"知识管理软件"。21 世纪初，知识管理的技术研究一度搁浅了数年，关键原因是知识管理的模式与软件结合不清晰，知识管理软件开发没有形成明确的技术思路，种类繁多但是功能不全的"知识管理软件"往往是以下两种形式：①基于办公自动化（OA）软件做了一定改进，其主要作用是管理企业日常运作知识，与产品研发、生产和运维没有直接关系；②建立了一个"知识中心"或知识库，实现了数字化知识的集中管控。这些软件的优点是快速推动纸介质知识发展到数字化图文知识。

数字化知识带来的巨大好处，首先是无损复制，不再因反复使用和复制而产生图文失真或磨损；其次，数字化图文在编辑上比纸介质更加方便自如；最后，也是最关键的好处，数字化知识可以打破时空界限，基于网络远程无损传输，在任意许可的范围内实现分享，最大限度地满足全网范围内分布式传播与获取的需求。

当记载知识的文本被数字化后，情况发生了根本的变化，所有的文本信息都可以在图文软件中事先做好，然后一次打印出干净、美观的文档。而且未来通过对算法与知识的模型化、精准化、软件化，以软件为载体来获取和应用知识，较好地规避了失真、误传的风险。

不仅如此，记录数字化知识的物理介质所占用的空间，与过去的纸介质所占空间相比，小到几乎可以忽略不计。比尔·盖茨曾经亲自示范，一张光盘记录的可打印文件能够打印成几十米高的"打印纸柱"，如图 3-2 所示。

现在一只移动硬盘可以存储企业情报室的资料，几个小小的芯片就可以运行和存储百万行软件代码，一台电脑可以浏览几乎整个互联网上的知识。这一切，都拜软件所赐，拜数字化知识所赐。因为只有数字化的、写在软件中的知识，才可以在数字化设备和网络上任意流动，好学、好看、好懂、好用。

尽管数字化知识给我们带来了上述诸多好处，但是我们还应该看到：

1）将各种书籍、画作扫描成为图片，虽然在形式上已经把以纸介质图文转换成了数字化图文，但是在检索上还不是最容易的操作方式。

图 3-2 一张光盘的文件可打印出几十米高的纸质文件

2）即使把某些图片式的文字转化成为可以检索的数字化的字符和语句，在整个操作方式上仍然不是最好的。因此知识还是没有进入到企业的研发流程中。

3）数字化知识虽然在检索上又快又好，但是知识仍然没有直接进入计算流程，还不是高效率的应用模式。

4）数字化知识，在存储、编辑、打印、复制、传承等方面有了飞跃式进步，但是在知识的应用与创新上并没有出现本质变化。数字化知识，还只是在辅助人利用知识，并没有真正实现机器自主利用知识。在知识应用与创新上，还没有做到人与知识分离。

综上所述，知识管理的形态，已经在以智能为标识的新工业革命的浪潮推动下，快速发展到了工业技术软件化的阶段。传统的知识管理又一次面临"转型升级"的局面。

软件知识　泛化传承

只有把知识写入软件，让工业技术 / 知识最大限度地软件化，才能把工业技

术 / 知识的作用发挥到极致。

经典的知识发生学，是在物理实体与意识人体之间交互产生的。几十万年以来，人创造和积累了无数的新知识——人对自然界认知的意识活动的结果，形成了对自然信息的记录、描述、分析、判断和推理，逐渐建立了经典的 DIKW 金字塔体系，来描述人的知识体系及其演化路径——数据→信息→知识→智慧。数据可以比较大小，3 比 2 大，5 比 6 小；信息体现了数据的含义，具有时空意义；知识是模型化的、指导人做事的信息；智慧则是人的洞察力在意识上的体现，推断出未发生的事物之间的相关性，在既有知识的支持下产生创新知识。

在零件定义机器的时代，尽管所有的零件也在某种程度上体现了人类知识，但是以物理实体零件为载体的知识都是本地的、刚性的、需要解读的、难以解构的、难以跨越时空而传播使用的。

软件的出现与发展壮大，让世界发生了根本性的改变。其中的关键步骤是，软件让知识载体和思考载体发生了改变——软件成了知识的最佳载体与容器。

人造系统究竟如何走向智能，作者在《三体智能革命》一书和相关文章中反复强调，其关键就是三条进化路径：第一进化路径是数字化一切可以数字化的事物，第二进化路径是网联一切可以联接的事物，第三进化路径是主体认知化，形成三体大知识交互能力。即通过前面两个进化路径而建立数据有序且定向的自动流动，从而加速知识在网络上的流动，基于网络泛在而实现知识泛在。

软件是最好的"知识容器"。严格地说，软件本身就是人类知识的数字化结果。软件中所有的语句，所有的函数，所有的算法，所有的数据输入以及输入的时间与地点的选择，其实都是人脑思维过程中经常使用到的各种知识的显性表达。人们为了让计算机能够像人一样思考，对知识做了形式化、程序化处理，以便让计算机能够正常工作。于是，软件就成了知识的最好载体之一。保护软件著作权，也就成了保护人类知识产权的重要内容之一。

走向智能研究院首席大数据专家郭朝晖说："在智能化的时代，知识可以固化在计算机里，自动地使用；可以在互联网上传播，极大地促进知识的重用。知识被重用的次数多了，获得知识的成本就可以被摊平，从而进一步促进知识的产生。"

由于软件是数字化的，可以在网络上被多种使用角色随时调用，于是过去限制在单机上运行的软件，可以在局域网、互联网上运行，发起运行某个软件的时间和地点不是固定的，输入数据和输出计算用的数据的时间和地点也不是固定的，计算数据的赋值者和计算结果的获得对象可以是一对一、一对多、多对一或多对多的，软件输出的结果可以是数据，可以是文字，可以是语音，也可以是图形、图像、影片，甚至还可以是软件生成的另外一种软件，等等。基于上述特点，软件实际上已经对其所承载的知识，进行了全方位重构，并且，这种重构后的新形态知识，可以借由互联网而跨越时空来传播使用。例如，一组产品设计数据，可能是网络上不同地方、多团队/多人协同生成的，又被其他地方的多团队/多人优化和修改的，然后发送到多个工厂去生产或者发送给某个工作坊去做3D打印的。整个操作过程，与所使用软件无关，与产品结构复杂度无关，与成员所在地点无关，与企业所在地点无关，与人员是否在现场无关，等等。

软件是数字化的知识，其载体就是比特数据与数字化指令。网络上分秒传输、无处不在的，与其说是数据，不如说是软件，以及重构后的知识。未来的区块链技术是可以在数据中嵌入软件的，在验证数据真伪和传输数据的同时，也同时传输了数据中的软件。

软件重构、分布、传播、放大、泛在了知识。让知识成为企业/设备/机器走向智能化的关键要素之一。

工业技术软件化的内涵

工业技术　知识本质

关于技术，很多人都尝试过给出定义，对其进行较为准确的描述。法国启蒙思想家、科学家狄德罗1751～1772年主编了一部以字母顺序排列的带有分类知识树的多卷本图书《百科全书》，该书较好地梳理了人类的知识体系，给"技术"这个词条下了一个简明的定义："技术是为某一目的共同协作组成的各种工具和规则体系。"

世界知识产权组织也在1977年出版的《供发展中国家使用的许可证贸易手

册》中，给出了技术的定义："技术是制造一种产品的系统知识，所采用的一种工艺或提供的一项服务，不论这种知识是否反映在一项发明、一项外形设计、一项实用新型或者一种植物新品种，或者反映在技术情报或技能中，或者反映在专家为设计、安装、开办或维修一个工厂或为管理一个工商业企业或其活动而提供的服务或协助等方面。"

从以上两个不同的定义中看出，技术是工具和规则体系，技术是系统知识。因此，引申到工业领域，可以认为工业技术就是系统化的工业知识和规则体系。从本质上说，工业技术既可以是一种无形的、非物质化的知识（如某些附属于人脑或附属于软件的经验、技能、诀窍等），也可以是一种有形的、物质化的知识（形式化的图文／资料／书籍、较好地表达了设计原理的产品实物、模型等）。工业技术包括了一整套从功能需求、机理模型、概念设计、详细设计、生产制造、工艺工装、检测试验、设备操作、现场安装、维护维修、运营服务、仓储物流、企业管理、市场销售、回收报废以及标准规范等全产品／全工厂生命周期各个环节的系统知识。

工业技术是用于研发生产、用来解决技术问题的基本要素，它往往是发明的结果，是实践的结晶。工业技术是有多种属性的。工业技术兼具共有、公有和私有、共性和特殊等各种不同的属性。大量的技术属于公有技术，掌握在特定的企业、组织手中，少量的私有技术掌握在个人（如个体发明者）手中，还有一些共有技术掌握在政府或公益组织手中，政府通过公共服务平台的方式来对企业提供技术服务。

既然工业技术具有不同的属性，那么改变技术属性的常见方式就是交易，通过支付合理的报酬，技术可以改变其属主，例如个体私有技术变为企业或组织的公有技术，某企业的公有技术可以卖给另一个企业作为公有技术等。因此，工业技术通常是一种企业或个人所拥有的特殊商品，是在一定时期内具有交易价值的商品。如果某些工业技术过了法律规定的保护期，或者被政府或公益组织购买后予以公开，这些技术的属性就变成了共有技术，那么个人和企业都可以无偿使用这种共有技术。

如前所述，工业技术的载体可以是人脑，可以是传统物理介质（如纸介质书籍、资料等，或者是实物产品、模型等），也可以是现代物理介质（如写软件／数据／文档的电脑、硬盘、光盘、闪存盘、存储卡等赛博装置）。因此，拥有工业知识，就需要拥有承载（记忆／记录）了工业知识的人、纸介质资料、物理实物产品以及有关的赛博装置。作为工业技术软件化的结果，就是工业技术／知识被写入了软件，并存储到了赛博装置中。

工业技术软件化由索为系统公司在 2016 年提出，意在研究人类使用知识和机器使用知识的技术泛在化过程，建设自主的工业技术软件化平台，并以此作为一个技术突破口来打破国际软件巨头对工业软件的垄断。工业技术软件化的理念获得时任工信部副部长怀进鹏院士高度认可，怀院士于当年 9 月 24 日在第十八届中国科协年会指出："工业技术的软件化，是中国制造业走向强国的必由之路，而实现工业互联网和工业云，是我们搭建平台，实现全球共融和推动产业发展的重要基础。"

2017 年 12 月 15 日工业技术软件化产业联盟（又名工业 APP 联盟）在北京正式成立，工信部副部长陈肇雄出成立席大会并为联盟揭牌。工信部原副部长杨学山教授对工业技术软件化有着深刻见解：为什么要工业技术软化？①从劳动生产率看，必要的；②从制造业发展过程看，必需的；③从智能制造发展过程看，必然的；④从制造业发展未来看，最关键的。

以知蕴智　人机皆需

工业在漫长的发展过程中，随时都有大量工业技术／知识产生。而对工业技术／知识的积累、管理和有效应用，国外工业发达国家普遍做得比较好，而在国内，则是一个一直没有得到高度重视的问题。企业高层不重视，中层干部常忽视，普通员工无意识。

作者认为，工业技术软件化的缘起于人和机器如何更好地利用知识。

人（或研发团队）如何更好地利用知识

截至目前，绝大部分企业还普遍未能形成一套完整的工业技术／知识的有效管理体系，特别是企业内的核心知识——研发经验，由于其多属于隐性知识、离散知识甚至是碎片化知识，因此实际情况堪忧。在作者与中国航空工业集团沈阳所施荣明、孙聪合著的《知识工程与创新》一书中，列举了工业技术／知识所面临的各种问题：

▶ 研发项目进行时没有及时发现和认真记录问题与解决问题的知识。

▶ 项目完成或质量问题归零以后没有及时总结和提炼其中产生的知识。

▶ 总结和提炼后的知识（项目总结文件）堆放在文件柜或情报室里睡大觉。

▶ 现存的知识缺乏挖掘（显性化）与梳理（公有化）。

▶ 挖掘出来的知识缺乏良好的知识表达和知识组织（结构化）。

▶ 知识只能以传统的纸介质方式记录，难查难记，更难融会贯通。

▶ 知识零散分布，高度碎片化，无法集中与分享。

▶ 只能依靠人脑的"记忆"与"悟性"来使用，理解和消化周期长。

▶ 只能依靠专家、学术带头人的"高见"来解决问题，影响范围有限。

▶ 知识依附于人脑，任何人员的变动（如调动、跳槽、出国、退休、意外等）都可能危及企业知识的完整性和有效性，甚至造成企业智力资产不可挽回的损毁。

▶ 提炼出来的知识没有在全企业得到应用，A科室已经解决过的问题，可能又要在B科室重新解决一遍，甚至A科室在几年后又要重复解决一次，造成人力、物力和投资的浪费。作为集团公司来说，不同企业做重复事情、解决早已经解决过的问题的浪费现象更为严重。

▶ 企业研发人员习惯于使用常识和本专业知识来解决问题，不习惯使用或根本无从了解其他专业或学科的知识。

即使是已经做了一部分知识管理工作的企业，也只是不同程度地把工业技术／知识进行了积累和管理，但是积累和管理的水平各不相同：

▶ 建立了若干"应知应会手册"，以纸介质的方式进行知识管理——做到了知识的显性化和组织化。

▶ 不仅有较多纸质图文资料，还建立了知识管理制度——做到了制度化。

▶ 将纸质图文资料进行了数字化处理，形成了可以检索的数字化知识库——做到了知识的数字化和系统化。

▶ 制度规定，某些研发流程环节必须检索有关知识库和相关标准——做到了对知识的强化与规范化应用。

上述工业技术／知识状态，其载体从纸介质逐渐发展到了数字介质，显然从上往下做得越来越好，能做到后两种管理模式的企业已经是凤毛麟角。但是，即使如此，作者看到的问题是，所有这些工业技术／知识，仍然停留在某些知识库里面，还没有进入到软件中，即没有做到工业技术／知识的软件化，因此也就不方便在研发流程中让研发人员随时调用。

在今天进入了新工业革命时代后，我们会发现这种工业技术／知识的管理模式已经不能适应白热化的商业竞争态势，不能适应工业转型升级的快速发展要求，我们必须要找到更好的工业技术／知识的管理模式，这就是工业技术软件化。

机器如何更好地利用知识

这项工作被麦肯锡公司称作"知识工作者自动化"，国内业界也经常将其称作"知识自动化"。几十万年来，知识都是由人创造、为人所用的。过去，知识在存储上与人分离，极大地促进了人类文明的发展；今天，知识在应用上与人分离，很可能会促进人类文明下一次飞跃。在企业里不断实现工业技术／知识的显性化、组织化、模型化和算法化表达，让机器借助人所赋予的算法和知识（"人智"），替代人类来做一些危险、劳累、重复、单调无趣的工作，是完全有可能的，如律师、记者、部分医生、高危现场的工人等。甚至在有些特定行业，如下围棋、下国际象棋等，机器的智能（"机智"）已经超过了人类。作者在本书第一章就论述了"人智"转"机智"这个重要趋势。

如果能更多地把"人智"转为"机智"，让传统机器转变为"智能机器"，如果能开发出更多的自主可控工业软件，如果工业技术／知识能够更多地软件化，那么就有可能把大量的知识型技术人员从重复性劳动中解放出来，让机器去生成产品，让解放出来的技术人员去生产知识和更轻松地管理机器，这样可以实现人和机器的重新分工，实现工业技术／知识的持续积累和永续继承，让企业实现可持续、高质量发展。

工业技术　化入软件

工业技术软件化，必须放在整个工业化进程的大视角下来理解。今天，软件与人、机器基本上是处于"共生"的状态。没有工业技术/知识，就没有人和机器的知识化，就没有制造过程和产品的智能化。

作者认为：工业技术软件化是工业技术/知识的显性化、模型化、数字化、系统化和泛在化，是不断提高人/机使用知识效率的一个综合发展过程。人和机器既是知识的创造者、使用者，也是受益者。

工业技术软件化由两个词组组成，一个是"工业技术"，一个是"软件化"。工业技术/知识是一个非常广泛的范畴，如前所述，所有用于工业过程的知识、经验、技巧、原理、方法、标准等都属于工业技术范畴。

关于软件化，需要做一些分析和解读。软件这个术语好理解，而软件化中的"化"字，具有性质或形态改变的意思，因此，软件化的意思有两个，一个是将某些事物或要素（如工业技术/知识）从非软件形态变成软件形态，或从软件外变成软件内，另一个是用软件去定义、改变这些事物或要素的形态或性质。软件化，是强调"化"的过程，即我们要关注如何伴随着工业化的进程实现这个工业技术软件化的过程，工业技术/知识从哪里来？如何让工业技术/知识进入既有软件？如何把工业技术/知识开发成新软件？工业技术软件化的结果是产生了各种形态的工业软件。

工业技术软件化，可以认为是传统的知识管理在以智能为标识的新工业革命的全新历史时期的解构与重构，是其与数字化技术结合之后的又一次转型升级和发扬光大。深入理解工业技术软件化，必须讨论清楚工业技术/知识、人、机器三者之间的关系。基于对经典知识发生学的认识，工业技术/知识来源于人，工业技术/知识软件化之后，也是要让人和/或机器来使用的，以辅助人创造更多更好的产品。但是，随着数字化介质的软件不断替代纸介质的工业技术/知识，随着软件借助芯片不断进入机器，海量"人智"转为"机智"，机器已经变得越来越智能，而智能机器（含"软件机器人"）已经开始替代人来产生知识，向人传承和示范工业知识（知识自动化），同时又把更多更好的知识写入机器。由此而形成工业技术软件化的逻辑与内涵，如图 3-3 所示。

在上图中，上方虚线框表示的是传统知识管理的范畴。隐性知识显性化，显性知识以人脑、纸介质或其他物理介质为载体进行传承，启发人来创造新的知识和知识载体，还有无以计数的劳动工具。而在下方"L形"虚线框中，表示的是工业技术软件化的范畴。显性化的知识经过结构化、模型化、代码化，最后成为软件，写入芯片，一方面以"研发与管理手段数字化软件"的角色，通过电脑屏幕实现与人交互，启发人创造新机器和新知识，另一方面以"产品本身数字化软件"的角色融入机器，生成 CPS，让传统机器变成智能机器，而智能机器又可以创造新知识（例如清华大学计算机系开发的会写诗的"九歌"机器人，微软开发的 AI 机器人小冰已经发布了自己的诗集）。无论是传统机器还是智能机器，在运行过程中都可以产生高频大数据，通过专用的大数据分析软件，可以洞悉高频大数据中用人眼难以察觉、人脑难以判断、常规机理模型难以计算的细微的设备状态变化趋势，由此而给出某台机器在某种环境下运行的"特定模式"，从而辅助人形成对生产态势的判断与决策，甚至是自主决策。这种支持决策的"特定模式"就是一种知识，就是由机器、大数据、软件和软件中的 AI 算法相互协作生成的新知识。

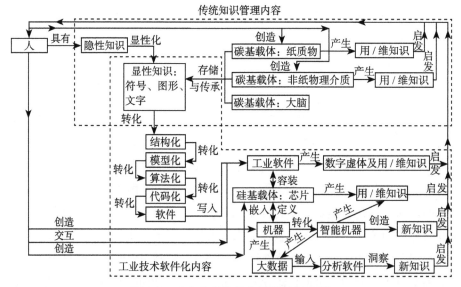

图 3-3　工业技术软件化的逻辑与内涵

已经"化入"软件的工业技术/知识，还需要不断优化和改变其形态，以更宜人的用户界面、更便捷的使用方式、更好的功能性、更快的速度、更多的适用

硬件 / 操作系统、更丰富的工业 APP 来展现在使用者面前。

图 3-3 不仅创造性地表示了工业技术软件化的新内涵，也较为清晰地界定了工业技术 / 知识、人、机器三者之间的相互作用关系。而三者关系，其实是三体智能模型的一个子集。

比特原子　软件闭环

图 1-2 所示的三体智能模型中的两个大循环给了我们很好的启示：应该从知识发生和知识流动的基本作用上去重新认识软件，认识今天的软件为什么是"闭环"的。物理实体→意识人体→数字虚体→物理实体这个大循环已经清晰地告诉我们，人类在过去几十万年与物理世界的相互作用过程中，积累了大量的认识世界、改造世界的知识。当从两体（物理实体、意识人体）相互作用演变到三体相互作用之后，"两体单一界面"的单调情况发生了巨大改变，变成了"三体三个界面"的复杂情况。

物理实体→意识人体→数字虚体→物理实体大循环，其实是特别重要的一个知识循环，既是软件形成闭环，从常规软件走向工业软件的必由之路，也是软件定义的内涵由来。

结合中国信息化百人会执委安筱鹏博士在"软件视角中的未来工业"一文中提出的观点，作者给出了基于三体智能模型知识流动大循环实现软件赋能与使能的逻辑闭环：物理世界运行→运行规律化（映射为人类意识活动）→规律模型化→模型算法化→算法代码化（进入数字虚体）→代码软件化→软件定义化→优化物理世界运行（和人类行为），如图 3-4 所示。

在图 3-4 的逻辑闭环中，把人类在长期与物理世界交互过程中所积累的知识进行梳理与归纳，找到物理世界（包括材料、设备等）的运行规律，然后将这些知识数字化，基于软件建立比特数据自动流动的规则，然后以自动流动的比特数据，把这些知识搭载、输送到任何需要的地方，由此而以正确的、泛在的知识指导机器或人，在系统内外部的不确定性、复杂的工作场景和给定的资源限制下，通过不断重复"状态感知、实时分析、自主决策、精准执行、学习提升"的智能过程，把正确的数据，以合适的版本，在恰当的时间，给到正确的人，因而把事情一次做对，一次做优，甚至可以在下次做得更好。

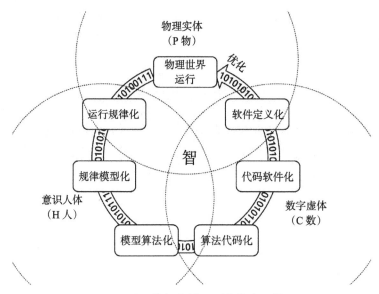

图 3-4　从三体智能模型到软件定义模型

这个过程，就是软件为事物"赋能和赋智"的过程。无论是机器还是人，都因为软件中的算法和知识的辅助与引导，提高了动能，发挥了潜能，放大了功能，内生了智能。这个过程，也是真正的"两化融合"过程。这里"两化融合"指数字虚体所代表的数字化、网络化、智能化要素，与物理实体所代表的工业要素的深度融合。

软件等数字虚体是把不确定性变为确定性的最佳工具。在 20 世纪 90 年代直到今天，在很多企业的制造业信息化实施项目中，较为普遍的信息集成内容是 CAX 软件之间的集成，如 CAD 与 CAE 无法共享模型，CAD 与 CAM 无法打通，还有 CAX 与 PDM/PLM 软件的集成；难度稍高一点的，是 PDM/PLM 框架类软件与 ERP/OA/CRM 等管理软件的集成；再复杂一点的，是把需求管理（RM）、项目管理（PM）、产品研发（CAX/PLM）、企业管理（ERP/OA/CRM）、制造工艺（CAPP）、产品维修维护（MRO）等各种信息化软件集成在一起。这种信息集成的难度之大、数据种类之多、耗时费力之繁复，远远超出一般人的想象。而且，被集成的某个软件如果升级换版本，或者打了新的补丁，那么就要重写某些接口，重新做数据验证。

所有这类信息化软件项目，不管其具体集成内容是什么，用了什么软件，其最大的共同点就是：只是在多种制造业信息化软件之间做信息集成，通常并不涉及与机器设备的集成。同期，另外一种形式的集成也在 OT 系统间进行，即工控领域经常把遵循不同总线和驱动协议的设备进行联网，以便大范围采集数据和优化设备运行。作者把这种在 IT 系统之间或 OT 系统内部所做的集成，称为"一化融合"，这是目前工业界绝大多数企业信息化项目的主体内容。

显然，"一化融合"的结果，是 IT 与 OT 各自为政，"两张皮"难以贴合到一起。而真正的两化融合指 IT、OT 的交互融合，即赛博系统与物理系统之间的融合，形成了 CPS。

在第一章第二节中作者已经述及，软件与芯片形成了"准 CPS"。而当芯片融入机器等物理设备之后，今天的软件已经不仅仅满足于在显示屏上给出各种确定性的计算结果（如图、文、表、卡等）数据，而是已经可以将根据计算结果而生成的控制指令数据，直接输入到机器的控制器上，驱动机器设备的执行器做出各种精准动作，即软件已经开始"闭环"了。闭环的软件是更高水平的软件定义形式，它定义了数据自动流动的规则体系，极大地优化了制造资源的配置，加快了系统的反应速度，提升了企业、设备和产品的智能水平。

世界以软件的节奏发展

软件蔓延　吞噬世界

第一章开篇提到网景创始人、硅谷著名投资人马克·安德森写的一篇文章"软件正在吞噬整个世界"，它指出软件的扩散和蔓延，已经是全球、全社会、全行业性的，水银泻地一般无孔不入的，"软件化"已经是一场我们看不见但是可以切身感受到的"运动"。

软件定义其实就是软件"吞噬世界"的一种表现形式。千千万万的要素正在以"加入软件，进入软件，变成软件，联成软件"这几种形式来被软件"吞噬"。

- ▶ 原有系统中加入软件：最初是在产品中加入芯片，以嵌入式软件的形式来提高产品的响应能力。在不断发展过程中，更多的嵌入式软件作为数字虚体加入到物理实体系统之中，并且彼此互联，形成了赛博物理系统；
- ▶ 各种要素进入软件：例如工业要素软件化，工业的物理设备、物料、流程等，在软件定义下有了其所对应的数字孪生体，甚至一些客观世界并不存在的神话和文化创意形象也可以在数字空间构建出来；而工业技术 / 知识软件化，则是专指工业里面的知识要素（所有用于工业过程的知识、经验、技巧、原理、方法、标准等）软件化。
- ▶ 原有系统组件变成软件：例如自动化设备中的很多电子元器件已经由软件替代，大量的物理实体仪表变成了软件中的一个子程序或函数，直接投射到显示屏幕上，这样的例子在汽车、飞机领域比比皆是。
- ▶ 软件联接成就网络：所有的网络，其实都是依靠软件联接的。"网络即计算机的概念（The Network Is Still The Computer）"是 1984 年，由 Sun 公司联合创始人 John Gage 给出的推论，今天已经证明这个概念是成立的。不仅网络就是计算机，而且这台巨大的"网络计算机"上的所有的网络联接、数据传输都是由软件来实现的，从局域网到广域网，从因特网到物联网，从工业以太网到工业互联网，无一例外。今天流行的工业互联网平台，其实也是一种工业操作系统，仍然是一种由软件去联接其他软件、硬件和物理设备的"工业安卓"。

遵循 TRIZ 发明方法论中的技术系统进化趋势，人类制造出来的所有工具系统，都正在日益向着电子化、数字化、虚拟化的方向发展，其结果是形成了"数字化一切可以数字化的事物"的总体发展趋势。

在这个大趋势中，数字化的核心使能要素是软件，特别是在工业发展中起着关键作用的工业软件。没有工业软件的支撑，很多新产品都无法面世。工业软件不仅作为数字化研发手段，支持了新产品、新工艺、新材料的发展，工业软件也作为新型的"零部件"，正在大举进入到产品之中，形成了产品本身的数字化，机电产品中的软件代码行数越来越多，占比越来越高。例如，现在买一辆豪华车，会有超过一半的钱花在了其中的车载软件上。麦肯锡公司给出了过去30年机电一体化开发中软件、电气、机械的占比，反映了软件蔓延的趋势。如图3-5所示。

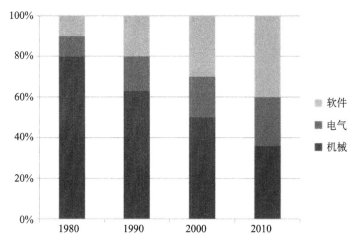

（图表来源：根据麦肯锡研究报告整理，引自《重构：数字化转型的逻辑》）

图 3-5　机电一体化开发中软件、电气、机械的占比

今天，伴随着计算机应用范围的全面覆盖，软件应用的范围越来越广。同时，由计算机变形发展出来的各种工控编程器、工业计算机、嵌入式设备等，各种测试仪器、医疗仪器、电视、广播、娱乐设备等，以及手机、平板电脑、可穿戴设备、VR/AR等各种智能硬件等，甚至在鼠标、显示器、游戏机、数码相机、光驱、硬盘、键盘、路由器、电子书、交换机、U盘、主板、打印机、绘图仪等，都或多或少地加入了软件这个必不可少的组成部分。在那些看得见或看不见的角落里，软件都在发挥着我们想象得到或者想象不到的作用。在这些设备中，软件"体量"或大或小，从几十行代码到几十万行代码不等，如果没有软件支撑，上述设备已经无法运行。

软件定义，现在已经成为制造业的一种技术现象：软件不仅定义了零件，定义了材料，也定义了产品，定义了工装，定义了工艺，定义了装配，定义了产线，定义了生产流程，定义了供应链，定义了产品使用场景，定义了产品维护与升级，定义了客户，定义了销售，定义了企业，定义了所有可以定义的一切。

软件材料　共话未来

软件定义材料，是近年兴起的一个重要领域。千百年来，世界原本按照材料的节奏在发展，但是在当今软件定义材料的技术背景下，已经逐渐显现出软件和材料共同决定世界的发展的趋势。

材料是工业的基础，是工业范畴中的四大组成（采掘伐、原材料、能源、制造业）之一。材料属于物质，是人类用来制造各种产品、零部件/元器件、机器、设备/设施或其他物品的基本要素。

按照来源划分，材料可以分为天然材料和人造材料。按照物理/化学属性划分，材料类别可以分为金属材料、无机非金属材料、高分子材料。也可以将材料分为结构材料与功能材料——结构材料主要强调在多物理场工况下的材料力学性能，而功能材料则主要是利用物质的某些独特物理、化学或生物属性来直接形成某种功能。

无论从工业发展的角度来说，还是从产品研发的功能角度来看，材料都是工业的根本。例如，钛合金在航空发动机的风扇、压气机、涡轮、以及飞机的结构件上都有大量应用，是因为其具有很好的抗破坏性、韧性、成形性、焊接性、耐热性和耐蚀性等；"爱国者"导弹制导系统中使用了大约4公斤的钕铁硼磁体和钐钴磁体用于电子束聚焦，才有了它精确的制导系统；铸铁的熔点低、流动性好、熔炼简单、成本低、耐磨，但塑性和韧性差，强度低，可以用来铸造各种铸件，尤其是各种大型机械装备的机身或基座；碳纤维的质量比金属铝还轻，但强度却高于钢铁，并且具有耐腐蚀、高模量的特性，碳纤维既具有碳材料的固有的硬特性，又兼备纺织纤维的柔软可加工性，在航空领域被大量采用。

继天然材料、合成高分子材料、人工设计材料之后，诸如"智能纤维""智能蒙皮""智能涂料""智能玻璃""智能皮肤"等智能材料构成了第四代材料。

智能材料有很多不同的类别划分。从功能上来说，一般具有传感、反馈、信息识别与积累、响应、自诊断、自修复和自适应这七种功能，不少情况下是按照功能来分类的；从反应上来说，智能材料可分为消极、积极和高级三类；从属性上来说，一些人工复合结构或复合材料具有了天然材料所不具备的超常物理性质，被人们称作"超材料"，如"左手材料"、光子晶体、"超磁性材料"等；另外，也可以按照是否带有"电子器件"来划分，如完全依靠材料本身特性的科学效应来实现功能的非电子器件智能材料，以及由诸如感应器、电子元件、电源及发光元件等组成的超薄电子器件智能材料。

材料对我们这个世界有多重要？业界曾经的说法是："世界是以材料的速度来发展的"。这就是人们常说的：一代材料，一代装备。

物质世界的发展，受到很多因素的制约和加速，物质、能量、信息都是最基本的制约要素，人类、文化、经济、战争、科学、技术、网络、芯片、软件等也都是与之相关的重要因素。过去，材料是其中最大的影响因子，它发展的速度决定了产品发展的速度，甚至决定了世界发展的速度。但是在今天，这个物质世界的发展规律已经有所改变了，因为现在软件已经开始逐渐加大了其影响因子，成为了加速物质世界发展的重要影响要素。因此，作者的新认知是：软件发展的速度极大地影响并决定了世界的发展速度。

"世界是以材料的速度来发展的"，现在这个结论在不少行业仍然成立，但是，伴随着软件的快速崛起和大举进入到工业和全社会的各个角落，材料已经逐渐退出主导世界发展速度的地位。今天的世界是由软件和材料来共同决定的，甚至可以说，世界是以软件的节奏来发展的。

数物融合 精控材件

工业技术 / 知识的软件化，是实现软件定义的路径之一，即使用工业技术 / 知识软件化之后所产生的各种软件，来更精准地控制设备行为、制造过程和最终产品。如精确控制每一个材料原子的位置和原子彼此之间的相对位置（晶格），精确控制每一个成型后的零件部以及各个零件之间的相对位置，精确控制每台机器设备的运行动作、周期、时间和能耗等。这已经成为新工业革命最重要目的。

因此，CPS 成为了关键使能技术。赛博和物理系统的融合，使得比特和原子携手，由此而实现更好的控制。这种赛博物理融合产生的精准控制，可以以软件定义的方式在微观、中观、宏观和巨系统等任何系统级别发生。

精控材料晶格

微观的软件定义体现在对材料本身的晶格、纳米结构的形 / 态定义上。在赛博系统、物理系统各自发展时，人们已经用仿真软件生成材料的数字虚体，在仿真软件中观察材料在受到各种力场（如机械场、热场、振动场等）情况下的表现，实现了对材料组织结构和运动状态的数字化仿真。

未来的智能制造或更先进的制造范式，是每一个材料中的原子 / 分子 / 晶格，都可以由软件中的比特数据精准控制而制造出来。这种精准控制体现在材料的构成上，比特数据将会恰当安排和控制每一个原子 / 分子的流动路径和最终位置，以及原子 / 分子之间的相对位置。

比特数据会精准地控制每一个零件的形状、运动状态和材料属性，还会精准地控制各个零件之间的相对位置和组装后的功能属性，并且会精准地控制这些零件之间的相互作用、动作以及能耗。例如 3D 打印技术可以精准地"制造"每一个材料晶格，可以使用同种材料，也可以使用不同材料相互精确熔融拼接，让材料的组织结构按照人的意愿打印出来，呈现出特定的材料属性。

另外，在仿真分析领域，对材料性能的分析也已经使用了基于"分子动力学"的粒子法，由此而提高了对粒子（材料原子 / 分子 / 晶格）的流动路径、方向和动量进行分析预测的精度，更精准地控制材料粒子流的去向和最终位置。

精控零件或产品

中观的软件定义体现在对产品零部件、简单产品及其制造和使用过程中的要素的形 / 态定义与管理上。在赛博系统、物理系统各自发展时，20 世纪 90 年代就已经在产品研发中实现了对产品零部件或简单产品的数字化定义，例如，数字化紧固件、数字化叶轮、数字化轴承、数字化减速箱等项目。在具体的应用层面上，以"一化融合"为主，即在 IT 领域，侧重于 CAD、CAE、CAM 软件的集成，或者是 CAX 软件与 PDM 软件的集成，或者是 PDM 与 ERP 软件的集成等；在 OT 领域，随着 PLC、DNC、DCS、SCADA 等工控系统不断进入到车间的各种机器或产线中，这些设备之间的联网集成或数据转换也成了重要工作。虽然 IT 和 OT 两个领域都在忙于各自的"一化融合"，但是两个系统之间的融合做得很少。如果说 IT、OT 各自算是"一化"的话，彼时的"两化融合"，其实都不是真正的"两化融合"，而是以"一化融合"为主、"两化融合"为辅的发展过程。

在零部件级别，国内外的很多企业已经做了"研发与管理手段数字化"，即用各种软件辅助研发工具，在软件中建立了产品零部件或简单产品的数字化模型（如几何定义模型、仿真分析模型、试验分析模型等），对产品零部件或简单产品的数字化模型进行精准的控制；同时"设备本身数字化/网络化"也在蓬勃发展，根据《机·智：从数字化车间走向智能制造》一书的介绍，基于 DNC 的机床联网技术始于 20 世纪 60 年代末，兴于 80～90 年代，随着计算机网络技术的广泛应用，在统一的串口通信与网卡传输协议下，一台计算机对多台数控系统实现了程序传输。20 世纪 90 年代以后，DNC 技术得到了快速发展，其内涵和功能不断扩大，DNC 的概念也随之发生了质的变化。1994 年颁布的 ISO2806 对 DNC 定义为：在生产管理计算机和多个数控系统之间分配数据的分级系统。DNC 逐渐演变为分布式数字控制。2010 年以后，越来越多的企业开始实施 MES 等数字化车间系统，DNC 系统在企业信息化中扮演着更为重要的角色，承担着与底层设备之间的网络通信与数据自动采集，是 MES 软件与数控设备之间信息沟通的桥梁。IT 系统与 OT 系统逐渐开始交汇融合。

当赛博系统、物理系统逐渐融合形成 CPS 后，新工业革命的基本特征就显现出来了。在中观层面上，CPS 是零部件或产品的单元级。《信息物理系统白皮书（2017）》指出：一个部件如智能轴承，一台设备如关节机器人等，都可以构成一个 CPS 最小单元。它们都可以看作是赛博系统（如自身嵌入式软件系统及通信软件模块）和物理系统（如传动轴承、机械臂、电机等）融合后的产物。单元级 CPS 具有"感知分析-决策-执行"数据自动流动基本的闭环，在软件定义下，可以精准地控制物理系统的运动状态，实现在设备工作能力范围内的资源优化配置（如优化机械臂、AGV 的行驶路径等）。

精控复杂系统

宏观的软件定义体现在对复杂产品、系统之系统及其制造和使用过程中的要素的形/态定义与管理上。面对多学科交叉所形成的复杂产品、系统之系统，软件定义也进入了一个崭新的阶段。

在赛博系统、物理系统各自发展到相对成熟的阶段后，以整机、整车、大系统为主要设计目的的数字化汽车、数字化高铁、数字化军机、数字化物流、数字化战场（沙盘）等项目不断完成，赛博系统的数字化、网络化发展到了一个崭新的阶段。

"研发与管理手段数字化"软件，已经发展到了一个较高的水平，设计者可以各种软件辅助研发工具，在软件中建立了复杂产品的数字化模型（如几何定义模型、仿真分析模型、试验分析模型等），对复杂产品的数字化模型精心精准的控制，并在今天进一步形成了实体产品的"数字孪生"。

例如通用汽车公司的SSR型汽车，在十多年前就实现了精准的软件定义，在尚未生产一个实体零件的前提下，首先在软件里"虚拟制造"了该款汽车的整车（车身、底盘等）主要部件、制造流程和供应商提供的所有零部件，并且在软件中对整车做了所有必要的数字验证（运动干涉、抗破坏性、可加工性、可操作性、噪声试验、颠簸试验、撞车试验等），并且实现了在网上销售，客户可以在许可的范围内选择汽车的颜色、发动机排量、内饰、轮胎、灯光等。待达到一定的"数字汽车"销量后，再开始真正的实体汽车生产。

精控复杂系统的另一方面发展是"产品本身的数字化"，即不仅实现了制造设备的数字化、网络化，而且实现了制造对象的数字化、网络化，即在物理产品中加入大量软件，对产品的使用、运营或运动状态进行精准的控制。

路径有别　不拘形式

工业技术软件化是一个长期发展过程。这个过程实际上从很早就开始了。工业技术软件化的进程量多面广，无法一一述及和深入展开，因此，本小节只是选取了其中的几个具有代表性的内容予以简介，希望读者可以管中窥豹，略见一斑。

▶ 将某些专用知识嵌入商业软件——外购的大型通用商业软件中往往缺乏一些专用功能，因此，一线技术人员就把一些本行业的专用知识，如飞机翼型设计计算、气承式房屋跨拱构型、推土机履带设计等专业知识和参数化图样写入现有的商业软件，以图标菜单的方式呈现，形式上与商业软件融为一体，用起来快捷简便，得心应手。

▶ 将特定的经验与技巧写成自用小软件——多年前某单位加工回转体形声呐接收装置，输入数据是离散点坐标，早期方法是用直线段拟合，但是加工出来的结果有棱角，不太光顺，曲面精度不够。即使缩小步长，结果改善不大，如果步长太小，数据量则太大，机床容易死机，当时用任何 CAM 软件都不行。国内知名数控专家、兰光创新董事长朱铎先采用了双圆弧拟合的方式，并且为此专门写了一个小程序，巧妙地将所有直线段都变成了双圆弧，确保所有的圆弧都彼此相切，拟合出来非常光顺的曲面，加工数据量不大但是加工结果精度极高。

▶ 开发专用自主可控电力软件——例如中国电力领域经常使用的"电力系统分析综合程序（Power System Analysis Synthesis Program，PSASP），是一套历史长久、功能强大、使用方便的电力系统分析程序，它具有中国自主知识产权，1985 年荣获首届国家科技进步一等奖。基于公用资源的交直流电力系统分析程序包，有以下应用功能：潮流计算、暂态稳定、短路电流、网损分析、电压稳定、静态安全分析等。

▶ 开发自主可控嵌入式工控软件——北京亚控科技有限公司开发了国内首款高端通用 SCADA 组态软件 KingSCADA。该软件以丰富的画面、模型复用、基于数据块的采集、智能诊断、无扰动冗余技术帮助企业构建稳健、灵活、可靠的系统，提高生产力，降低工作量，并且具有良好的开放性。为了缩短自控软件故障恢复时间，KingSCADA 世界首创的采用智能诊断技术，对 PLC 通信状态、网络状态、计算机故障以及客户自定义功能的故障与性能进行在线监测和快速定位，能够最大限度地帮助企业搭建智能信息化平台。

▶ 开发工业物联网的设备驱动软件——北京亚控科技有限公司开发了KingIOBox 来联接工业设备与云端，以跨平台、多种多样的采集驱动、快捷的远程部署软件和工程、强大的远程运维能力等，来实时准确地将生产、环境数据发送到云端；在实现数据共享的同时，减轻了云平台计算压力，提前将海量数据进行解析、逻辑判断、筛选，实现边缘计算，形成了良好的物联网解决方案。如图 3-6 所示。

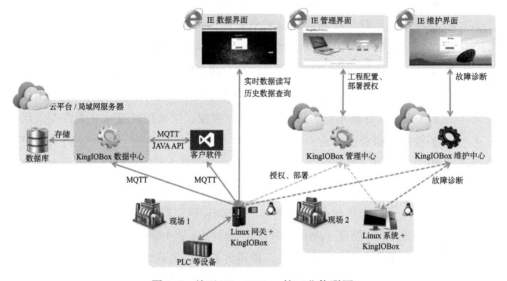

图 3-6　基于 KingIOBox 的工业物联网

▶ 开发服装柔性生产 MES 软件——深圳昱辰泰克公司立足劳动力密集的制衣行业，开发服装柔性生产 MES 软件以及与之相配套的数据采集硬件装置。在该软件中专门有一个员工技能分析模块，员工的全部工作过程数据都被工位姿态传感器忠实地捕捉并记录下来，该模块通过分析这些工作过程数据，可以准确地识别出员工的工作技能，并形成"员工技能矩阵"，由此软件可以按照员工技能和现有设备情况组织实时排产和排班，大幅度提升了企业收益。如图 3-7 所示。

▶ 开发独立运行工业 APP——某企业的生产中经常要加工轴承，在工艺上要车轴孔、车外圆等。原来用 CAM 软件编程序，熟练使用软件者需要半个小时，但是加上画图、验证等步骤可能需要一个多小时。而开发了自用的轴承工艺 APP 之后，把常见规格、最佳参数、重要图示等内容都写在其中，现在只需要调出待生产的轴承型号，逐步点击"下一步"，即可在 2 分钟左右快速生成加工用的 G 代码。参见图 3-8 所示。

班组：A组				技能矩阵								

工序	合肩缝	肩缝拷边	绱袖子	袖笼拷边	合大身	大身拷边	收后片省位	后片省位打结	绱领	修剪下摆	平车拉筒卷下摆	切下盘滚	成品检验
标准工时	4s	5s	7s	5s	3s	6s	7s	7s	4s	5s	6s	7s	5s
段××	44%	55%	×		15%			9%			18%	×	
曹××	25%	20%	87%	71%	42%		31%					19%	
朱××	12%	×	35%	29%		35%	38%	25%		16%			
柳××	×	14%	×	83%	12%			19%	18%	20%			
唐××	×	16%	×	29%		75%		26%	17%	21%	30%		
张×	14%	×	×	×	27%				15%		33%		
林×	×	19%	×	11%	×		43%	8%	×				
环××	×	×	×	×	×		31%	11%	×		27%		11%
陈××	12%	17%	×	×	×					10%			
刘××					27%						11%		

员工：顾××

效率
60
50
40
30
20
10
0

合肩缝	肩缝拷边	合大身	后片省位打结	平车拉筒卷下摆
44%	55%	15%	9%	18%

图 3-7　员工工作技能矩阵

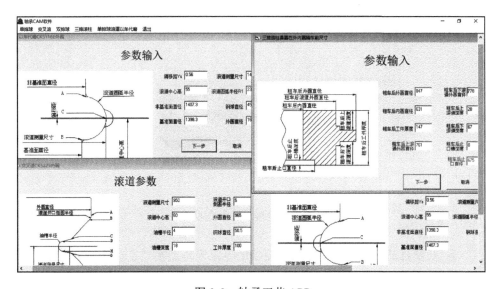

图 3-8　轴承工艺 APP

▶ 开发轻量级手机版工业 APP——鼎捷软件公司面向中小微型金属制品、机械零组件、注塑企业，开发了轻量级手机版"水晶球"工业 APP，企业用户可不安装 MES 软件的情况下，以机联网技术实现生产数据自动采集、设备状况预警、设备综合效率（OEE）分析、生产工时统计分析等，让厂长和生产主管在手机端、现场主管和员工在电视看板上就可以看到他们最关心的生产数据。这款软件量级虽小，但是协助企业解决了因生产现场信息不准确、不及时、不透明而造成生产效率低效、产能浪费严重、产品交期不准等管理难题，如图 3-9 所示。

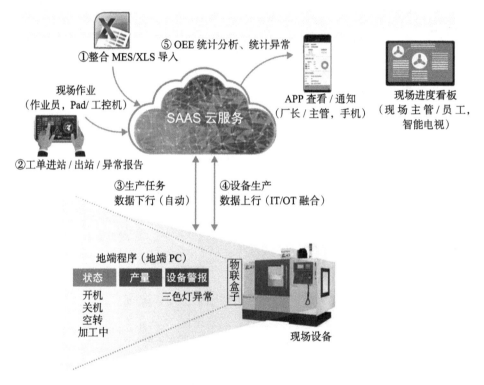

图 3-9　轻量级手机版工业 APP

▶ 开发自动化领域软件——工控领域专家宋华振在"自动化早已不是那个自动化了"文章中指出：自动化的确正在成为一个软件行业，智能通过软件来实现，简单的修改即可实现复用，软件本身在智能制造中的角色也变得更为复杂，自动化行业里无所不在的软件，无论是 RTOS 还是集成开发环境如 Automation Studio，还是针对行业应用的标准化 PLCopen

库、以及为了实现开放互联的 Web 服务器集成。软件正在成为自动化行业的核心竞争力，如图 3-10 所示。

图 3-10　自动化软件价值体系（图片来自贝加莱公司）

综上所述，工业技术软件化可以从企业的任何一个工作环节、选择任何一种工业技术 / 知识、面向任何尺度的软件交付物做起。

工业技术软件化的结果

工业技术　软件聚之

从工业技术 / 知识发展与应用的路径来说，大致可以看到这样一条路径：知识表达与人体动作分离（示范 / 口授）→知识表达与人脑分离（符号 / 文字）→知识存储与人脑分离（书 / 知识库）→知识应用与人脑分离（软件闭环）→知识自动化（软件泛在）。

除了在第一章中作者描述的软件具有"五器"的作用之外，其实软件还具有更多的"器"用，在经过前两章的内容铺垫之后，再提到如下"三器"会更易于理解。

- 软件是工业技术 / 知识的最好的容器。就全世界工业界而言，经过近三百年的积累，特别是近几十年工业技术爆发式的增长，海量工业技术 / 知识已经形成了庞大的工业资源。这些资源如果按照传统的撰写技术报告、打印技术资料、印制产品说明书、编制技术白皮书、汇总应知应会手册、提炼标准规范、著书立说等方式，这些工业技术 / 知识都无法得到最好利用，要么传承艰难、消化缓慢，要么很快消失、不知所踪，要么躺在资料情报室、图书馆里睡大觉。一旦工业技术 / 知识进入了软件，其天然的数字化本质，高度的可编辑性、可扩充性、可移植性、海量存储、跨平台性以及网络共生性，使得软件具有"一次编写，全网调用，处处运行，永续传承"的特点。

- 软件是工业技术 / 知识的最好的引流器。在浩瀚的纸介质知识海洋中，已经有很多的知识江河流入了软件，最终将形成软件的大海。未来，如果企业不希望自己的工业技术 / 知识流失、损耗、僵化或无疾而终，那么将自己现有的工业技术 / 知识写入软件是最好归宿，越来越多的企业会加入这个行列。因此，每一滴工业技术之水，都会伴随比特数据汇成涓涓细流，滔滔江河，最终都将汇入软件的数字海洋，因为只有在软件的数字海洋里，技术才有可能得到永生、复用和大用，也只有在赛博空间里，软件中的工业知识，才能在数字主线 / 数字支线上自动流动的比特数据中，按照软件中定义的路径，流向最该去的地方，发挥最大的作用。

- 软件是工业技术 / 知识的最好的保护器。工业技术软件化的意义在于，可以让工业技术得到更好地保护、更快地运转、更大规模的应用，从而十倍百倍地放大工业技术的扩散效应。波音飞机研制过程用到 8000 多种软件，其中只有不到 1000 种是外购商业软件，其余 7000 多种是波音公司自己开发的各种自用软件（in house software），这些自用软件融入了波音最近几十年的工程专业知识、制造经验和技术诀窍，正是这些自用软件造就、放大、传承并有效地保护了波音公司的核心竞争力。另一个类似的例子是 NASA Glen 研究中心联合美国军方、GE、普惠等公司经过

20 年开发的"推进系统数字仿真"NPSS（Numerical Propulsion System Simulation）软件，该软件以高性能计算为基础，以经过验证的航空发动机推进系统的部件及学科的工程模块为核心，内嵌了大量航空发动机设计流程、设计方法、机理模型和试验参数，一天就可完成一轮航空发动机方案设计，体现了该联合体在发动机技术上的研发优势。这些写入自用软件的工业技术／知识，从不外卖，只限内部使用，最大限度地保护了企业的技术秘密。

容知、引流、保护，加之前述之"五器"，软件器用，可堪大用。

工业互联　软件擎之

在工业互联网面世之前，工业软件就已经发展了几十年了。如果从 20 世纪 60 年代中期 CAD 出现开始算起，已经有 50 多年的发展历程了。

CAD 软件发源于美国，彼时 IBM 公司的计算机绘图设备、通用汽车公司的多路分时图形控制台等，都已经实际运用于工业产品的设计。而工业互联网的出现，如果以凯文·阿仕顿在 1999 年提出的物联网（IoT）为源头的话，也晚了 30 多年。如果以 70 年代末出现的以太网为源头的话，也晚了 10 多年。

本书第二章已经提到，工业软件原本兴于航太巨头。波音、洛克希德、NASA 等航太企业，在工业互联网远未出现之时，从 20 世纪 60 年代就开始了工业软件的研发。在诸如航天、航空、汽车、装备等领域，已经有了很多的大型通用／专用工业软件。他们所使用的软件，在源代码行数上，在 21 世纪初就已经达到了千万级别。现在，大型通用工业软件规模都已经扩展到了数千万到一亿行源代码。

工业软件的发展速度，前瞻产业研究院 2017 年发布的《2017—2022 年中国工业软件行业发展前景预测与投资战略规划分析报告》可见一斑：自 2011 年以来全球工业软件市场规模以每年 5%～6% 的速度增长，2016 年全球企业级软件市场规模约为 3530 亿美元，2017 年预计为 3750 亿美元。2016 年中国工业软件行业的市场规模达到 1261.4 亿元，2017 年预计为 1421 亿元（仅供参考）。

工业软件在国内外的风生水起，为工业互联网的诞生与发展打下了深厚的技术基础，创造了良好的发展条件。移动互联网和云计算架构的面世，让这些基于传统架构存在的软件，逐渐开始向网络"靠拢"，一是向移动互联网和云靠拢，软件云化（研发工具上云、核心业务上云等）已经成了重要的发展趋势；二是向工业互联网靠拢。传统架构的工业软件的解构与重构，将成为一条明显的演变路径。

伴随着德国工业 4.0 的推广、美国工业互联网的孕育、日本工业价值链的成型和中国智能制造的蓬勃兴起，纵向集成、端到端集成、横向集成、互联工业、数字化工厂的理念与绝大部分企业想要做的事情不谋而合，于是，IT 技术与 OT 技术开始了真正的两化融合与协调发展——原来做 IT 的软件企业开始向工控领域下沉，将软件的触角伸到了机器之中，对设备的运行状态进行数据采集和监控；原本做工控的企业，也开始从设备的边缘层向上生长，将设备接入云端，建立了自己的工业云平台。

在企业中，软件已经覆盖了产品生命周期、工厂生命周期和订单生命周期等业务价值链，为原本分立的业务活动形成业务网络提供了软件联接基础；软件运行方式也从过去的单机运行、局域网浮动运行，逐渐发展到基于互联网的 Web 运行或者是更先进的基于移动互联网 / 云架构的 SaaS 订阅模式。

软件，如同一个万能的黏接剂和连接器，把过去分立发展的工业研发软件、制造软件、工控软件、运维软件、质量管理软件、供应链软件、物流软件、营销软件、物理软件、化学软件、特殊专用软件、软件开发平台、网络软件、工业安全软件、网络硬件、计算机硬件甚至包括人的技能等全部都融会贯通、彼此联接了起来。可以说，半个多世纪的工业软件发展，为工业互联网提供了生存和发展的丰沃土壤，擎起了工业互联网的一片蓝天。

工业革命　软件助之

新工业革命浪潮滚滚而来，全球化工业转型升级名目繁多，如德国工业 4.0、中国制造 2025、Manufacturing USA、日本工业价值链 / 互联工业、美国 GE 工业互联网、英国工业 2050 战略、法国新工业等。

从德美日中这全球四大工业强国和大国，所发布的工业转型升级 / 智能制造参考模型来看，软件在其中都占有极其重要的位置。如图 3-11～图 3-14 所示。

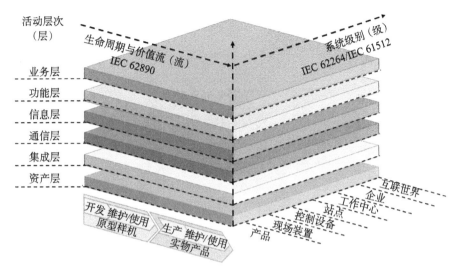

图 3-11　德国工业 4.0 组件参考架构（RAMI 4.0）模型

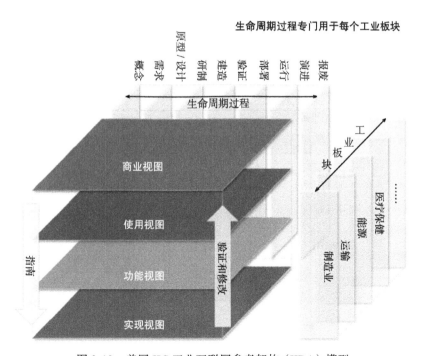

图 3-12　美国 IIC 工业互联网参考架构（IIRA）模型

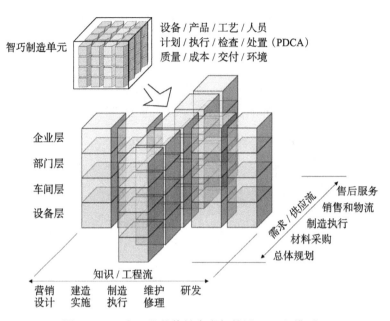

图 3-13 日本工业价值链参考架构（IVRA）模型

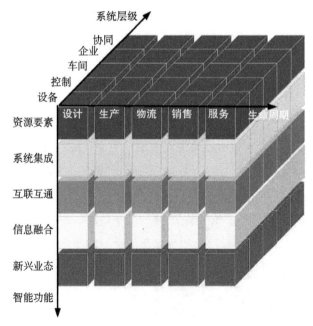

图 3-14 智能制造系统参考架构（IMSA）模型

在上述这些看似不同的参考模型中，"产品生命周期"都贯穿于水平横轴上。而所有与产品生命周期和互联互通有关的内容，都是依靠软件来实现的。

第三次工业革命伊始，就诞生了工业软件。工业软件是人类知识和思维能力在工业中的数字化沉淀。按照西门子公司对工业 4.0 参考架构模型的解读，软件是认识和实施工业 4.0 的四个重要视角之一，如图 3-15 所示。

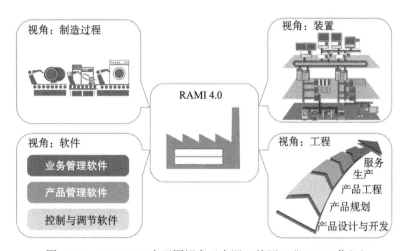

图 3-15　RAMI 4.0 中不同视角（来源：德国工业 4.0 工作组）

西门子公司作为一个左手统揽众多工业领先产品，右手携带制造业 IT 及 OT 软件的工业巨头，同时也是工业 4.0 的发起者之一，对软件与新工业革命的关系有着深刻认识。西门子把工业 4.0 参考架构模型中的软件分为三层，最上层是业务管理软件，以 PLM、ERP、SCM 等软件为主，中间是产品管理软件，以 PDM、CAX 等软件为主，底层是控制与调节软件，以 PLC、DCS、SCADA 等工控软件为主。

第一次、第二次工业革命，极大地解放了人体。第三次工业革命，极大地解放了人脑。解放人脑的原理在于，大量的"人智"进入了软件。因此，研发与管理手段数字化软件，让产品研发与管理发生了革命性的变化，数字孪生和数据分析模型等新概念层出不穷；同时，机器发生了革命性的变化。40 年前的机器，除了电源线之外，很少有导线在设备上出现。而在今天的设备上，已经出现了大量的导线，这些导线都联接到了机器上的某些盒子中，在这些盒子里面，都有多层线路板和大量芯片，芯片里面运行的是软件，软件里面容纳了大量"人智"，而这些"人智"都已经转化成了"机智（机器智能）"。

毫不夸张地说，工业软件是新工业革命基石之一，是工业必需的软装备。

数字经济　软件育之

数字经济常可以理解为因为数字技术被广泛使用后，数字化信息在网络流动而引发、带动、放大或赋能的经济活动，其结果是带来了整个经济环境和经济活动的根本变化。

中国信息通信研究院在《中国数字经济发展白皮书（2017）》中给出了如下定义：数字经济是以数字化的知识和信息为关键生产要素，以数字技术创新为核心驱动力，以现代信息网络为重要载体，通过数字技术与实体经济深度融合，不断提高传统产业数字化、智能化水平，加速重构经济发展与政府治理模式的新型经济形态。数字经济是继农业经济、工业经济之后的更高级经济阶段。

过去20年，数字经济主要围绕因特网来展开，激活了潜在的经济存量，放大了经济增量。据麦肯锡研究院在2017年发布的《中国数字经济如何引领全球新趋势》报告，过去10年来，中国已在多个领域成了全球数字经济引领者。以电子商务为例，10年前中国的电商交易额还不到全球总额的1%，如今占比已超过40%，据估算已超过英、美、日、法、德五国的总和。2016年，中国与个人消费相关的移动支付交易额高达7900亿美元，相当于美国的11倍。中国2016年互联网用户已达7.31亿，超过了欧盟和美国的总和。

未来20年，数字经济将围绕工业互联网来展开。麦肯锡的另一个调查结果显示，尽管中国企业对工业4.0抱有极大的热情和期望，但只有6%的中国企业制订了明确的实施路径，远低于美国的22%、德国的22%和日本的31%。当前，我国经济已由高速增长阶段转向高质量发展阶段，正处在转变发展方式、优化经济结构、转换增长动力的攻关期，通过数字化转型，抓住数字经济发展机遇，以提质增效为中心，紧紧围绕创新驱动、智能转型、绿色发展，全面推进实施制造强国战略，促进企业的智能化转型升级，提升企业效率与竞争力，实现制造业由大变强的历史跨越，是当前中国制造业转型升级的必由之路。

在数字经济时代，数字技术不断加速向工业生产要素领域深度渗透，传统的土地、资本、劳动力等生产要素不断被改造，而数字技术本身最重要的要素——数据——也作为一个关键生产要素发挥着重要作用。

软件的功能，其实就是"由传感器或数据集文件输入数据，按照给定机理模型和算法计算数据并设定好数据流动规则，输出数据用于可视化显示屏或驱动物理设备"。数据在软件的驱动下"不落地"的自动流动是工业互联网的常态。

今天的数据流动，基于企业需求的业务场景，遵从软件定义的流动规则，而不必再遵循传统的自顶向下或自底向上的等级阶层，这种无差别、无层次的数据流动方式极大地颠覆了企业传统的金字塔型科层制管理模式，驱动企业组织发生结构性变革，业务流程发生结构性优化，产品研制发生结构性创新。上述三个"结构性"的变化，让今天的工业不再是过去的工业，今天的企业不再是过去的企业，今天的设备不再是过去的设备，今天的流程不再是过去的流程。

▶ 在产品创新上，通过不断将传感器、微处理器、软件、网络等数字化要素不断"嵌入"到传统的物理产品中，产品的智能化水平不断提高，功能不断拓展，知识和技术含量不断提升，这些数字化要素不断产生过去物理设备中不曾产生或者产生之后无法捕捉的产品使用过程数据，由此企业能够开展基于产品数据的远程诊断、在线检测等各类增值服务，大大提高了产品的附加值和市场竞争力。

▶ 在生产运营上，基于工业互联网平台，以"数据驱动型决策"模式运营的企业，可以形成数据自动流动的数据链，推动生产制造各环节高效协同，大大降低了制造系统的复杂性和不确定性，其生产力普遍可以提高5% ~ 10%。例如，根据国家统计局公布的数字，中国2017年服装制衣业的产值高达9万亿人民币。如果该行业能有1%的利润提升，就是900亿人民币。而深圳昱辰泰克公司的业务实践证明，若干制衣企业实施了工业互联网改造之后，效益提升了15% ~ 30%，可见劳动密集型传统企业的改进空间极其巨大！

▶ 在流程再造上，工业互联网平台极大地促进了机器运行、车间配送、生产制造、市场需求之间的实时数据交互，使得原材料供应、零部件生产、产品装配等过程变得更加精准协同。传统的子企业"各自为战、各行其事"的诸多借口及技术障碍都被彻底消除，数据通畅的流动，使得大企业能够突破各种复杂的利益格局，高效管理和运作产业链，从而使产业链更具整体竞争力，企业管理优化、组织变革、商业模式创新的效益不断显现。

显然，通过自动流动的比特数据流，承载数字化的知识、信息和数据，以此作为关键生产要素，工业互联网和社交/消费互联网作为重要载体，整个社会化生产的效率会有效提升，整体经济结构会进一步优化，经济活动会日趋活跃。

工业技术软件化，定调了软件定义、数据驱动的工业主题曲，吹响了工业转型升级、创新发展的进军号，化育了数字经济的新动能。

软件定义与企业资产管理

新工业革命除了要用智能技术激发出更大的生产力之外，在企业物理资产、数字资产的管理水平上也要有质的飞跃。应以工业软件为基础，精准组合多专业的模型与算法，借助仿真手段和大数据来驱动产品研发，让车间生产过程清晰透明，让每一个材料晶格都被精准预测与打印，对所有设备运维状态了然于心，最终实现制造资源的优化配置。

在今天稍有规模的企业里，管理者可能说不清楚自己企业里都有什么物理资产和数字资产，这些资产都在什么位置，有无建档管理，使用情况，等等。例如，在传统的多级库房，企业的物理资产，有什么，在哪里，状态如何，往往是一笔糊涂账——某车间需要一块材料，找了几级车间，终于在总公司库房找到了，用了一小块，剩下一大块放起来，这块物料就变成了没有名头的"物件（Thing）"，过了很长时间，人们忘记了它的存在，甚至在清理库房时，当作废品扔掉了。

新工业革命除了要用智能技术激发出更大的生产力之外，在企业物理资产、数字资产的管理水平上，也要有质的飞跃，以实现制造资源的优化配置。

企业资产管理壳提升管理水平

德国提出的"RAMI 4.0（工业 4.0 组件参考架构模型）"（见图 3-11），是一个基于高度模型化的理念而构建的三维架构体系。RAMI 4.0 通过层（Layer）、流（Stream）、级（Level）三个维度，构建并联接了工业 4.0 最重要的元素——工业 4.0 组件。基于这一架构可以对工业 4.0 技术进行系统的分类与细化。理论上，任何级别的企业，都可以在这个三维架构中找到自己的业务位置——一个或多个可以被区分的管理区块（系统组件）。

认识层、流、级的三维架构，从这三个角度观察和思考，就很容易理解整个工业 4.0 体系。

生命周期　两大阶段

首先从生命周期开始说起。业界比较熟知的生命周期（流）维度遵从 IEC62890 标准，主要描述了工业过程测量和控制，以及自动化系统和产品生命周期管理。在价值流的维度上，生命周期被分成了"原型（Type）"和"实物（Instance）"两大阶段，分别对应"开发→维护／使用"和"生产→维护／使用"。

在企业对生命周期两大阶段的划定，很好地解决了划分研发与生产两大阶段。所有在研发阶段进行的概念设计、详细设计、样件／样机制作过程，都可以归类在"原型"阶段，即对产品定型前的所有的"结果"或交付物，无论是纸质文档／计算机文件、油泥模型／数学模型／数字模型／物理样机等，都需要边使用边维护；而与生产有关的都可以归类在"实物"阶段，往往是在产品定型／图纸发放之后，可以开始批量生产产品，此时对于生产过程中的所有纸质文档／计算机文件、数字模型／物理样机等，仍然需要有各种维护与使用。

进一步展开来看，以原厂商为主的"产品、订单、工厂"的生命周期和以供应商为主的"机器、采购件"的生命周期之间，都可以按照"原型"和"实物"两大阶段来进行生命周期的规划，如图 4-1 所示。

在图 4-1 中的五个典型的生命周期并不是齐头并进的，它们之间有匹配关系。例如在原型阶段，供应商有了待选件的原型，就可以规划生产或组织这种机器的原型，并提供有关资料来让原厂商规划概念工厂（如投资规划等），当然也可以在原型零件确定后组织生产，提供实物零件的交付。而在实物阶段，供应商也可以用已采购的或制造完毕的零件来组装机器，将机器成品交付给指定工厂来试运行和组织生产。如图 4-2 所示。

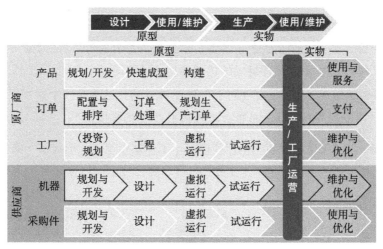

图 4-1 各个相关的生命周期

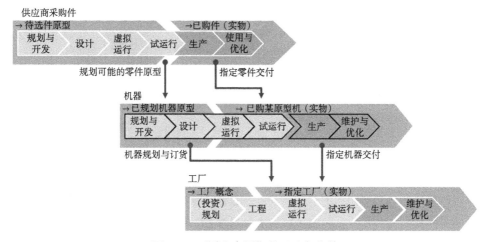

图 4-2 不同生命周期的匹配与衔接

系统级别 由简到繁

在系统级别（级）维度遵从 IEC 62264 和 IEC 61512 标准，主要描述了企业控制系统集成和批量控制。

在系统级别维度（级）上，以"产品、现场装置、控制设备、工作站点、工作中心、企业、互联世界"对系统的级别进行了划分，这种划分与国内企业经常使用的术语有所不同。产品是一个泛称，理论上，其后面排列的词汇都可以被认为是一种"产品"或者系统，但是该系统在整个系统中所处的级别或尺度是不一样的。现场装置一般被认为是一个组件或部件，控制设备可以认为是一台完整的机器，工作站点是多台设备组成的机器群组（可等同于生产线），工作中心则是多个机器群组组成的集群（可等同于车间），企业可以认为是一个数字工厂（或智巧工厂），互联世界可以认为是企业之间基于 CPS 的联接。

例如一条"无缓冲灌装"生产线由多个工作站点组成，形成了一条完整的生产线。多条生产线可以组成一个工作中心（车间），如图 4-3 所示。

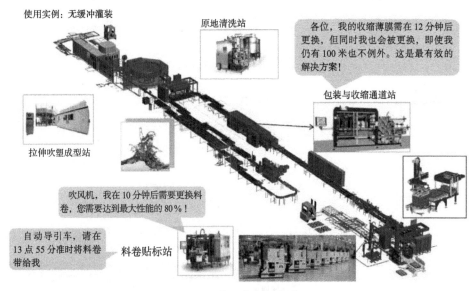

图 4-3　工作站点与工作中心

另外，在 RAMI4.0 中最大系统级别是"互联世界"，这是一个较大范围联接工业要素的统称，凡是超越了企业边界的联接，都可以认为属于互联世界，是工业互联网中的一种企业联网形式。

从产品、现场设备到车间之间的联接，均属于在企业边界内的"纵向集成"范围。而超越企业边界的互联世界，则往往属于"端到端集成"甚至是"横向集成"的范围了。

业务层级　数物映射

对工业 4.0 组建的系统的层级认识，是 RAMI4.0 中的难点，很多新概念就包含其中，特别是"管理壳"概念的出现，给认识 RAMI4.0 带来了一定难度。

工业 4.0（包括美国工业互联网、日本工业价值链）的发展战略，从技术上看都是实现各种"Thing（物件）"的互联，即以物联网（IoT）为基础来实现工业的转型升级。那么，该怎么联接这些原本毫不相干的"Thing（物件）"？即如何让一个物理资产（如机器、零件、设备、产线、人等），成为一个可以在数字世界（如软件）中定义、表达、识别、交换数据的"新型资产"，由此而大幅度提高企业的管理水平？

此时，RAMI4.0 中纵向的"层"维度就发挥了至关重要的作用。具体做法是"自底向上，分层定义，赋能使能，数物映射"，让一个不具备通信能力和软件定义的物理资产，逐步映射、演变为"工业 4.0 组件"。见表 4-1。

表 4-1　从物件到工业 4.0 组件的"数物映射"

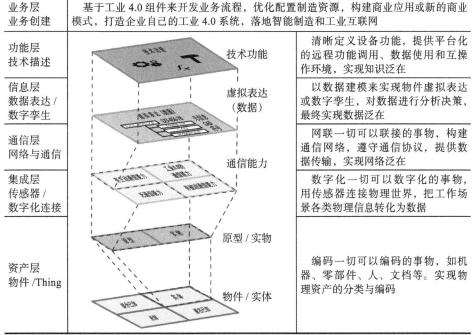

业务层 业务创建	基于工业 4.0 组件来开发业务流程，优化配置制造资源，构建商业应用或新的商业模式，打造企业自己的工业 4.0 系统，落地智能制造和工业互联网	
功能层 技术描述	技术功能	清晰定义设备功能，提供平台化的远程功能调用、数据使用和互操作环境，实现知识泛在
信息层 数据表达 / 数字孪生	虚拟表达 （数据）	以数据建模来实现物件虚拟表达或数字孪生，对数据进行分析决策，最终实现数据泛在
通信层 网络与通信	通信能力	网联一切可以联接的事物，构建通信网络，遵守通信协议，提供数据传输，实现网络泛在
集成层 传感器 / 数字化连接		数字化一切可以数字化的事物，用传感器连接物理世界，把工作场景各类物理信息转化为数据
资产层 物件 /Thing	原型 / 实物 物件 / 实体	编码一切可以编码的事物，如机器、零部件、人、文档等。实现物理资产的分类与编码

在实现了表 4-1 所述的每一层级中的步骤之后，一个映射和融合了数字与物理的"工业 4.0 组件"就成形了，它们彼此联接，相互访问，交流数据，相互操作，极大地提高了企业对物理 / 数字资产的管理水平。

从业务层开始，企业按照规划好的业物流程，调用 RAMI4.0 功能层中的技术功能，技术功能关联到相关的软件与数据。关于 RAMI4.0 中的技术功能，略显抽象，需要稍加解读。技术功能可以包括以下内容：

1）与所管理的组件对象相关的"本地计划"软件。例如冷加工规划、热处理规划、端子排标记软件、机械手驱动程序等。

2）用于项目规划、配置、操作员控制和维修的软件。

3）添加到组件对象的值。

4）与业务逻辑的实现相关的其他技术功能。

软件经过计算给出最佳指令，通过网络层、集成层的传输，把指令输入到设备的控制器，再操控设备的执行器来实现精准的动作。而设备的任何材料、能量、信息的变动，又通过集成层的传感器逆序返回到信息层、功能层和业务层，由此而实现：①业务层的数据展现，辅助领导决策；②功能层的实时调整；③信息层的实时计算分析，为下一轮的设备动作给出指令。

不同的工业 4.0 组件，可以构成不同的区块，组合形成各类功能与应用，最终以工业 4.0 应用的最小单元——智巧工厂的形式，落地了工业 4.0 或智能制造。如果按照表 4-1 中的层级映射出工业 4.0 组件后，另一个工业 4.0 的关键使能技术——CPS 也就呼之欲出了。从以物理实体为主的资产层到信息层，可以体现出 CPS 的核心功能。如图 4-4 所示。

图 4-4 中的横虚线表示了物理空间与赛博空间的分界线。一个基本的 CPS 活动通常有四个环节，分别是：状态感知、实时分析、自主决策、精准执行，它们之间依次衔接，形成了智能闭环，将物理与数字世界的活动融为一体。在机器 / 设备等企业资产中蕴含、运行的隐性数据，经过传感器的状态感知而转化为显性数据，进而能够在信息空间进行实时分析，将显性数据转化为有价值的分析结果信息，这些信息经过集中处理形成对企业资产内外部变化（不确定性）的自主决

策，将信息进一步转化为决策知识，然后以优化过的数据作用到物理空间的资产设备上，以数据的闭环式的自动流动，而消除企业系统内外部的不确定性，形成对企业资源的最优配置。这就是 CPS 的基本结构与作用。

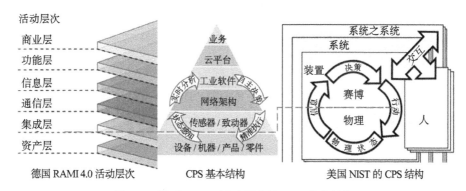

图 4-4　基于 RAMI 活动层次的 CPS 基本结构

最关键的一层是信息层，工业软件的所有的机理模型 / 数据分析模型、数据的输入和输入、数据计算、数据存储等活动就在这一层不断迭代上演，数字孪生体也在这一层常驻，该层是工业软件最活跃的领域。显然，所有计算与控制的基础是模型，工业软件的生命力在于模型。各种软件、机理模型 / 数据分析模型和数据，都是企业至关重要的数字资产。

算法提升　人工智能

软件的质量与很多因素有关，如性能、功能、可维护性、安全性、互操作性等，都要依赖于软件中的算法和知识来实现。特别是工业软件，离开特定的算法与知识，几乎寸步难行。工业软件集成了数百年以来人类最优秀的工业知识和技术积累，并且有千千万万的开发者在不断优化这些数字化知识，任何一个个体所拥有的知识都无法与其抗衡。工业技术软件化，正在以工业软件的形式予以展现。

几乎所有软件性能的提升、功能的完善，都是由算法的改进来实现的。AlphaGo 之所以能够屡战屡胜，就是得益于算法（蒙特卡洛树搜索 + 深度学习）

的优化。仿真软件之所以能够越算越接近真实工况场景，也是得益于其中各种算法（物理场、生物场等）的改进。

大致上，在一个工业设备中，用到的软件越多，能嵌入的软件代码越多，软件代码所表达的算法越强大、越优化，那么，这个设备的功能就越强大，其自动化和智能化的水平就越高。从一个产品的软件代码数量，基本上可以看出这个系统的自动化和智能化程度。

中国工程院在 2017 年年底发布了《中国智能制造发展战略研究报告》，提出了中国智能制造发展的三个基本范式。其技术内涵见表 4-2。

表 4-2 不同范式的智能制造中英文术语与内涵

范式	英文原文	建议中文翻译	技术内涵
第一范式	Digital Manufacturing	数字化制造或智数制造	基于数字化技术
第二范式	Smart Manufacturing	智巧化制造或智巧制造	基于数字化网络化技术或基于 CPS 技术
新一代范式	Intelligent Manufacturing	智能化制造或智能制造	基于新一代人工智能技术

智能制造第三种基本范式——新一代范式，实际上是在两化融合的基础上，加入了近年来出现的诸如大数据智能、人机混合增强智能、群体智能、跨媒体智能、自主智能等新一代人工智能技术和算法，由此而让智能化的要素逐渐增多，系统的智能程度变得越来越高。这种把工业化的物理系统、数字化 / 信息化的软件系统、智能化的 AI 算法融为一体的新一代智能制造范式，作者将其称之为"三化融合"，即工业技术（Industrial Technology）、信息技术（Information Technology）、智能技术（Intelligent Technology）的融合。

算法的改进，将会让计算的结果更加精确。过去用传统人工智能无法计算的场景，现在可以用新一代人工智能算法计算了；过去无法计算准确和实时的内容，现在因为算法、算力和大数据的改进可以准确和实时计算了。工业软件中以新一代人工智能算法（＋部分传统算法）计算出来的结果，可以实时驱动各种实时设备，如自动驾驶汽车、人机协作机器人等。如图 4-5 所示。

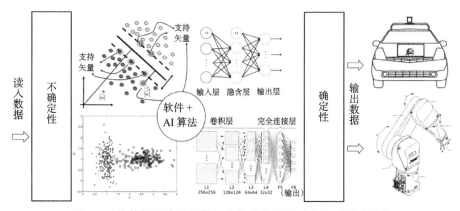

图 4-5　软件把不确定性数据变为确定性数据来实时驱动设备

产品研发基于模型并由仿真驱动

当年莱特兄弟发明第一架飞机时，还没有使用任何数学算法（如空气动力学），而是纯粹的、仿生意义上的物理试验。但是在今天，几乎每一个飞机零件，都必须首先在电脑中建立几何模型，甚至预先装配成数字样机，进行必要的多物理场综合力学仿真，数字模型已经成为企业最重要的资产之一。

波音率先用三维设计解决飞机研制过程中的几何协调问题。从结构模型到控制系统模型，以及机械、液、气、化学、电、磁、光等机理模型，可认识到模型非常重要。先有产品的数字模型，才有基于数字模型的系统工程。

几何模型　结构仿真

数字化产品定义流程

数字样机是虚拟装配的结果，是应用 CAD 和 PDM 软件在计算机上实施零部件、成品和管路电缆的数字化模拟安装、拆卸的基础，其作用如下：

▶ 提供初始设计用飞机数字信息模型，借以划分设计区域、定义界面；

▶ 进行零 / 组件干涉检查，发现设计错误和不协调设计；

▶ 进行结构布置和系统布置；

▶ 直观、准确地给出管路、电缆形状和长度，免除做实样；

▶ 设计早期就能检查和评估可靠性和可维修性；

▶ 方便准备和绘制用户服务资料。

依据飞机型号研制阶段的划分定义数字样机。一般分为方案设计、初步设计、详细设计三个阶段。方案设计阶段应建立飞机基本外形、包络面，确定空间位置，以及明确系统管路、电缆走向、设备占用空间和位置。初步设计阶段，各个设计小组按照总体布置方案进行设计方案细化，检查结构、系统主要零组件的干涉和间隙。详细设计阶段用以检查结构、系统所有零/组件（包括紧固件）是否存在位置干扰，进行零/组件虚拟装配干涉检查、运动部件运动过程模拟检查、维修性检查等。

根据飞机基本构型、气动布局、发动机选用和基本系统设计要求等，完成飞机气动包络面定义，划分各设计区域。在所划定的部件区域内对所包络的所有结构、系统零/组件的空间位置进行定义和系统走向定义。然后由零部件设计员进行零组件建模，在建模过程中严格执行建模手册和有关制度、规范。零组件的建模，遵循各个阶段对模型的精确程度要求。在总体布置和区域布置设计阶段，只要求给出零/组件模型的大致轮廓和安装位置。初步设计阶段要求零/组件模型应定义出主要参数和形状，如翼肋几何尺寸、材料厚度、长桁缺口、系统通过孔大致形状。详细设计阶段应完成零、组件的最终模型，要求给出所有产品设计和制造信息。

定义数字样机的过程，可以抽象为如下可用于不同行业的产品数字化定义流程，如图4-6所示。

飞机设计中拟建立三级数字样机，即飞机装配样机、部件样机、分部件或区域样机。同传统的实物样机相比，数字样机在产品设计初期就开始建立，随着设计的深入而逐渐被细化。上一阶段的样机作为下一阶段设计的依据和输入，而阶段成果在上一级样机上进行协调性检查和可靠性及维修性验证，其正确的设计被纳入到样机，而形成新版本的样机。由于采用了设计、制造、生产组织、财务管理等的并行设计，使设计与制造、生产准备、财务之间能实时交换信息，减少设计差错。该图同样适用于其他复杂产品的数字化定义流程。

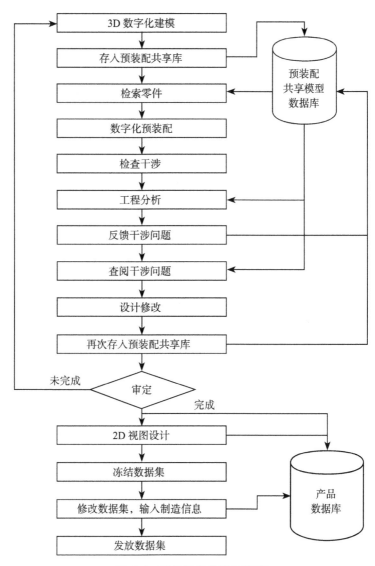

图 4-6 产品数字化定义流程

Prototype、Mock-up、Model 的异同

"Prototype""Mock-up""Model"这几个英文词的词义比较接近，但是又各有不同。通常，"Prototype"翻译成"原型"或"样机"，"Mock-up"翻译为"小样"或"实物模型"，"Model"通常译作"模型"。

Prototype 是由 Proto 和 type 组成的组合词，Proto 是"初次的""原始的"意思，type 具有"型式""类型""样式"等含义，两个词组合表示初次做出来的东西，不管它完善与否，只是一个首次制成的实物产品或是真东西的"样品"。例如，软企研制的初始软件，称为"软件原型系统"（Software Prototype），它是一个实实在在的软件，车企研制的（不是生产线上生产的）第一辆汽车也叫"样车"（Prototype）。

Mock-up 是由 Mock 和 up 组成的一个词，在 Mock 的含义中有"模仿""虚假"等意思。加上 up 后，多数字典给出的解释是"试验或教学用的大模型"或"小样"，Mock-up 的本义是个模拟的"模型"，不是原型那样的真东西。例如，过去用木头做的歼 8"样机"，是一个木制飞机大模型，应该算是"Mock-up"，确切的说法是"样机模型"。

Model 也译为"模型"，但这种"模型"可以比真实的物品放大或缩小，也可以是用数学形式表示的模型，而飞机的"Mock-up"表示的样机模型是一种与飞机尺寸 1:1 的模型。如果在"样机"术语前加上了形容词，就有了新的术语组合和内涵。于是就有了电子样机、虚拟样机、数字样机，乃至几何样机、结构样机、功能样机和性能样机等多种术语。

DMU（Digital Mock-up），在航空和汽车等行业译为"数字样机"，若按前边对 Mock-up 的解读，这里应该理解为"软件定义的数字模型机器"，可按约定俗成称为"数字样机"。

以 DMU 形成功能样机和性能样机

在只有几何数据的数字样机模型上，能做的事情是有限的。因此，随后发展出来了功能样机和性能样机，这应该是更能满足真实飞机功能和性能仿真试验的"数字定义的模型飞机"，简称为"功能样机"和"性能样机"。下面以美军开发 C17 运输机为例，作者尝试理解和区分一下"功能样机"和"性能样机"。

"铁鸟试验"包括主飞控系统通信接口检查、升降舵系统试验、方向舵系统试验、副翼系统试验、扰流板系统试验等所有 1.0 版本试验项目，是飞机研制中必不可少的飞机实物试验环节。

在 TeamCenter 早期版本中有一个"EDF（Electronic Development Fixture）"功能，直译为"电子开发夹具"。在 EDF 上，加入了"设计分析""精确的线束模型"和"精确的管材模型"等数据以后，成为一种"高保真样机（High Fidelity Mock-up）"。这种高保真的数字样机可以代替传统的"铁鸟"试验，这时计算机软件中表示的样机模型已具备了做过铁鸟试验的某些功能和性能数据，从这种意义上说，具有 EDF 功能的样机已经比原先只具有几何信息的"几何样机"增加了"机电方面的功能和性能"数据，形成一种"具有机电功能的样机（mock-up）"。如图 4-7 所示。

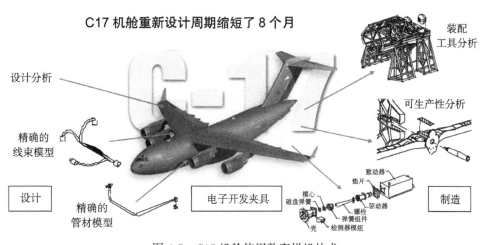

图 4-7　C17 机舱使用数字样机技术

以此类推，可以再增加上多个专业的功能和性能仿真试验的数据，最后，形成一个体现产品全面功能和使用性能的性能样机（mock-up）。

作者认为，产品数字化定义是工业研发生产的边界条件，最基础的就是 CAD、CAE、CAPP 和 CAM 所形成的软件定义数字样机，基于三维模型走通产品研制的设计、仿真、工艺、制造等主要阶段，整个工程研制才能得畅通无阻。

数物模型　原理仿真

传统工业体系的试错法，仅有物理原型（Physical），未来的产品研制模式是

CPS，就是基于 Cyber 的数字原型加物理产品（Cyber+Physical）。同样，过去的物理试验我们统称为物理仿真，过去的缩比模型试验和半物理试验统统称作半物理仿真，现在和今后大量采用的就是基于全三维数字模型或数字原型在软件定义的条件下做的虚拟试验了。如图 4-8 所示。

实物模型　　　　半实物模型（缩比模型）　　　全数字模型

实物仿真（物理仿真）　半实物仿真（半物理仿真）　虚拟数字仿真

图 4-8　模型的发展和变迁

试错法用的物理模型制造时间长、经费高、浪费大、不环保、更改困难；而数字原型建模快、时间短、花钱少、绿色环保，但问题是用数字原型做仿真，如果不能如实反映物理产品的真实状态，就不是仿真而是造假了。

CPS 一定要做到数字虚拟与物理实体的虚实精确映射（赛博控制物理）。图 4-9 上半部分描述了在赛博空间中完成产品方案设计与仿真、初步设计与仿真、详细设计与仿真、工艺设计与仿真、工装设计与仿真、装配设计与仿真、试验设计与仿真、虚拟试验等，这就是一个产品完整的虚拟制造过程；在此过程中不断发现问题，修改模型，重复迭代优化，一直到找不到问题；下一步就是物理实物生产过程了，在整个生产过程上，把完整的数字虚拟样机映射到实物的生产过程中和实物产品上，实现虚（Cyber）实（Physical）精确映射。

以风洞为例，极度耗电的风洞试验经常被称作"风洞一响，黄金万两"，而现在采用数字原型飞机的三维外形来做数字风洞试验已经成为常态。波音 787 项目高级副总裁迈克·拜尔（Mike Bair）指出："在 767 项目中，我们曾对 50 多种不同的机翼配置进行过风洞测试。而在 787 项目中，只测试了 10 多种。"波音公司设计人员借助现代化计算流体动力学（CFD）工具，能够对飞机外形做成数字虚拟样机，在数字虚拟的飞行环境中进行多轮次、低成本的各种虚拟仿真试验，使设计的可信度比过去大大提高。因此设计人员只需对从中筛选出来的、确实有实际应用前景的设计方案进行风洞测试。

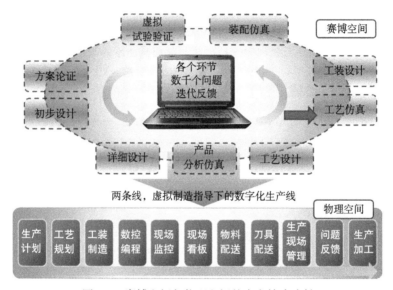

图 4-9　赛博空间与物理空间的虚实精确映射

实际上，不仅是全机数字样机简化、减少了风洞试验，在飞机研制过程的每个阶段中，基于全数字样机的虚拟仿真技术已经广泛应用于飞机全产品的各类零部件、组件，以及全机的设计、分析、试验、仿真、测试和故障诊断、制造、维护之中。如：结构强度分析、各类机电、航电系统试验仿真、运动机构仿真、生产线建设仿真、数控加工仿真、维护维修的人体仿真、地面虚拟测试等。工艺仿真分析工具可对 DMU 进行"可加工性"评价，可分析切削、钣金、锻铸造工艺对产品质量的影响（残余应力、回弹、温度场、流场等）。

作者强调：没有数字虚拟世界，就没有现代飞机设计；没有基于数字虚拟样机的仿真技术，就没有高质量的实体飞机。

<h1 style="text-align:center">多物理域　系统仿真</h1>

随着工业产品的自动化与智能化发展，多领域耦合已成为当前工业产品的一个显著特点，多专业设计协同与模型集成已成为工业产品系统设计的必需技术。Modelica 是在此背景下推出的一种多领域统一建模语言。Modelica 继承了先前多种领域建模语言的优点，融合了 Java 语言的面向对象机制与 Matlab 的数组表达机制，是一种面向设计工程师的业务描述语言，能够有力地支撑基于模型的系统工程应用。作为一种工业知识的积累与表达，Modelica 可以实现以下四种形式的建模，满足绝大部分工业领域的系统建模及仿真需求。

基于方程的非因果建模

在苏州同元公司的 MWorks 软件中，可以做到"一画两得"，即画出系统的几何图示后，就可以得到关于该图的 Modelica 语言编码和模型。如图 4-10 所示。

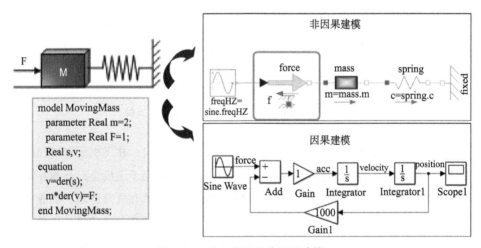

图 4-10　基于方程的非因果建模

面向对象的物理建模

几个自定义工业元件库、标准库里的标准单元相加，就可以组成所需要的对象，然后可对其实现系统仿真。如图 4-11 所示。

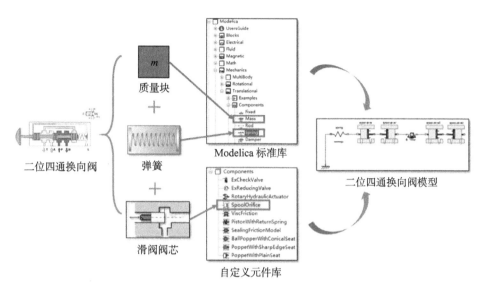

图 4-11　面向对象的物理建模

多物理领域统一建模

以直流电动机为例，控制器、电路、旋转机械分属三个不同领域。但是都可以在同一界面中实现多物理领域系统元件的统一建模。如图 4-12 所示。

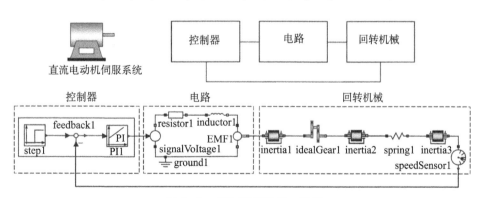

图 4-12　多物理领域统一建模

连续离散混合建模

弹跳小球的触地是离散的，但是运动轨迹是连续的。每次触地之后机械能都有所损失，用 Modelica 可以描述弹跳小球的运动轨迹，给出建模和仿真结果。

如图 4-13 所示。

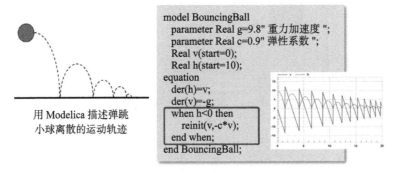

用 Modelica 描述弹跳
小球离散的运动轨迹

```
model BouncingBall
  parameter Real g=9.8" 重力加速度 ";
  parameter Real c=0.9" 弹性系数 ";
  Real v(start=0);
  Real h(start=10);
equation
  der(h)=v;
  der(v)=-g;
  when h<0 then
    reinit(v,-c*v);
  end when;
end BouncingBall;
```

图 4-13　连续离散混合建模

基于模型库快速构建系统和进行系统仿真

在 MWorks·Sysplorer 软件中，有大量可重用的 Modelica 专业库，可以广泛地满足机械、液压、控制、电子、气压、热力学、电磁等专业，以及航空、航天、车辆、船舶、能源等行业的知识积累、仿真验证与设计优化需求。下面以航空领域飞机起落架系统仿真为例，简要说明该软件是如何实现多物理域的系统仿真的。

在起落架系统模型库中，提供了起落架收放子系统、转向子系统、刹车子系统相应组件和系统集成模型，用以实现不同空速、风速和不同工作状态下的建模仿真，并分析和验证起落架收放、转向、刹车过程中的运动特性。

基于起落架系统模型库可以建立完整飞机刹车系统模型，支持仿真手段模拟飞机刹车过程，模拟刹车系统的正常刹车、应急刹车、停机刹车、自动刹车、防滑保护、差动刹车、刹车温度监控、胎压监控、轮速监控等功能，综合考虑差动刹车过程中的飞机动力学特性的动态变化，从而更为准确和有效地评估飞机机轮刹车系统的差动刹车性能。如图 4-14 所示。

在图 4-14 中，上半部分图形显示了在收放起落架、刹车、转向、能源四个方面的机械、数字电路、液压的系统组件仿真模型，左下图显示了起落架的机构原理和几何仿真模型，右下图显示了起落架作动筒的收放缸的无杆腔、有杆腔压力变化曲线，以及主轴转角和自锁轴转角的变化曲线。

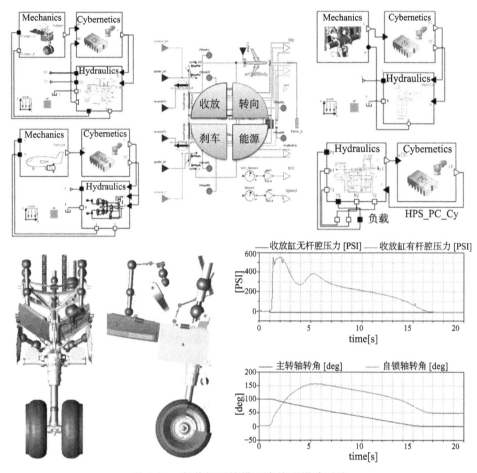

图 4-14 起落架系统模型库快速搭建系统

基于统一的全系统模型和设计验证平台，支持全系统级、子系统级与部件级的多层次统一设计验证，基于型号与系统模型库，可快速构建各层次模型，实现快速设计验证，及早发现设计缺陷，在产品设计初期就可以在赛博空间定义未来物理对象的功能和性能表现，对其进行基于 CPS 的多物理域综合仿真，这是产品研发技术的质的飞跃。

功能模型 联合仿真

物理对象的机理模型

物理对象是指存在于客观物理世界的工业产品、设备等物理实体及其所处的物理环境。研究物理对象就是通过科学的手段和方法研究物理对象的基本结构，组成之间的相互作用以及其最普遍、最基本的运动形式、行为规律。如力学研究机械运动的基本规律，电磁学研究电磁作用的基本规律，热学研究热运动的基本规律，几何光学研究光的直线传播的基本规律，波动光学研究光的波动规律，近代物理研究微观粒子的高速运动规律等等。

近些年，由于数字化技术的迅猛发展，借助 CAD、CAE、CFD 等计算机辅助技术可以对物理实体对象的各个方面特性进行可视化建模和行为模拟，如系统架构模型、结构几何模型、应力分析模型、动力学模型、疲劳损伤模型、控制模型、嵌入式软件模型等。这些数字化模型是对物理实体在客观世界的行为的抽象和封装，是将大量工业技术原理、行业知识、基础工艺、模型机理等通过抽象转化为规则化、模块化的数字表达，从而实现在数字空间中对物理产品的属性和状态（比如形状、运动、特性等）进行模型化表达。这些反应物理对象属性和行为的数字化模型就是物理对象的机理模型。如图 4-15 所示。

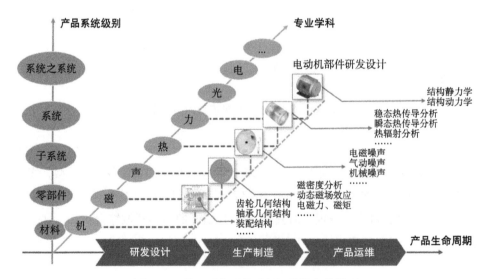

图 4-15 物理对象（电动机）的数字化模型

索为系统公司认为，物理对象可视化建模在不同的产品生命周期阶段、不同的产品层次以及不同的专业学科上所用的工具和手段也是不同的。

在研发阶段，需要建立物理对象的需求、功能、架构、设计、仿真等模型。

1）在需求、功能和架构方面，SysML（系统建模语言）提供了一系列的方法和指导帮助工业企业对系统级架构进行可视化建模，如 SysML 的需求图、块图、参数图等，借助这些可视化的、模型化的表达，可以在顶层对系统的各项总体性能指标、组成关系、逻辑关系进行建模。

2）在几何域中，需要通过 CAD 建立系统的几何模型，对物理对象的几何、拓扑、装配等方面进行建模。并以 CAD 几何模型为基础，通过各种 CAE 工具构建电磁、噪声、热、静力学、动力学、光、振动等不同专业领域的仿真模型。

3）在逻辑域中，需要通过 AADL(架构分析设计语言)、UML(统一建模语言)、Matlab（一种编程语言）等工具构建嵌入式设备、软件、控制等行为模型。

4）在多物理综合建模与仿真方面，则通过 FMI/FMU（功能模型接口 / 功能模型单元）、Modelica 等建立多物理联合仿真模型，模拟机、电、液、控、软等多领域综合行为。

对一个电动机所做的数字模型，如图 4-16 所示。

在生产制造阶段需要建立生产作业模型，并通过虚拟装配、CAPP、MES、ERP 等技术手段建立产品装配、工艺、制造、构型等方面业务模型。

在使用保障阶段需要建立系统的设备运维模型，通过记录系统的实际运行状态，与先前各阶段的模型进行相关参数进行比对，以此提示相关操作及维护人员做出适当的维护活动。

可以看出，在不同阶段、不同领域都存在不同的建模要求，也存在多种技术工具、手段支持建模的要求。通过这些异构工具建立的模型最大的问题在于，长期以来，各个工具系统都立足于自己的领域来定义产品的某种模型信息，缺乏一个全局统一的模型标准体系，这就造成在从业务层面上应该是统一数据、模型表达，但是在实际中被各个异构的工具割裂开来。

以 CAD 为例，目前主流的有 CATIA、UG、Creo、SolidWorks、AutoCAD

等，这些 CAD 系统功能上各有优缺点，有时仅借助于一个 CAD 系统完成复杂工业产品的设计也是不现实的。同时，CAD 系统升级和更换成本巨大，一方面对工程师的使用习惯、使用技能带来冲击，另一方面原有 CAD 很难进行数据迁移，历史数据无法重用，与之相适应的设计规范、生产协作也会带来巨大影响。这也造成了设计院所、工业配套企业使用不同 CAD 软件的即合理、又必然的现状。而由于这一现状的客观性，使得由于异构 CAD 数据信息格式的不统一、信息理解的不一致、信息获取的不及时所造成的工作延误和返工的现象经常出现。

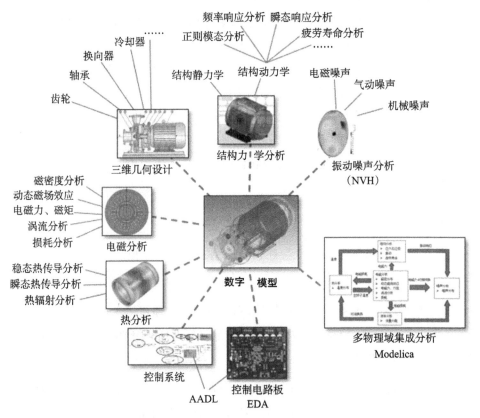

图 4-16　电动机的数字模型示意图（来自索为系统公司）

涉及结构、强度、流体、电子、控制等仿真分析的 CAE 领域则更是参差不齐、五花八门，没有一个 CAE 软件能成功地解决完全不同的几个物理现象叠加的问题。

如此，一个大型的工程项目必然使用多种多样的计算机辅助工具：多种 CAD、多种 CAE、多种 CAM、多种 CAPP。这些由不同单位、不同部门、不同专业人员、不同软件建立的，散落在各个角落的设计文档、设计模型、工艺图纸、数据报表等就像堆满杂物的仓库，既无法查找，也无法共享。而且由于这种不相容的私有几何、分析、工艺等数据表示格式的大量增加带来的模型异构性、不一致性，也会造成理解上的歧义，很难集成和联通，无法形成闭环的产品模型体系，在很大程度上限制了设计、分析、建造的循环效率。

基于 FMI/FMU 仿真验证的分布式编译运行

FMI（Functional Mock-up Interface）即功能模型接口。FMI 技术是一个全球行业标准，其目的是让使用不同仿真环境（机械、电子、数字、模拟、连续或者离散等）能够进行数据交换和同步工作，从而实现不同类型的复杂模型能够进行联合仿真。依照 FMI 规范建立的模型组件叫做 FMU（Functional Mock-up Units），即功能模型单元。FMU 可以来自于系统架构、嵌入式软硬件架构、几何结构（三维 CAD）、结构分析（Abaqus、ANSYS、Nastran 等）、流体分析（如 CFD、Fluent 等）、动力学分析（Adamas 等）、电磁分析（HFSS 等）、热分析（Flowtherm 等）、控制（Simulink 等）等，如图 4-17 所示。

在进行 FMI/FMU 集成仿真验证时，一般分为两种方式：模型交换方法（Model Exchange）和联合仿真方法（Co-Simulation）。这两种方法的区别是模型交换方法生成的 FMU 模型中没有涵盖原建模工具中用于求解模型方程的求解器，而联合仿真方法生成的 FMU 模型中涵盖原理的求解。

如果针对分布式计算机平台采用联合仿真方式，除了需要 FMU 提供接口封装及数据交互功能外，还需借助计算机间通信来完成远距离数据传输。由于是分布式的，计算机资源得到了扩展，整个系统可以达到的仿真规模和复杂度大大提高。分布式计算平台可以水平扩展，以满足高并发计算要求。如图 4-18 所示。

FMI 的主要接口函数如图 4-19 所示。

FMI 标准钟规定的接口函数如图 4-19 所示，一共有三大类（当然还有其他功能性函数），下面仅简要介绍：

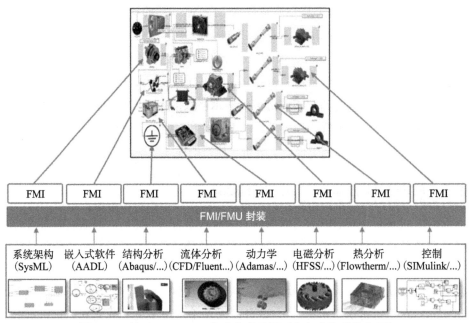

图 4-17　基于 FMI/FMU 集成仿真验证（来自索为系统公司）

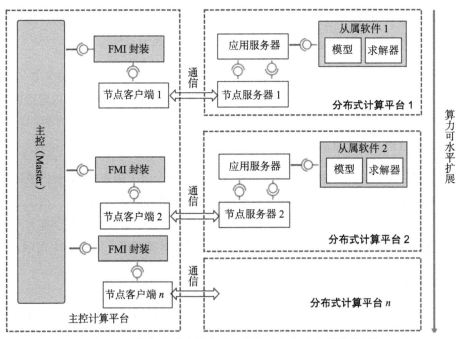

图 4-18　分布式联合仿真验证框架（来自索为系统公司）

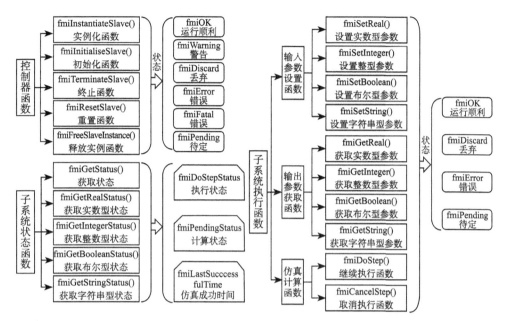

图 4-19　FMI 接口函数（来自索为系统公司）

▶ **控制器函数**

控制器函数顾名思义，就是在仿真期间对 FMU 模型进行一些控制操作，主要涵盖实例化模型、初始化模型、终止仿真、重置仿真和释放模型实例等函数。

▶ **仿真子系统执行函数**

仿真子系统执行函数主要用于执行、取消仿真进程，以及进行模型输入输出数据的设置、获取等交互工作，是模型仿真运行的核心函数。

▶ **仿真子系统状态函数**

仿真子系统状态函数主要用于仿真期间各种状态的获取，以便为程序的下一步动作提供参考，并对可能出现的错误情况做出处理。

综上所述，无论在任何一种上面提到的仿真（还有很多其他类型的仿真）中，机理模型和各种函数都是非常重要的数字资产。

作者强调：没有丰富多样的模型和函数，就没有工业软件的编程与仿真基础，也就没有智能制造和工业互联网。

数字化制造协同场景栩栩如生

数字验证　工艺流程

数字化研发生产方式

美国联合攻击战斗机（JSF）是 20 世纪最后一个重大的军用飞机研制和采购项目。当时形成了以洛克希德·马丁公司为首，有 30 个国家 50 家公司共同参与的庞大跨国研发团队。JSF 的特点是具有最佳的多变共用性：在一个原型机上同时发展成不同用途的三个机种，在一条生产线上同时生产三个不同的机种，互换性达到 80% 以上。JSF 产品的复杂性和高度互换性，只有采用数字化研发与生产方式才能实现。

JSF 的数字化体系由四个平台组成，即集成平台、网络平台、业务平台和商务平台。集成平台采用 TeamCenter 产品全生命周期管理软件；网络平台采用 VPN、LAN、WAN 和各种应用系统组成的应用平台；业务平台由各种应用软件构成，如：文档管理、虚拟现实、材料管理、零件管理、CAD 设计软件及相关接口、数字化工厂的设计仿真软件包、企业资源计划和工厂管理软件；商务平台包括为用户提供访问其他系统数据的各类接口。

数字化工艺和制造

进入 21 世纪，国内飞机工厂均已采用了 CAPP 进行工艺设计，数字化工艺设计覆盖面已经具有相当规模，在新型号飞机当中覆盖面几乎 100%。

在系统集成方面，多个工厂数控车间使用的 CAPP 实现了与 CAD/CAM 的集成，同时利用 PM 系统将工艺文档管理起来。系统与刀具库和切削参数库也作了集成。一些工厂的 CAPP 已经实现了与材料库、设备库、工艺数据库、典型工艺库、工装、量具的集成。

各个工厂普遍采用了 CAM 进行数控编程。数据来源为设计所提供的三维 CAD 模型。与外形有关的飞机零件和工装实现了 100% 的 CAM 数控编程。某型飞机超薄肋的数控加工刀轨和加工好的超薄肋实际零件，如图 4-20、图 4-21 所示。

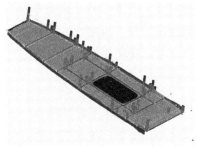

图 4-20 飞机超薄肋的数控加工刀轨图示　图 4-21 加工好的超薄肋实际零件

在数控弯管、钣金下料方面，CAM 的应用已经比较普及，数控弯管可以直接根据设计的数据进行数控弯管编程并弯成各种规格的管路。除了应用引进的软件外，某单位还合作开发了针对飞机梁、框、肋类零件的 CAD/CAPP/CAM 集成系统，编程效率优于国外引进的 CAM 软件，各个单位都普遍采用了数控程序仿真软件 Vericut，通过仿真检查程序的正确性，减少了泡沫塑料或木头材料的物理试切环节，提高了数控机床的利用率，数控程序一次成功率提高到 95% 以上。

工厂布局　综合设计

当软件定义了工艺流程、生产物流、供应链等必要的生产环节之后，软件定义工厂的综合设计就成为可能。

在过去，基于蓝图的传统的工厂布局设计，往往是一种比较粗放式的工厂布局，建筑施工与具体的工艺路线脱节，在工厂布局设计的早期无法考虑生产制造过程中主要产品的工艺路线的每一个具体环节、不同环节之间的协调和生产物流的路径优化，这为工厂建成之后企业的生产制造现场管理带来了很多的问题，既无法做到企业运营的精细化管理，也无法与即将到来的智能制造模式相适应。

设计一个新工厂，需要考虑的因素很多。尽管从理论上可以有很多指导与借鉴，但是在工厂布局设计的早期阶段，还是会因为设计者难以通过平面图纸、形象思维和相互讨论，从而完全想象到未来生产的整个过程和每一个工艺过程的每一个环节。因此在工厂建成之后，发现有很多地方考虑不周，需要再次修改或局部重建。

而基于软件定义的工厂综合设计，可以通过工厂布局仿真、设备布置/安装仿真、生产物流仿真等先进手段，在没有实际建设之前，预先对工厂的未来生产制造现场以及产品、物料的流动情况进行软件定义，让栩栩如生的数字化工厂运行情况，在早期就呈现在决策者、管理者的眼前。

以某汽车总装厂为例，在总装厂布局、生产物流和汽车下线等环节，都做了周密安排。在工厂布置软件中制定了较为详尽的布局方案，按照工厂的面积及相关位置情况，制定出工厂布局、车间/产线布局、生产物流动线、工作站点和有关的机器清单等。通过软件定义的工厂综合设计结果，一目了然地展现出来。如图 4-22 所示。

在做出工厂整体布局后，还可以按照零部件种类、进出货物量、占地面积、行进高度、叠放位置、运输距离、转弯路径等关键要素，设计出生产物流动线。并根据生产物流动线进行分析，找到其中不合理之处，按照精益的思想、MES 软件的需求约束和 APS 的排产要求来优化生产物流动线。图 4-23 所示为生产物流中发动机吊装路径。

图 4-22　汽车总装厂总体布局　　图 4-23　生产物流中的发动机吊装路径

结合汽车总装车间的设备种类、设备数量、合理的生产节拍、零部件供应量、客户订货量及整车的市场预测销售量，可确定使用几条生产线，并定出每条生产线的产能。在软件定义的工厂总体设计中，对已经下线的汽车在车间中的临时摆放区域进行合理布置。如图 4-24 所示。

在工厂的生产线实际运行中，还会遇到很多问题。假如在汽车总装厂生产车

间中的某个产线上，必须留出一个通过人 / 车的通道，而且还不能让生产线中断，

那么就需要考虑让生产线像高架桥一样向上"绕过"该通道。可行方案是，可以考虑采用三个重型机械手：第一个机械手将车身从右侧生产线上抓起，举到过道门顶端右边，第二个机械手将该车身从过道顶端右边移动到左边，第三个机械手再将车身从过道顶端左边抓起来，平稳地摆放到左侧生产线上。作者在德国的奔驰生产基地，就

图 4-24　组装好的汽车下线后的摆放区域

看到过这个生产线绕过通道的真实场景。而在该工厂布局设计时，这个生产线必须绕过一个通道的问题，已经在软件定义工厂的仿真方案中得到了解决。

数据平台　生产物流

生产物流是在企业边界内发生的从选调原材料到生产线，在不同机位、产线之间的物料 / 半成品搬运，一直到成品仓储所发生的物流活动。无论何时，无论何地，物料流动始终是企业生产制造活动的重要内容；无论何机，无论何料，物料始终要准确地流向机器并由机器以正确的方式、方法进行恰当的加工；无论何人，无论何企，都希望对物料和成品的流动状态做到心中有数，数物相符，精确可控。因此，软件定义生产物流日益凸显出了其在智能工厂中的地位与价值。

由于软件与生产物流的深度融合，绝大部分生产物流设施、设备以及生产物资 / 物料等硬件资源已经实现了数字化，在数字世界建立了相应的数字孪生体，因此，可以按照标准化和单元化的思想，把这些数字孪生体归类为标准的物流功能模块与标准的物资 / 物料单元，在此基础上通过物流软件平台对数字孪生体的开放、灵活、智能的管理与调度，实现对生产物流系统的智能管理与控制。

北京泽来科技有限公司认为，凡是有人工参与的工作就会出现错漏、拖延等问题。但是如果能以数据闭环为基础，利用数字化、自动化及传感器技术，实时感知与获取环境数据、生产数据、人的行为数据，形成与实物流相匹配的准确、完整、

实时的数据流，并进行实时分析，做出正确决策，就可以采取正确的应对行为。

软件定义生产物流需要以实现实物流与数据流的闭环双向驱动的智能物流系统作为支撑，需要一套完整的先进的智能硬件设备和与之相匹配的、基于工厂大数据云平台的物流软件系统。在具体实施上可以采取"三步走"的方式。

第一步：智能车间的中枢神经——生产物流

▶ 打破原有生产模式：打破物资物流服务于产线的生产模式，让它承担起生产过程中的中枢神经的角色，牵引整个生产。

▶ 搭建"实物流"：主线通过对存储设备及物流设备的统一调度实现物料一对一存储、按工单配料、带精度配送，带精度工序周转，从而建立无人化的实物流闭环。

▶ 支撑大数据云平台：通过从"原材料"到"在制品"再到"成品"的物料主线，实现对物料数据、物流数据的实时采集上报；再通过将加工数据逐一绑定在对应的物料上，实现对生产数据、质检数据的实时绑定与承载；从而实现大数据云平台所需要的关键数据的全部获取。

第二步：数据驱动智能化生产制造——大数据云平台

▶ 搭建私有云平台：以智能生产单元为基础，以点贯线，以线覆面，构建从"工序级"到"车间级"再到"企业级"私有云大数据平台的体系。

▶ 实现智能化生产：通过对实时上传的物资物流和产线数据的分析处理，优化生产流程、改善经营管理，实现数据驱动智能化生产制造。

第三步：建立全新的机电工作流模型——产线、生产设备智能化

▶ 重构生产工艺：以细分行业特点为依托，基于智能制造理念重构生产工艺，建立符合私有云大数据平台工作模式的全新的机电工作流模型。

▶ 配置智能设备：根据该模型合理配置智能生产设备、个性化智能服务设备、必要的3C智能单机（机器人）、智能检测设施等。

▶ 建立生态机制：通过生产相关设备之间的上下协同，以及设备与大数据云平台之间的上下协同建立有机的生态工作机制。

最终，形成以实物流为基础的实时、完整、准确的工厂大数据云平台，通过大数据云平台与智能化设备的互联互通，最终实现一个全生产过程中数据采集、决策、执行、纠偏的无人化封闭系统。

从技术实现的角度，一个标准的智能工厂应该由三部分构成：①工厂大数据云平台；②物资物流智能化系统；③产线智能化系统。如图 4-25 所示。

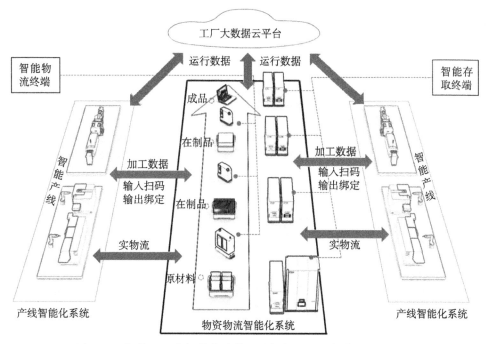

图 4-25　智能工厂的智能物流模型（来自北京泽来科技有限公司）

由图 4-25 所示，在智能工厂的三部分之间，由运行数据形成的数据流和与其绑定的实物流一直高速、和谐地自动流动。实施智能存储及物流的要点是要建立实物流与数据流的桥梁，实现产品生产过程的数据流与实物流的同步闭环。具体要点如下：

▶ 首先，建立实物与数据的一一对应关系（例如对实物建立唯一码，唯一码包含实物的全部信息）；

▶ 其次，通过研发的专用存储设备将实物通过唯一码一对一管理起来；

▶ 再次，将所有实物的数据汇总在一个软件平台（设备族的调度平台和客户产品的数据管理平台）；

▶ 而后，通过软件平台的调度（依据生产工艺信息）实现实物一对一定向流动（包括实物在设备内的流动和设备外的流动）；

▶ 最后，将实物定向流动的结果反馈给软件平台，物流软件平台进行纠偏或执行下一个命令，以此循环。由此实现软件定义生产物流。

通过上位系统的数据集成，将原来基于人工操作的软件平台转变成基于智能化设备互联互通的执行平台，对设备数据进行采集、分析、执行、纠偏等完整动作。通过智能化设备的互联互通实现设备自身的 PDCA 循环，实现无人化的实物流建立闭环的数据流，再通过数据流推动或拉动实物流，实现实物流的闭环。数据流和实物流双向驱动，构造完整的智能工厂。

在工厂内的实物流环节（包含从原材料到成品的全周期环节），根据实物流通的要素（生产计划、生产工艺、存储等）实现智能化：

▶ 存储、配料：对原材料、在制品、成品进行一对一最小单元码管理。原材料、在制品或成品，调度系统会根据特性或仓储环境要求，自动将物料运送到指定的智能仓，完成一对一扫码入库。接到工单指令后，调度系统调度智能存取数据终端自动分拣齐套出库或根据分时区物料需求出库。

▶ 物料配送：通过无人运输系统实现定向物流，严格按照生产要素（上线时间、站点、物料编码、数量等）将物料搬运到指定的工位站点，其中装卸物料动作也由智能物流终端设备自动完成。

▶ 生产周转：无人运输系统可根据工序间的完工及需求情况，执行在制品的工序间智能流转，即上一个工序完成后，智能物流终端会将完工的工件运送到下一个工序站点，保证工作车间能够连续且不间断地运行，或将在制品返回暂存库进行暂存。这样就根据生产要素（上线时间、站点、在制品编码、数量等）自动配送到需求站点，实现了在制品智能流转管理。

可视化监控系统能够实时跟踪存、配、送全流程物流状态，并系统中每一台设备的运行状态，根据起始点和目的地智能规划路径，选择合适的运输设备等。

智能物流系统建设需要构建在支持上位系统集成的软件系统（调度平台）、满足不同种类物料一对一管理的智能存取终端以及满足跨楼层、平层定向柔性物流的智能物流终端的软硬件产品基础上。具体建设要求示例如下。

- ▶ 一对一存取终端：产品为软硬件一体化设计，自带客户端软件系统（可单机运行或多设备系统集成运行），属智能存储终端。满足物料的存储要素需求（如温湿度控制、防静电要求等），可实现对小型标准物料（如盘料、小型标准件等）在机械手或其他存取机构的协同下完成一对一录入物料信息后自动完成入库，同时可在出库信息的驱动下完成一对一自动齐套出库。

- ▶ 异形料一对一：产品为软硬件一体化设计，自带客户端软件系统（可单机运行或多设备系统集成运行），属智能存储终端。满足物料的存储要素需求（如温湿度控制、防静电要求等），可实现对一定尺寸规格内的任意物料（刀量具、结构件、散装电子物料等）进行一对一的自动存储，同时可实现在出库信息的驱动下在设备内部进行多种物料的自动齐套调整，最后进行齐套物料的出料。

- ▶ 集成式搬运小车：产品为软硬件一体化设计，自带客户端软件系统（可单机运行或多设备系统集成运行），属平层智能物流终端设备。无轨导航，无线或有线通信（满足保密要求），精确定位小于 0.5mm，满足设备间自动接驳多次重复定位需求；集成自动装卸货机构和多货位，可同时满足多个工位物料配送的需求，提升流通效率。

- ▶ 跨楼层物料交换机：产品为软硬件一体化设计，自带客户端软件系统（可单机运行或多设备系统集成运行），属跨楼层智能物流终端设备。物料运送过程精确定位货盒，且通过 RFID 进行物料信息的验证，可实现跟智能小车或传送带的精确对接，满足任意楼层之间的物料交换。

- ▶ 软件产品：大数据云平台＋调度平台＋客户端的分布式架构，在系统稳定性、数据处理和响应上具有优越性，能够做到软件定义生产物流。生产物流软件的三层架构如图 4-26 所示。

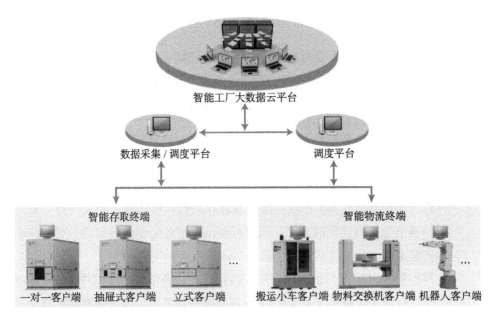

图 4-26　生产物流软件的三层架构（来自北京泽来科技有限公司）

1）智能工厂大数据云平台（顶层）：该平台是一个开放式的企业私有云综合管理平台，包含了 ERP/MES 相关功能模块，可完整实现基于智能工厂理念下的工艺程序化，一键式生产。

2）数据采集 / 调度平台（中层）：该调度平台实现对所有智能存取数据终端和智能物流终端的统一调度，并提供外部标准接口实现对外及系统集成，实现物资物流智能化局部集成。

3）智能存取 / 物流终端（底层）：客户端软件系统与终端设备一体化设计，不同的终端设备搭载不同的客户端软件系统，实现对不同物资管理，可单机运行，亦可提供标准接口与 MES/ERP 集成，实现物资管理智能化。

优化简化　供应链网

供应链是一个以主机厂商或品牌企业为核心所形成的完整供应商链网结构，在制品上联接了配套零部件、中间产品和最终产品，在参与企业上联接了供应商、次级组装商、物流服务公司和分销商，直至把最终产品送达消费者手中。

供应链是一个跨企业的协作联合体，它并不是一个有确定机构、确定组织的集团企业。这种协作联合体为了一个共同的利益和目标，彼此上下游配合，优势互补，强强联手组合在一起，依靠相互信任、契约精神以及数字化技术、计算机网络的支撑来协调运转。早年国外咨询机构也曾经把"企业+供应链"称作"虚拟企业"，即企业和其供应链厂商，彼此平等独立但又在数字技术支撑下具有高拟合度，在特定时间内像一个庞大企业一样精确运转。

从本质上说，供应链管理是企业内外部的供给和需求管理的优化、协调与平衡，是联接企业内外部基本商业活动并将其转化成为有机的、高效的商业模式的管理集成。它既包括了企业内外部供需过程中的所有物流活动，也包括了这些活动与产品研制、生产、运营、销售、财务和数字技术等过程的协调一致。

供应链的协作联合体的组成非常复杂，既可以是国内优势企业的联合体，例如国产大飞机运 20 的开发，就涉及了 984 个参研单位，共 3500 家供应商。某些国际化的研 / 产 / 销组合具有更丰富的协作内容，例如某手机产品是"美国设计，中国制造，全球销售"，某汽车产品是"德国研制，捷克组装，中国销售"。在这种全球化设计、全球化制造、全球化供应链、全球化销售的理念下，全球无数的供应商、次级组装商以及物流服务公司不得不一起合作，最终形成了一张覆盖全球的供应链网络。

如何让遍布全球、级别不一、关系错综复杂的国际协作联合体能够和谐统一地运作，一直是供应链中的一大难题。在传统的供应链与数字化 / 信息化技术融合发展了几十年后，世界开始进入了一个全新的软件定义供应链时代。软件定义供应链与传统供应链的最大不同是供应链日益向数字化、小型化、简单化及本地化发展。

首先，数字技术的发展，使得越来越多的软件不断融入供应链，使供应链的运作效率和精准度大为提升；其次，伴随着低成本的组装机器人和 3D 打印机的进入，产品的制造和组织都变得更加简单，更有效率，更加本地化；最后，也是更重要的，客户开始追求产品个性化和多元化，这些需求倒逼企业将大批量生产转变为大规模定制，甚至是单件小批量的定制生产。因此，市场的变化对供应链的结构和形态，都提出了变革、重构与简化的强烈需求。由此，软件定义供应链就成了满足这种需求的解决方案。

软件优化供应链——因为原有供应链中的企业、实体产品、实际流程等诸多要素，都在数字空间有了自己基于软件的数字孪生体，因此，在供应链投入实际运营之前，都可以用软件来做系统级别的仿真，找到最佳管理与运营方案，优化整个供应链。

新技术简化供应链——未来 5～10 年，诸如低成本的组装机器人和 3D 打印机将大规模进入到制造过程中。原来的生产线和生产过程都将发生重大变化，由软件驱动的 3D 打印机将大规模取代模具、铸造生产商及某些特殊部件制造商，低成本的组装机器人将取代某些产线，由此而简化和消除供应链中的某些链条和环节。

工业互联网替代供应链——当工业诸多要素进入到工业互联网时，供应链也不例外，绝大多数供应链将会变成工业互联网的一部分。在工业互联网平台和工业APP 的支撑下，在较大范围优化配置制造资源，必然带动对供应链的优化配置。

根据 IBM 发布的一份报告显示，在"软件定义供应链"大环境下，确保运营和有成本竞争力的最低程度生产规模，平均比此前减少了 90%，企业运营和管理成本大大降低。软件定义供应链显示出巨大的发展潜力。

材料微观组分可由人机共定

一架飞机的全寿命设计是 30 年，起降 1 万余次。在如此长时间反复使用中，减重可以带来可观经济效益。空客公司估算，如飞机减重 1000 克，即商载增加1000 克，可获得 22 万人民币经济效益；如以 ARJ21 飞机估算，可带来 20 万人民币经济效益。波音公司认为，如果大量采用 3D 打印，一架飞机可减少 200万～300 万的制造成本。因此，3D 打印目前是制造业重点关注与研究的技术。

微观结构　机器打印

宏观上，人们通常认为材料是一种非常均匀的材料，例如金属材料总是看起来具有非常均匀的质地，发出某种闪亮的光泽。当材料的微观结构被电子显微镜放大了成千上万倍之后，材料才显示出了其精细的原子或化合物分子排列。

材料的微观组成异常复杂

材料不同原子之间的千变万化、千奇百怪的微观排列组合形式，决定了材料的中观形态和宏观的物理、化学表现。因此，对材料的微观形貌、分子结构、物相组成、相变、相界面、微区、晶体、结晶偏析、玻璃体结构、表面化学成分分布、元素在材料中的化学状态（价态、配位数）、空间分布、电子能态及离子周围的化学环境和键合情况等进行观测和分析，特别是对材料的微观结构的形成进行人为的引导和控制，生成生产/科研所需的特殊材料（3D 打印合金粉），具有特别重要的意义。

材料的微观结构往往呈现出特别复杂的组成结构与状态。2Cr13 不锈钢中的珠光体＋铁素体＋魏氏组织如图 4-27 所示。

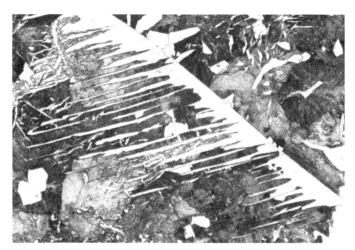

图 4-27　在 2Cr13 不锈钢中的微观结构（摘自"材料科学与工程"，瞿婷婷拍摄）

从图 4-27 中可以看出，材料的微观结构是非常复杂的，是难以定型的，是多种成分在外部条件的作用下随机形成的。不锈钢中的微观结构特点就有马氏体、奥氏体、铁素体不锈钢。而在不同的不锈钢中，铁素体、珠光体、魏氏组织等构成的晶格、组分也明显不同。

增材制造是制造技术的革命

无论用什么方式进行制造，人们总是尝试控制材料的组织、形状和材料特性。在宏观尺度上，材料的形状上较为容易控制，材料特性就不是那么容易了，最难控制的是材料的微观结构。其实材料特性之所以无法准确控制，大部分原因也是因为材料的微观结构难以控制。通常，在材料组成上，大致控制到尺度较大的"一团""一簇"的材料，无法细致地控制或随心所欲地编排材料的组织结构。

随着 3D 打印技术日新月异的发展，随着材料微观组织仿真技术的提升，在热-固耦合仿真的尺度上时间步长进入微秒乃至纳秒量级，对材料熔融后的精确定位控制已经从宏观的"一团""一簇"进入了介观，逼近了材料的晶格尺度。因此，按照人们的意愿在材料微观尺度来构建材料的晶格，已经不是梦想。未来，将不同的金属组分按照不同的排列进行打印，可以最大限度地构建各种组分、结构和特性的材料，由此而最大限度地实现自由设计和制造宏观尺度的工件。让材料的微观结构受控的时代即将来临。增材制造就是这条崭新道路的起点。

增材制造的优势是显而易见的：它可以实现传统工艺手段无法制造的设计，比如复杂轻量化结构、点阵结构设计、多零件融合一体化制造；它不再需要模具，而且消灭了产品的复杂性；可以实现个性化生产、按需生产；一台设备就是一个生产线，可以实现分布式随时随地生产；此外增材制造的原理决定了更自由的材料控制，特别适合于新材料或者功能材料的研究，如功能梯度材料、高性能材料制备。

安世中德咨询（北京）有限公司（以下简称"安世中德"）认为增材制造不仅仅是工艺的革命，它还带来了设计的革命；不仅消灭了产品的复杂性，催生了先进设计理念，还将设计想法转化为产品的捷径。在新工业革命中，它将成为改变人类生产方式和生活方式的重要引擎和颠覆性技术体系，这种颠覆性体现在，除了制造工艺自身带来的优势以外，它实现了结构设计、高性能材料制备、复杂构件制造的一体化，并为宏观上的结构设计和微观上的材料制备带来革命性的变化。如图 4-28 所示。

图 4-28　同时实现零件的强度提升与减重

基于增材制造理念的设计是一场设计的革命，它完全打开了设计枷锁，设计人员可以真正回归用户需求，进行面向增材制造、由产品性能驱动的设计，使设计与工艺、设计与制造之间不再是因果与顺序关系而是互为激励的活系统，以效法自然的方式实现大型/超大型构件或结构系统、复杂/超复杂构件或结构系统、多品种小批量个性化产品的创新设计和快速制造，乃至创造超常结构进而实现超常功能。

"增材制造+增材工艺仿真"可以实现虚拟打印，从宏观、微观两个角度来实现控形、控性分析，预测部件最终的残余应力和变形、优化工艺参数，从而保证产品打印质量和效率而避免低效的试错过程，最终以最低的成本、最高的效率打印出高质量产品。

成型机理　异常复杂

增材制造是一种基于三维模型数据的材料（分层）堆积成型的数字制造技术。相比传统的减材制造和等材制造，增材制造通过极高精度的数控布料（喷金属粉、输送非金属线料等）和激光熔融直接堆积成型，无须模具，无须工装，无须加工，在很大程度上实现了自由制造。未来，增材制造有可能成为引领制造业发展的前端智能制造技术。

增材工艺发展到现在已经有30多年历史，出现了各种各样的成熟工艺，以金属增材制造为例，粉末床融化技术以及定向能量沉积技术已经可以应用于多种金属材料，包括铝合金、不锈钢、高温合金、钛合金、镍合金等，制造精度和材料性能不断提升，在越来越多的领域已经达到替代传统工艺部件的水平。增材工艺为工业品提供了全新的甚至是颠覆性的设计改进空间，带来了巨大的生产价值。

无论是天然材料还是人工制造（如冶炼、铸造、轧制、打印等）材料，都很难控制材料的微观结构、组织成分和其最终属性。以增材制造为例，即使采用了先进的打印工艺过程仿真计算软件，但是仍然难以完全预测打印完成后的真实状态。安世中德公司对于增材制造过程中的技术难点做了深入的研究，提炼了以下五个关键难题：

▶ 现有算力如何在计算时间上满足工程需求。复杂结构件从微观级别的光斑尺寸到空间上宏观尺寸的分布，网格化离散的规模巨大。同时打印时间较长，大件以天计算，而仿真在热－固耦合尺度上的时间步长甚至需要在微秒乃至更小的一个量级上离散。在空间离散规模庞大、时间离散步长数庞大的真实工程条件下，如何实现打印工艺过程的模拟？以现有的硬件算力资源，难度非常大。

▶ 宏观、微观与介观的多尺度问题。熔池内部无论是物理现象还是研究对象尺度，都是微观层面。但是打印的对象尺寸以米为宏观对象，在其中之间无论是否考虑介观尺度，如何将众多与常规尺度条件下迥然不同的微观尺度现象与宏观现象进行统一，如何将增材制造熔池内快速冷却凝固的非平衡态熔池动力学造成的材料微观理论和打印件宏观规律结合起来，则需从多尺度的角度入手进行分析。如图 4-29 所示。

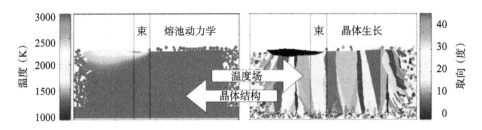

图 4-29　金属增材工艺多尺度现象（来自安世中德公司）

▶ 物理过程机理十分复杂。仅仅考虑熔池内的物理现象，金属增材打印已经非常复杂，其中包含浸润、毛细作用、马兰格尼对流、熔池动力学、相变等非常复杂的物理过程，其物理变化的准确机理和演变规律在真实工程中需要试验验证和总结，很难依赖物理控制方程就能够实现完全预测和归纳。如图 4-30 所示。

▶ 涉及环节较多。增材金属制造不仅仅是涉及金属粉末的质量和特性，还包括增材设计是否适合打印，机器设备、打印工艺设计和打印参数包设置甚至后处理等环节，也会使得打印质量有较大变化。

▶ 不确定性和误差来源较多。由于环节长，涉及的因素方方面面，因而不确定性和误差来源也较多。

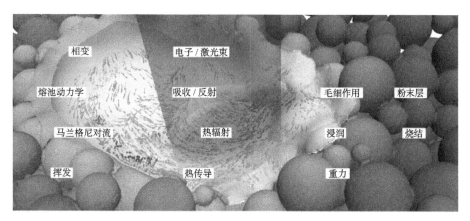

图 4-30　熔池内物理机理现象（来自安世中德公司）

　　基于上述原因，材料成型过程中的机理、所涉及的要素和需要控制的关键参数都是复杂和难以控制的，必须采用增材工艺仿真和数字孪生的手段来解决。

预测仿真　控形控性

增材制造工艺仿真

　　金属增材制造工艺优化的传统办法是试错法，即完全凭借经验或者直观感觉，通过反复多次的打印与测量迭代来获取满足要求的工艺参数以及成功样件，不仅时间周期长、成本高，而且成功率低。

　　增材工艺仿真的价值就是解决以上问题，即在实际打印之前，应用仿真技术进行虚拟打印：通过对增材工艺过程的宏观控形仿真，可以预测部件最终的残余应力和变形，从而优化工艺参数，保证打印成功率和打印精度；通过微观控性仿真，可以深入研究增材制造过程的微观机理，预测熔池特性、微观组织、内部缺陷，从而保证最终成品的机械性能。

　　增材工艺仿真技术通过控形和控性仿真，在实际打印之前发现问题并解决问题，实现工艺优化，减少试错次数，提高成功率，降低打印成本，并帮助新材料、新机器、新工艺参数包的开发。

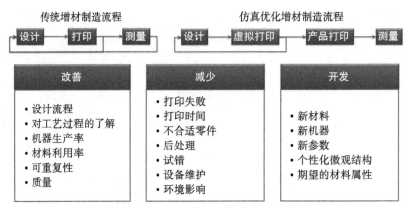

图 4-31　金属增材工艺仿真的价值

金属增材工艺解决方案

安世中德公司针对团队中不同的角色提供以下完整的解决方案。

▶ 面向增材设计工程师的打印评估：可无缝衔接拓扑优化、性能验证或者参数优化的设计，进行增材工艺过程仿真，使得设计产品更加满足增材工艺特征约束，符合 DFAM（基于增材制造的设计）要求，可帮助设计师评估其设计是否可以打印，避免重新设计；

▶ 面向增材制造工程师的宏观控形仿真：可帮助制造工程师或者操作人员进行打印设置的优化，较少试错，保证打印精度和成功率，帮助其实现"首次"即可打印成功；

▶ 面向增材制造专家的微观控性仿真：可帮助工艺专家/材料科学家优化工艺参数、研究新材料，以控制微观结构，提升材料性能。

面向增材设计工程师的打印评估

面向增材设计工程师的打印评估强调与设计流程的集成，从控形的角度帮助设计人员对设计的打印可行性进行评估。借助仿真技术在增材制造中的材料堆积成型过程，深入了解其特有的热学和力学行为并进行详细预测，预测增材制造过程应力、变形以及缺陷，评估其设计是否可以打印，避免重新设计，从而帮助完成高质高效的增材制造工艺设计。

对增材制造所选用的材料需要考虑非线性以及与温度相关材料属性，如与温度相关的密度、导热系数、比热、杨氏模量、泊松比、热膨胀系数以及塑性模型等热力学参数。

提供多种网格剖分技术，如笛卡尔网格和分层四面体网格，从而可以匹配不同复杂性的几何形状且可以层层激活以便适应增材制造，如图 4-32 所示。

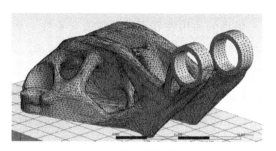

图 4-32   分层四面体网格示例

在进行增材工艺仿真时，需考虑以下因素对热交换以及变形损耗的影响，从而使仿真更加贴近实际打印过程：

▶ 增材制造的工艺参数，如基板预热温度、层厚、扫描速度、扫描间距等等；

▶ 外界环境因素，如气体、粉末的温度以及其换热系数；

▶ 不同的基板约束条件、非打印件、粉末等因素。

采用热结构耦合算法，可与拓扑优化与后拓扑设计形成无缝流程，对设计进行增材工艺仿真；首先进行增材过程的温度场仿真，在计算的过程中考虑非线性及与温度相关的材料属性，模拟逐层材料堆积过程的温度场；再基于温度场分布进行结构仿真，模拟堆积过程的变形及应力分布，预测打印过程中的刮板碰撞，从而回答设计是否可打印、如何进行变形补偿、最佳打印方向是什么、最佳支撑设计等问题。

考虑对增材制造之后的零件进行热处理、去除基板 / 支撑等工艺仿真，预测热处理、去除基板 / 支撑前后的变形、应力分布，从而来判断热处理、去除支撑 / 基板对变形以及应力的影响，为设计相应的热处理工艺制度提供指导。

控材思维　预定形状

在控制材料成型方面，增材工艺仿真技术可以分为精确的宏观控形仿真和高度精细的微观控性仿真。

面向增材制造工程师的宏观控形仿真

该仿真强调工艺仿真的易用性和工艺参数的完备性，从控形的角度为金属增材制造设备操作者和设计工程师提供了易学易用、快捷、强大的 3D 打印工艺过程仿真能力。采用固有应变算法，通过标定，将实际的打印设备、材料及打印环境与仿真相结合，提高仿真精度。帮助工程师进行最优成形方向确定、支撑优化、宏观缺陷预测、较少的工艺试错次数下实现高质量的增材制造成形。

通过输入材料、几何模型、支撑结构、扫描路径、工艺参数等进行工艺仿真，模拟激光粉末床熔融过程的复杂物理现象，可以预测变形及应力分布，预测高应变区域及刮板碰撞，并且获得变形补偿模型以及含优化支撑的模型，为残余应力计算、变形分析和打印失败的预测提供了切实可行的解决方案，使得用户可以获得部件公差并避免打印失败，而无须进行试错试验。

利用固有应变理论进行工艺仿真时，结合金属增材制造的具体过程可以分为假定固有应变、扫描应变模式、热应变模式等三种计算模式，用户可以根据计算精度、计算时间等因素选择不同的模式进行计算。

- ▶ 假定应变模式：假定在打印过程中部件的各个位置都发生一个平均各向同性应变，是最简便、最快速的计算类型；
- ▶ 扫描应变模式：在假定应变模式的基础上，考虑了各向异性应变，考虑了不同的扫描策略对增材制造的影响，即可设定扫描设定或者导入扫描路径文件进而提高计算精度；相比于假定均匀应变，扫描应变模式会增加计算时间；
- ▶ 热应变模式：在扫描应变模式的基础上，考虑打印过程中的工艺参数如激光功率、扫描速度等产生的热棘轮效应对固有应变的影响，热应变模式可以得到最高精度的计算结果但同时计算时间最长。

▶ 通过增材工艺过程的仿真，可以实现：预测变形及残余应力，输出变形模型；可逐层查看变形、应力分布；预测高应变区，可识别部件和支撑中的高应变区；预防刮板碰撞以及打印失败；根据应力输出优化支撑结构；支持反变形设计，可输出自动变形补偿 STL 文件。

面向增材制造专家的微观控性仿真

从控性的角度进行微观尺度的工艺仿真，深入研究增材制造过程的微观机理，探索材料及工艺如何影响熔池特性、微观组织、内部缺陷以及温度历史等等，帮助设计更好的设备及材料，以获得机器 / 材料组合的最佳工艺参数，并确保实现最高的完整性部件以及预期的微观结构和物理性能。对微观尺度的工艺仿真可以评估成百的指标，而不需要开展物理试验。

▶ 单层单道模拟：预测所选材料在一定基板温度、层厚，不同激光功率、扫描速度组合下的熔池特征，包括熔池的长度、宽度以及深度，用于初步优化工艺参数，如图 4-33 所示。

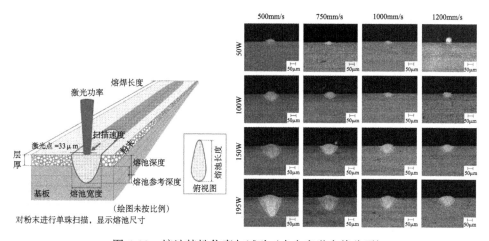

图 4-33 熔池特性仿真与试验（来自安世中德公司）

▶ 孔隙率模拟：预测所选材料，在一定基板温度、起始扫描角度、旋转角度，以及在不同激光功率、扫描速度、层厚、扫描间距、条带宽度下，给定立方体的孔隙率、粉末率及固相率，从而进一步优化工艺参数，确定设备最佳工艺参数，如图 4-34 所示。

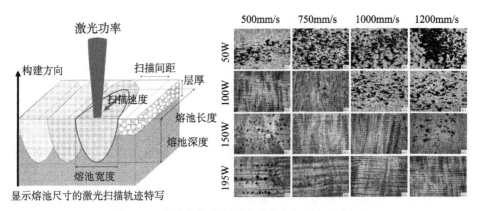

图 4-34　孔隙率仿真与试验（来自安世中德公司）

▶ 温度历史模拟：基于粉末熔化凝固整个过程，分析熔池尺度现象，获得制件在打印过程中的详细温度历史信息，帮助预测打印件的最终机械性能；将仿真预测的机器正确行为与传感器测量的机器实际行为进行对比，基于此建立工艺评定程序。

▶ 微观组织模拟：基于工艺参数输入（基板预热温度、激光功率和扫描速度，以及扫描策略）预测打印结束后的晶粒尺寸、生长方向及组织偏析等，从而控制力学属性。

从增材思维到控材思维，从控形控性到预定形状，让软件定义材料乃至软件定义零件形状落到了实处。

应用案例：过滤器变形补偿设计

某新款工业过滤器具有极其复杂的内部轮廓，无法使用传统制造方法制造，因此制造商采用选区激光熔化（SLM）增材制造工艺制造该过滤器。该过滤器在增材成形过程中在网状结构与顶端连接的部位出现凸起变形，由于该薄壁结构成形后无法采用其他机械加工方式来保证构件几何精度，因此造成构件超差。

此前工程师一直依靠反复试错来确定如何改变部件定向、支撑结构、机器参数、材料规范以及组件设计方案来满足制造公差，一般需要四周才能获得令人满意的部件，耗时费力方能生成新的设计迭代，而打印需要花费更多的时间及材料。

采用增材仿真的方式实现了一种更快速且低成本的方法，工程师利用 ANSYS Additive Print 仿真该过滤器的增材制造过程，预测了过滤器的变形与残余应力，包括原始结构、变形前后以及去除支撑前后的差异，而这些结果提供了其他方式无法获得的诊断信息；应用 ANSYS Additive Print 的自动补偿功能，多次迭代变形补偿因子，自动调节几何结构——使过滤器壁面向变形的相反方向移动以优化原始设计结构数据，此设计几乎消除了变形并且满足设计规范要求。如图 4-35 所示。

a）补偿前　　　　　　　　　　　　b）补偿后

图 4-35　过滤器变形补偿设计（来自安世中德公司）

增材仿真技术避免多次试错产生的时间浪费，最大限度减少了物理原型数量，最终将新款过滤器的上市时间和原型构建费用减少了 50%。

数字化运维管理及质量追踪

设备运维　综合保障

随着工业 4.0 与智能制造的推广，制造行业生产规模扩大，设备智能化水平得到迅速提高，智能设备开始投入实际生产活动中，生产设备自动化和智能化水平逐渐提升。企业原有的设备管理手段和智能设备技术、精细化管理要求之间不可避免地产生了矛盾，随着时间的推移矛盾越来越突出，甚至影响到了企业的生产运营管理。因此，基于软件定义的设备管理和综合保障解决方案，来产生新一轮的降本增效，全面实现设备精益化管理，被推上了企业管理日程。

通力凯顿（北京）系统集成有限公司认为，实现基于软件定义的设备的 TPM（全面生产管理）与设备集成管理，可以有效地解决上述问题。通过建立数字化设备管理平台，对设备的点检、保养及维修过程进行数字化管控；并通过与设备集成，实时获取设备参数信息及状态信息；基于设备管理采集的数据，进行数据分析和统计。如图 4-36 所示。

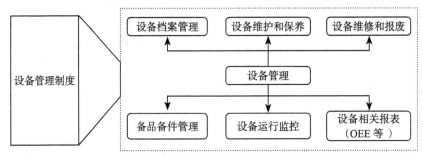

图 4-36　数字化设备管理系统主要功能

通过设备管理系统将设备日常管理产生的数据进行提取、汇总，并通过与设备集成，实时获取设备的运行状态等信息。再根据提取的设备数据，对设备的运行状况及效率等数据进行及时的统计及分析。如图 4-37 所示。

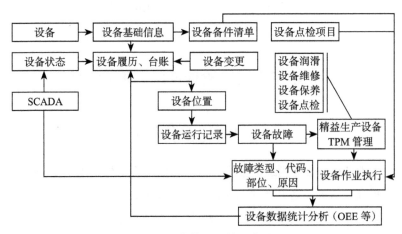

图 4-37　设备管理系统业务流程

设备管理系统主要功能

- ▶ 设备档案管理：主要指对设备基础数据的维护，包括设备编号、名称、型号、厂商名称、联系人、电话等信息，并对设备转固后的移装、封存、启封、闲置、租赁、转让、报废状态进行记录、存档，同时记录设备运行过程中的技术状态、维护、保养、润滑等情况。
- ▶ 设备维护和保养：维护保养管理创建了一个跟踪设备使用、管理预防性维护和故障维修的闭环管理模式。系统自动检测维护保养条件并将设备维持在最高效率运转。如图 4-38 所示。

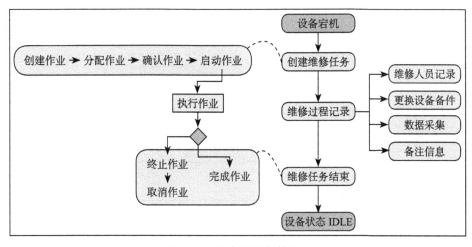

图 4-38　设备维护保养流程

- ▶ 设备维修和报废：设备维修管理主要包括计划维修管理、故障维修管理等。维修过程中，记录设备信息、维修人员、维修时间、更换备件信息等。计划维修管理包括维修计划的制定、维修计划审批、下达、执行、检查等功能；故障维修管理包括维修记录的录入整理、设备维修档案、维修经验支持、设备故障分析处理等功能；如果设备不能使用可以发起报废流程，进行报废操作。如图 4-39 所示。
- ▶ 备品备件管理：主要用于设备及配件库存的出库、入库信息的记录，合理调节设备库存与设备运行状态的动态平衡，在保证生产效率的前提下尽量减少设备的库存，以提高生产效率。

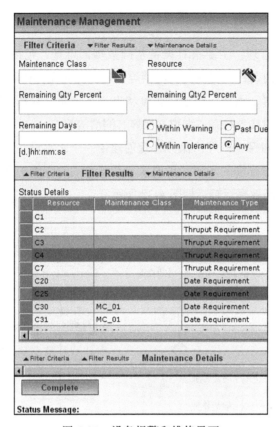

图 4-39　设备报警和维修界面

▶ 设备运行监控：设备运行监控主要是基于 SCADA、DNC、MDC 等系统
与设备集成，对设备运行状态进行监测及异常情况报警。设备在实际工
作中会出现各种状态，包括：工作状态，空闲状态，停机状态，维修状
态等，设备的实时状态需要在系统当中给以正确的反映，管理者通过报
表可以直观地看到设备当前状况。如图 4-40 所示。

▶ 设备相关报表：基于设备管理采集的数据，进行数据分析和统计，如
OEE 分析等。如图 4-41 所示。

通过设备管理系统的应用，推动客户设备智能化改造、网络互联、数据和系
统集成，创新生产经营管理和产业协作与服务模式，提升生产质量和效率，为未
来实现高度柔性生产，为实现智能制造提供坚实的设备管理与联通的基础。

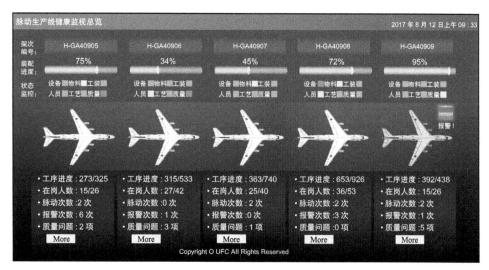

图 4-40　设备运行监控

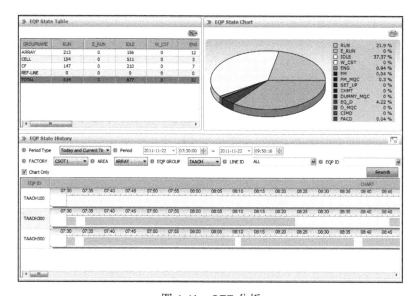

图 4-41　OEE 分析

优化库存　提高综效

备件库存控制策略

配件作为设备维修的基础，具有类型多、无规律性、数量大和占用资金大等特点，实现软件定义设备配件的动态管理，可以提高设备的利用率及产品的生产效率。当低于预设库存时启动配件预警提示，提交采购申请，由采购部门发出采购订单，循环进行，实现周期性动态管理。如图 4-42 所示。

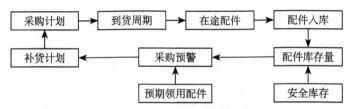

图 4-42　配件库存采购预警模型

根据实际情况，在该设备管理系统中采用设定最高库存量及最低库存量的上、下限库存动态控制的方法。将当前的实际库存量与预设的配件预订货量即库存最低点相比较，具体配件动态分析图，如图 4-43 所示。

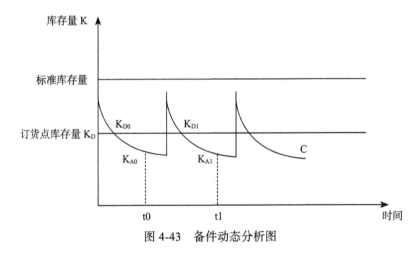

图 4-43　备件动态分析图

由于实际生产过程中影响库存的因素很多，但本文只考虑主导因素生产负荷，定义其影响因子为 σ，该影响因子可由生产车间的具体情况分时段设定。图 4-43 中曲线 C 表示的是配件库存量随时间的变化曲线，设定图 4-43 中标准库存量为 K 标，K 标因受各种因素影响所以其值随时间有微小变化，根据经验得出需要订货时的库存量即订货点库存量为 K_D。在 t0、t1 时的标准库存量分别为 K 标 0、K 标 1；在 t0 时刻前的某一时刻，设图 4-43 中标准库存量线与曲线 C 的交点为订货点库存量 K_{D0}，此时由于进行订货申请等工作，各项工作完成时为 t0

时刻,所以实际配件库存量为 K_{A0};由于配件库存是动态变化的,根据采购周期得出,在 t1 时刻前的某一时刻的订货点库存量为 K_{D1},此时因为进行订货申请等工作,各项工作完成时为 t1 时刻,故此时的实际配件库存量为 K_{A1};以此类推完成周期性采购。

OEE 控制策略

在设备密集型的制造企业,常采用 OEE 衡量生产设备的效率,OEE 的结构如图 4-44 所示。

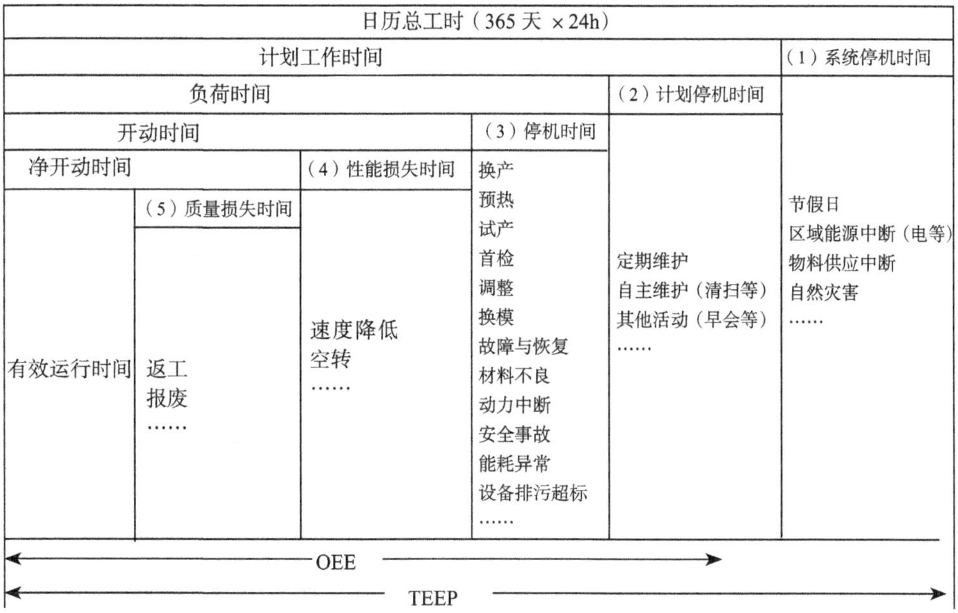

日历总工时(365 天 ×24h)						
计划工作时间						(1)系统停机时间
负荷时间					(2)计划停机时间	
开动时间				(3)停机时间		
净开动时间			(4)性能损失时间	换产 预热 试产 首检 调整 换模 故障与恢复 材料不良 动力中断 安全事故 能耗异常 设备排污超标 ……	定期维护 自主维护(清扫等) 其他活动(早会等) ……	节假日 区域能源中断(电等) 物料供应中断 自然灾害 ……
有效运行时间	(5)质量损失时间		速度降低 空转 ……			
	返工 报废 ……					
		OEE				
		TEEP				

图 4-44 OEE 结构

▶ 数据收集——按照"整体→产线→单机"的层次,确定要进行 OEE 数据收集的对象生产设备;应结合企业生产设备的实际情况并参见图 4-44,进行 OEE 各构成部分的数据收集。同时记录 OEE 各构成项数据的来源岗位、人员姓名等信息,以便准确安排他们参与后续的 OEE 改善活动。

▶ 产线 OEE——依据"瓶颈管理"原理,可得知整线产能取决于最弱环节,故对于多台(套)设备组成的连续生产线,其整线的 OEE 值,取最低者。

▶ 应采用柏拉图（Pareto chart）或其他恰当的方式，对单机和产线 OEE 值和构成部分数值进行排序；应进行投入产出比估算，以准确判定优先改善哪些单机 OEE、产线 OEE 和 OEE 构成项。值得留意的是，若单从效率角度看，有的 OEE 构成项导致的现有损失可能并不严重（排序可能并不靠前），但若这些 OEE 构成项具有重大安全隐患，则应作为优先改善的对象。

▶ 应计算企业的单机、产线的 OEE 总平均值，以方便直接判定本企业的 OEE 整体管理水平，从而与同行优秀企业进行对标、学习并追赶。

可视管理　精确评估

制造业设备管理难度大

制造企业的生产流程为全封闭式且具有高度连续性，装备规模大、品类多、专用性强，合规性检查多，装备的操作和维护、维修对人员的专业技术和综合素质要求较高，这些特点给企业的设备管理带来很多问题：

▶ 缺乏对设备资产整体情况的反应。如都有什么资产，在哪里，运行状况如何；

▶ 缺乏对设备运行过程的管理。大量的故障不会瞬间发生，是由小的缺陷逐渐演变发展而成，定期对表象（诸如腐蚀、磨损、裂痕等）进行记录是发现劣化迹象，判定劣化程度和趋势，防患于未然的必要手段；

▶ 企业运营中无数的隐患源和困难源造成了大小生产事故 / 事件，使企业按标准、安全和高效运营备受影响，隐患源和困难源的管理占到了企业综合运营成本的 80% 以上；

▶ 找不到适合的有效维护、检修周期，并且维护检修周期得不到基于实际工况的合理评估和动态调整；维护、检修内容安排不合理，员工难以准时完成任务；

▶ 缺少对现场人工操作、维护流程的管理。人员操作是否合规，人为差错如何避免一直难以管控；

▶ 关键技巧和经验难以传递给其他同事；

▶ 安全、环保等政策法规的要求如何落实等。

以可视化应对复杂设备管理问题

北京三维直点科技有限公司结合计算机图形学、认知心理学、符号学、逻辑学、传播学，利用数据 / 信息 / 知识可视化、VR/AR、数字孪生等技术，开发了"真三维可视化智慧运营管理系统（VizARena）"。系统主要特点：

- ▶ 全面兼容不同三维设计模型（如：BIM、PDMS、CAD 等）；
- ▶ 支持多种控制系统和信息系统数据接口（如：PLC、DCS、SCADA、ERP、MES、PDM 等）；
- ▶ 支持多种数据采集模式（如：现场离线、在线仪器仪表、试验室、破损及非破损性诊断检验检测仪表、物联网设备）；
- ▶ 支持多种应用系统对接集成（如：视频监控、语音调度、定位、门禁、格栅等）；
- ▶ 支持多样化终端应用模式（如：PC、平板电脑、手机等）。

该系统结合了精益管理和敏捷管理理念，利用空间同事件之间的关系，把知识嵌入了现场设备的数字孪生体，帮助用户在整体运营管理层面上，快速发现隐患源和困难源，以及这两类源之间的关联关系、存在的条件、触发的因素，并评估可能造成的运营损失。同时提升全员参与度，使全员可以贯穿始终，持续改善。该软件定义的设备可视化管理系统如图 4-45 所示。

图 4-45　把知识嵌入了现场设备数字孪生体

信息匹配　一机一档

当前，以物联网技术和数字化技术为基础的设备资产管理系统，并没有从根本上解决企业流程管理中"人、机、料、法、环"与其相关的海量知信息／知识的应用管理。所以说，实现海量信息／知识在企业全员中高效便捷的认知和交流，是推动企业迈向智能化的核心要求。

对于设备管理而言，有两种最大价值的信息／知识：一种信息／知识来自现场的人员流程，如现场的人工操作、维护设备的方式、方法和使用工具的流程；另一种信息／知识来自于设备本身，如设备劣化、故障发生的部位，出现的腐蚀、磨损、裂痕等现象。这两种信息／知识的积累和整理是优化作业规程、判定故障发生时间，确定维检修周期的可靠依据。它们难以用数值型数据表征，只能通过图像、影像的方式表达，而绝大多数企业都缺乏对上述两种信息／知识长期、有效的记录和整理。

VizARena 系统可将这些信息／知识根据使用情境按设备层级结构进行整理，并将其关联和匹配到所关注的设备具体零件或者部位（如管道的不同部位），对设备实现了"一机一档"的软件定义的可视化设备管理。

可视化设备台账管理

设备台账是企业掌握设备资产总体状况，如设备类型、拥有量、设备分布及其变动情况的主要依据。设备台账记录了各类数据，也是生产工艺校核、优化工艺配置、设备选型的重要依据。因此设备台账需有序存放以便经常查阅和比对。企业的设备台套数量庞大，种类、型号众多，加之设备的技术改造和更新致使台账管理困难重重。

此可视化设备台账管理功能实现了基本资料按设备层级结构可视化整理归档。在场景中单击设备模型即可查看设备名称、类别、型号、启用时间、供应商、技术参数等基本信息，也可快速调阅图纸、验收文件和使用说明等资料，使检索效率提升 80% 以上。极大节约了企业查阅、整理、更新台账耗费的时间，大幅提升了台账的完整度、准确度和利用率。

可视化润滑管理

润滑是防止和延缓设备零件磨损、消耗的重要手段，贯穿于设备使用寿命的始终。然而企业的生产装备润滑部位多，分布广泛，不同设备对润滑油、润滑周期、润滑操作要求也不同，因此润滑不足，润滑过度，用错润滑剂以及跑冒滴漏时有发生。

此可视化润滑管理功能以三维可视化润滑作业点分布场景取代了常规的润滑作业表，使润滑部位一目了然，有效避免了作业点的遗漏。作业时，标准润滑作业指导会即时推送给润滑维护人员，避免了操作不当。润滑作业的执行和报告得以合并，工作负担减轻，效率大幅提升。经积累和整理的润滑记录为按质更换油品、按需调整润滑周期提供了可靠依据。

可视化点巡检管理

设备从出现缺陷到演变为故障是渐进过程。因各设备工况不同致使缺陷发生的时间、部位、程度也完全不同，难以预料。这给点巡检周期的确定和内容的安排带来困难，工作多了，人员忙不过来，敷衍了事，少了又不能及时发现问题。

此可视化点巡检管理功能用三维可视化点巡检任务场景取代了常规的点巡检计划表，实现了任务的可视化分派和人员的合理组织分工；作业内容、规程、工具可即时推送给现场执行人员；常规的打钩、文字描述式点巡检记录由现场采集的图片、图像信息结合少量文字标注的方式完成，显著提升了工作效率和报告准确度，便于管理人员根据历时性报告准确判定点巡检的重点内容，动态调整点巡检周期和部位。

可视化故障管理

化工设备故障引发的后果往往比较严重，除造成经济损失，还容易发生人身事故。因此如何快速、有效处理突发故障，划定责任，防止类似故障再次发生是故障管理的重点。

此可视化设备故障管理功能实现了故障记录，如故障代码、故障部位、故障现象等信息的整理汇总；实现了基于模型的故障可视化描述及解决方案的可视化表达，显著提高了故障处理效率和准确度，促进了故障处理专家库的形成和完善。

可视化零备件管理

化工生产过程中，各个零部件的材料不同、工况不同，维护保养情况不同，即便是同型号、同批次的零部件也会因上述原因具有完全不同的使用寿命，因此确定哪些零件需要准备相应的备件，准备多少，何时采购总是难以合理安排。

此可视化零备件管理功能通过基于备件实际使用位置的整体分布场景，让用户时刻对备件情况有清晰的整体了解。并可通过对该件在此位置上的运行维护记录和更换记录综合评定更换周期，设置更换提醒，扫码即可查到备件存储位置。有效避免了因备件缺失造成的维护、维修不及时，也减少了非必要备件的积压和浪费。

可视化作业培训

化工装备的操作和维护对人员的专业技能和经验有较高要求，常规的师傅带徒弟或授课式培训耗费时间过多，且有些作业内容缺少甚至没有实践机会，使得先期培训也很容易被遗忘，致使人为因素成为化工事故频发的主要原因。

此可视化作业培训功能可对化工设备操作和维护中正常开机、停机，异常停机、紧急停机、故障恢复后开机等常规内容的作业流程、作业方法、工具使用、人员配合等内容进行精细的可视化指导培训，以达到技能和经验的快速传递。

软件定义与数字孪生

数字孪生是客观世界中的物化事物及其发展规律被软件定义后的一种结果。丰富的工业软件内涵以及强大的软件定义效果,让数字孪生体既可以早于物理孪生体先行面世,又可以逼真展现物理孪生体的形、态和行为,更可以超越物理孪生体的生命周期,实现产品永生。数字孪生实现了数物虚实映射,数字主线实现了所有数字孪生体的数据贯通。

数字孪生的前世今生

数字孪生(Digital Twin)已经走过了几十年的发展历程,只不过以前没有这样命名,而是发展到了一定阶段,人们意识到应该给这种综合化的技术起一个更确切的名字。作者论述的数字孪生有两层意思,一是指物理实体与其数字虚体之间的精确映射的孪生关系;二是将具有孪生关系的物理实体、数字虚体分别称作物理孪生体、数字孪生体。默认情况下,数字孪生亦指数字孪生体。

实践先行　概念后成

数字孪生是客观世界中的物化事物及其发展规律被软件定义后的一种结果。丰富的工业软件内涵以及强大的软件定义效果,让数字孪生的研究在国内外呈现出百花齐放的态势。作者认为数字孪生与计算机辅助（CAX）软件（尤其是广义仿真软件）以及数据采集 / 分析的发展关系十分密切。

在工业界，人们用软件来模仿和增强人的行为方式，例如，计算机绘图软件最早模仿的是人在纸面上作画的行为。人机交互技术发展成熟后，开始用 CAD 软件模仿产品的结构与外观，CAE 软件模仿产品在各种物理场情况下的力学性能，CAM 软件模仿零部件和夹具在加工过程中的刀轨情况，CAPP 软件模仿工艺过程，CAT 软件模仿产品的测量 / 测试过程，OA 软件模仿行政事务的管理过程，MES 软件模仿车间生产的管理过程，SCM 软件模仿企业的供应链管理，CRM 软件模仿企业的销售管理过程，MRO 软件模仿产品的维修过程管理，等等。依靠软件中的某些特定算法，人们已经开发出了某些具有一定智能水平的工业软件，如具有关联设计效果的产品设计系统。

在文学与娱乐界，人们用软件来模仿和增强人的体验方式，例如，用电子书来模仿纸质书，用电子音乐来模仿现场音乐，用电子琴软件来弹琴，用评书软件来说书，用卡通软件来模仿漫画，用动漫软件来模仿动画影片，用游戏软件来模仿各种真实游戏，用百年历软件来快速查找某个特殊日期或"吉时"等。人们不仅可以模仿已知的、有经验的各种事物，还可以创造性地模仿各种未知的、从未体验过的事物，例如影视界可以用软件创造出诸如龙、凤、麒麟、阿凡达、白雪公主、七个小矮人等故事中的形象，当然也可以创造出更多的闻所未闻、见所未见的各种形象。特别是当这种模仿与 VR/AR 技术结合在一起的时候，所有的场景都栩栩如生，直入心境。于是，在由数字虚体构成的虚拟世界中，所有的不可能都变成有可能，所有的在物理世界无法体验和重复的奇妙、惊险和刺激场景，都可以在数字空间得以实现，最大限度地满足了人的感官体验和精神需求。

事实上，十几年前在汽车、飞机等复杂产品工程领域出现的"数字样机"的概念，就是对数字孪生的一种先行实践活动，一种技术上的孕育和前奏。

数字样机最初是指在 CAD 系统中通过三维实体造型和数字化预装配后，得到一个可视化的产品数字模型（几何样机），可以用于协调零件之间的关系，进行可制造性检查，因此可以基本上代替物理样机的协调功能。但随着数字化技术的发展，数字样机的作用也在不断增强，人们在预装配模型上进行运动、人机交互、空间漫游、机械操纵等飞机功能的模拟仿真。之后又进一步与机器的各种性能分析计算技术结合起来，使之能够模拟仿真出机器的各种性能。因此将数字样机按其作用从几何样机，扩展到功能样机和性能样机。

以复杂产品研制而著称的飞机行业，在数字样机的应用上走在了全国前列。某些型号飞机研制工作在 20 世纪末就已经围绕着数字样机展开。数字样机将承载几乎完整的产品信息。因此，人们可以通过数字样机进行飞机方案的选择，利用数字样机进行可制造的各种仿真，在数字样机上检查未来飞机的各种功能和性能，发现需要改进的地方，最终创建出符合要求的"数字飞机"，并将其交给工厂进行生产，制造成真正的物理飞机，完成整个研制过程。

无论是几何样机、功能样机和性能样机，都属于数字孪生的范畴。数字孪生的术语虽然是最近几年才出现的，但是数字孪生技术内涵的探索与实践，早已经在十多年前就开始并且取得了相当多的成果。例如在第一章提到一飞院在 21 世纪初开发的飞豹全数字样机与已经服役的飞机形成了简明意义上的"数字孪生"（尽管当时没有这个术语）关系，如图 5-1 所示。

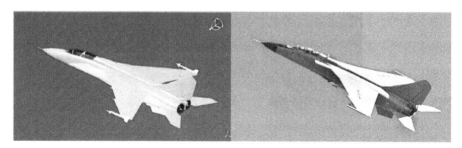

图 5-1　飞豹全数字样机与服役飞机

发展到现在，人们发现在数字世界里做了这么多年的数字设计、仿真、工艺、生产等结果，越来越虚实对应，越来越虚实融合，越来越广泛应用，数字虚体越来越赋能于物理实体系统。

近些年，当人们提出了希望物理空间中的实体事物与数字空间中的虚拟事物之间具有可以联接数据通道、相互传输数据和指令的交互关系之后，数字孪生概念基本成形，并且作为智能制造中一种基于 IT 视角的新型应用技术，逐渐走进人们的视野。事实上，现有的工业软件研发与生产数据以及沉积在工业领域内的大量的工业技术和知识，都是实现数字孪生的上好"原料"和基础构件，数字孪生在工业现实场景中已经具有了实现和推广应用的巨大潜力。

内涵解读 见仁见智

根据目前看到的资料，数字孪生术语由迈克尔·格里夫（Michael Grieves）教授在美国密歇根大学任教时首先提出。2002 年 12 月 3 日他在该校"PLM 开发联盟"成立时的讲稿中首次图示了数字孪生的概念内涵，2003 年他在讲授 PLM 课程时使用了"Digital Twin（数字孪生）"，在 2014 年他撰写的"数字孪生：通过虚拟工厂复制实现卓越制造（Digital Twin：Manufacturing Excellence through Virtual Factory Replication）"文章中进行了较为详细的阐述，奠定了数字孪生的基本内涵。

在航太领域和工业界，较早开始使用数字孪生术语。2009 年美国空军实验室提出了"机身数字孪生（Airframe Digital Twin）"的概念。2010 年 NASA 也开始在技术路线图中使用"数字孪生（Digital Twin）"术语。大约从 2014 年开始，西门子、达索、PTC、ESI、ANSYS 等知名工业软件公司，都在市场宣传中使用"Digital Twin"术语，并陆续在技术构建、概念内涵上做了很多深入研究和拓展。

数字孪生尚无业界公认的标准定义，概念还在发展与演变中。下面举例几个国内外企业或组织做的数字孪生定义，供读者参考。

美国国防采办大学认为：数字孪生是充分利用物理模型、传感器更新、运行历史等数据，集成多学科、多物理量、多尺度的仿真过程，在虚拟空间中完成对物理实体的映射，从而反映物理实体的全生命周期过程。

ANSYS 公司认为：数字孪生是在数字世界建立一个与真实世界系统的运行性能完全一致，且可实现实时仿真的仿真模型。利用安装在真实系统上的传感器数据作为该仿真模型的边界条件，实现真实世界的系统与数字世界的系统同步运行。

中国航空工业发展研究中心刘亚威认为：从本质上来看，数字孪生是一个对物理实体或流程的数字化镜像。创建数字孪生的过程，集成了人工智能、机器学习和传感器数据，以建立一个可以实时更新的、现场感极强的"真实"模型，用来支撑物理产品生命周期各项活动的决策。

上海优也信息科技有限公司首席技术官林诗万博士对数字孪生的理解是，数字孪生体可有多种基于数字模型的表现形式，在图形上，有几何、高保真、高分辨率渲染、抽象简图等；在状态和行为上，有设备运行、受力、磨损、报警、宕机、事故等；在质地上，有材质、表面特性、微观材料结构等。如图 5-2 所示。

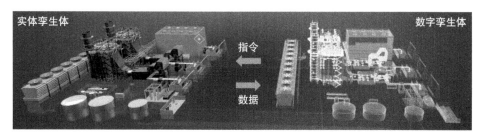

图 5-2　数字孪生示意图（来自优也公司）

北京航空航天大学张霖教授认为，"数字孪生是物理对象的数字模型，该模型可以通过接收来自物理对象的数据而实时演化，从而与物理对象在全生命周期保持一致。"

作者经过多年研究，也给出了自己的理解和定义：数字孪生是在"数字化一切可以数字化的事物"大背景下，通过软件定义和数据驱动，在数字虚体空间中创建的虚拟事物，与物理实体空间中的现实事物形成了在形、态、质地、行为和发展规律上都极为相似的虚实精确映射关系，让物理孪生体与数字孪生体具有了多元化映射关系，具备了不同的保真度（逼真、抽象等）。数字孪生不但持续发生在物理孪生体全生命周期中，而且数字孪生体会超越物理孪生体生命周期，在数字空间持久存续。充分利用数字孪生可在智能制造中孕育出大量新技术和新模式。

数字孪生　非双非胎

"Digital Twin"在翻译和理解上颇有不同，歧义性发生在数字孪生应用场景中人们对"Twin"的理解上。"Twin"作为名称在英汉词典中有几种翻译结果："孪生子之一，双胞胎之一；两个相像的人或物之一；成对、成双的东西；孪晶；双人床"。如果仅看直译结果，双胞胎是准确翻译，但是如果仔细分析该术语的应用场景，上述翻译结果都不贴切，只有"孪生子之一"还算接近"Digital Twin"所描述的应用场景中的概念。而作者恰恰要强调的是"Digital Twin"术语的应用场景。

只有"相像"而无"相等"

在相像程度上，从"生物场景/物理场景"的"Twin"，引申到"数字化场景"的"Digital Twin"，其本意是强调在数字空间构建的数字虚体与物理空间的物理实体非常相像。但是，相像归相像，无论彼此多么像，二者也不是"是""等于"或"相等"的关系，因为本非同源或同生，一个数字虚体无论多么像一个物理实体，它也不是物理实体——这个客观事实必须界定清楚。

"Digital Twin"描述的"相像"，通常都仅仅是指数字虚体和物理实体在外观和宏观结构上的"相像"，而从形、态、质地、行为和发展规律等多方面的评价指标来看，其实差异极大，本质本源不同。"数字双胞胎"一词，较容易引导人们把二者完全等同起来，把"貌似一模一样"误认为"就是一模一样"甚至"相等"，从而形成认知错觉。

数字孪生关系并不止于"双"

即使从"相像"来看，在所指上也并非限于"双"，因为"双"字会把更多的潜在应用场景限制住——彼此相像的虚实映射事物未必只有貌似常见的"一对一"关系，其实还有以下虚实映射对应关系：

▶ "一对多"——一个物理实体对应多个数字虚体（一台汽车发动机可有D/N/S等不同的驾驶挡位，启动/高速/低速/磨合/磨损等不同的工作状态，对此，在车载软件中用不同的参数和软件模型来描述和调控）；

▶ "多对一"——多个物理实体对应一个数字虚体（例如同型号不同尺寸的螺栓或铆钉对应同一个三维CAD模型）；

▶ "多对多"——更为一般化的设备工作场景（例如设计阶段因数字化"构型/配置"不同而产生了系列化物理设备及其数字孪生体，这些设备及其数字孪生体又置身于多种实物工作场景和数字场景）。

需要考虑的特殊对应模式

在一些特殊场景中，数字孪生还存在"一对少""少对一""一对零""零对一"的特殊对应模式：

▶ "一对少"——一个物理实体对应一个高度抽象的数字虚体（例如一辆高铁在调度上对应一个高度简化的数字化线框模型）；

▶ "少对一"——以一部分物理实体对应一个完整数字虚体（例如一个齿轮副对应一个减速箱的"三维 CAD 模型 + 力学载荷模型"）；

▶ "一对零"——因为不知其规律、缺乏机理模型导致某些已知物理实体没有对应的数字虚体（例如暗物质、气候变化规律等）；

▶ "零对一"——人类凭想象和创意在数字空间创造的"数字虚体"，现实中没有与其对应的"物理实体"（例如数字创意中的各种形象）。

一架战斗机由数万个结构件、几十万个标准件、大量的电子元器件和机载设备构成。在从飞机的方案设计，到初步设计、详细设计、试制、试验，再到批生产、交付、运行、维护、维修，最后再到报废的全生命周期中，一个标准件数字模型会对应成千上万个实物零件，一个实物零件也会对应产品设计模型、多个仿真模型、工艺模型、工艺仿真模型、生产模型、装配模型、维护维修模型等，由此形成了物理实体和数字虚体的多元化对应关系，即"一对一""一对多""多对一""多对多""一对少""少对一""一对零""零对一"。因此只谈"一对一"就显得在理解上过于简单了。

综上所述，"Digital Twin"一词在翻译和理解时，既不应限定在"双"，也不宜理解为"胎"。该词借用"Twin"之意，所表达的是一种数字虚体与物理实体非常相像的多元化虚实映射关系。应用场景和对应模式是多种多样的。

虚体测试　实体创新

数字虚体与物理实体之间的孪生关系，其实早就有之，只不过此前没有使用严格定义的术语来表达。平时大家所说的"比特（bit）与原子（atom）""赛博与物理""虚拟与现实""数字样机与物理样机""数字孪生体与物理孪生体""数字端

（C）与物理端（P）""数字世界与物理世界""数字空间与物理空间"等不同的虚实对应词汇，实际上都是在以不同的专业术语，或近似或准确地描述两种"体"之间的虚实映射关系。

从映射关系上看，一虚、一实，两种"体"相互对应，数量不限。数字虚体是物理实体的"数字孪生体"，反之，物理实体也是数字虚体的"物理孪生体"，这是二者的基本关系和事实。

从诞生顺序上看，先有物理实体，后有数字虚体。以工业视角来看，实体是第一次工业革命和第二次工业革命的产物，虚体是第三次工业革命的产物。而虚体对实体的描述、定义、放大与控制，以及二者的逐渐融合，正在促成新工业革命。

从重要性上看，没有物理实体，就无法执行工业必需的物理过程，无法保障国计民生；没有数字虚体，就无法实现对物理实体的赋值、赋能和赋智，就失去了工业转型升级的技术途径。虚实必须融合，二者均不可缺。但是最终体现的，是转型升级之后的"新工业实体"，是有了数字虚体作为大脑、神经特别是灵魂的全新机器和设备。

从创新性上看，虚实融合，相互放大价值。而且，在产品研制上，先做物理实体还是先做数字虚体，人们有了更多的选择，无论是谁先谁后，或是同时生成，都可产生诸多创新，智能制造中的很多新技术、新模式、新业态也就此产生。

波音公司为 F-15C 型飞机创建了数字孪生体，不同工况条件、不同场景的模型都可以在数字孪生体上加载，每个阶段、每个环节都可以衍生出一个或多个不同的数字孪生体，从而对飞机进行全生命周期各项活动的仿真分析、评估和决策，让物理产品获得更好的可制造性、装配性、检测性和保障性。如图 5-3 所示。

据报道，美国陆军环境医学研究所 2010 年开始启动一个项目，旨在创建完整的"阿凡达"单兵。该所研究人员希望给每名军人都创建出自己的数字虚拟形象，无论高矮胖瘦和脾气秉性。目前已经成功地开发了 250 名"阿凡达"单兵。

在一个复杂的虚拟训练系统中，研究人员让这些虚拟单兵穿上不同的作战服，变换不同的姿势和位置，不断加载战场环境的数字孪生体来进行各种逼真的高风险模拟,从而替代实战测试。通过各种数字化测试来找出他们的弱点,甚至模拟各种恶劣气候环境来测试这些单兵的生理环境适应能力。所有测试过程无人身危险,可以随意反复试验。

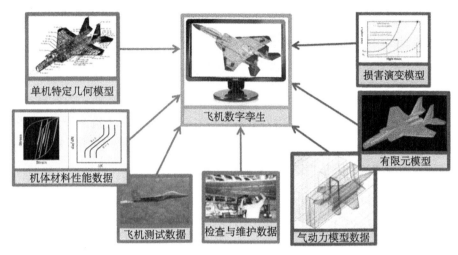

图 5-3　波音 F-15C 飞机的多个数字孪生模型

　　上述技术路径可以用在新开发或正在改进的机器、设备或生产线上,即尽量在数字空间中,针对有待改进的机器、设备或生产线,做好它们的数字孪生体,施加并测试各种数字化的工况条件,随意变换工作场景,以近乎零成本对这些数字孪生体进行虚拟测试和反复迭代,待一切测试结果都满足了设计与改进目的之后,再在实际的机器、设备或生产线上进行实测,这样可以大幅度减少对物理实体测试环境的依赖和损耗,减少或避免可能出现的环境污染或人体伤害。最终通过一两次迭代就能实现对实体机器设备的改进。

数字孪生超越产品全寿期

全寿期中　处处孪生

数字孪生是在产品的全生命周期中的每一个阶段都存在的普遍现象,大量的物理实体系统都有了数字虚体的"伴生"。这就是产品发展过程中的"孪生化"现象。甚至原有产品报废后，物理实体消失，而数字孪生体永存。

以飞机研发中的数字样机为例，可以从飞机设计的进程，根据飞机研制各阶段的定义和特点，建立完整的从概念设计、详细设计直到制造和使用维护的数字样机建模过程，形成不同阶段、不同用途、自顶向下有机联系的概念样机、方案样机、总体样机、舱段样机等系列数字孪生样机。

美国《航空周报》两年前就做出这样的预测："到了 2035 年，当航空公司接收一架飞机的时候，将同时还验收另外一套数字模型。每个飞机尾号，都伴随着一套高度详细的数字模型。"未来，每一架飞机都不再孤独，因为它将拥有一套由多种模型构成的数字孪生体，终生相伴，永不消失。如图 5-4 所示。

图 5-4 每架交付的飞机都有一套数字孪生体

由于每个阶段与每个物理孪生体所对应的"数字孪生体"的模型不止一种，如不同的逼真 / 抽象程度等，于是就出现了"一对多"现象，如图 5-5 所示。

在两种孪生体之间，数据可以双向传输：从物理孪生体传输到数字孪生体的数据来源于传感器所观察 / 感知的物理孪生体（例如 GE 用大量传感器观察航空发动机）运行情况的物理信息；反之，从数字孪生体传输到物理孪生体的数据往往来自科学原理、仿真和虚拟测试模型的计算结果，用于模拟、预测物理孪生体的某些特征和行为（例如用 CFD 来计算汽车高速行驶的风阻）。

人类即将进入智能时代。数字孪生是智能时代"智能"的遗传基因。数字孪生可以超越产品生命周期，即使物理实体产品可能已经退市，甚至消失，但是其数字孪生体还在数字世界中栩栩如生地存活。所有的数字产品，一旦进入数字世界，几乎都无法从根本上消除，这是数字产品的一个明显特征，也是数字孪生给我们带来的好处之一。

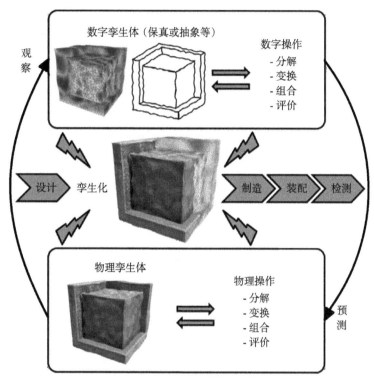

图 5-5　产品全生命周期中不同的数字孪生体

　　除了人类尚未探明规律与机理的客观世界事物，任何物理世界的产品或事物都可以在数字世界中建立一个数字孪生，我们可以对这个数字孪生体做各种严格而苛刻的试验，分析由此产生的大数据，找到更好的设计、生产与维护方案。

实物未联　赛博共生

　　现今世界已经比 20 世纪的世界有了很大变化，因为现今在物理世界之上叠加了一个赛博空间。

在《三体智能革命》一书中，作者提到，20世纪的赛博空间是一个抽象的科技概念，多指在计算机以及计算机网络里的数字化虚拟现实，例如网络游戏。后来美国国防部高度重视赛博空间，在2009年4月组织出版了《赛博力量和国家安全》一书，定义：赛博空间是一个可操作的领域，由电磁频谱、电子系统及网络化基础设施三部分组成，人类通过电子技术和电磁频谱进入该领域，进行信息的创建、存储、修改、交换和利用。该书强调赛博空间包含三个基本部分：①电磁频谱——主要指远程控制与信息承载能力；②电子系统——主要指计算机所形成的计算能力；③网络设施——主要指基于网络的互联互通能力。

上述赛博空间定义澄清了人们的一个长期误解，即很多人以为用一个数字空间就可以做计算、存储和无线传输，这是不可能实现的。本书第一章已经申明，数字空间仅仅是一个二进制数理系统，所有"1、0"的具体实现，都必须有能量、有载体，目前最方便的能量场是电（做计算）、磁（做存储）和电磁波（无线传输）。一切不谈能量场或电磁波的"数字空间"，都是虚幻假说。

正是这个赛博空间，让电磁场以比特数据流的载体形式存在。无形无态的比特数据流可由人通过电子系统来构建和管控，源源不断的电磁波搭载着比特数据流经由各种形式的网络设施而传向四面八方，比特数据流所承载的数字化信息，可以通达并控制网络中的物理设备，其作用范围伴随着电磁波的光速运动而无限延伸，例如人类以电磁波控制旅行者1号的作用范围已经达到170亿公里。

过去，在时空限制下，各个物理实体都是孤立个体，它们即使距离上近在咫尺，沟通上也遥若天涯，因为它们本身根本就没有数据/信息的输入与输出，彼此互无影响。

随着赛博空间不断与制造业叠加交汇与深度融合，ICT技术要素不断融入物理实体，原本彼此独立的物理实物发生了根本性变化。赛博空间赋予了制造业物理设备很多新特点：

▶ 每一个物理设备都在赛博空间中有了名称、位置、形态、功能等基本数据，甚至在软件中建立了与物理设备完全虚实映射的数字孪生体；

▶ 不仅物理设备与其数字孪生体之间是彼此互联互通的，而且不同的数字孪生体之间也是互联互通的；

▶ 工业物联网和工业互联网（统称工联网）的迅猛发展，让越来越多的物理
设备成为终端人口。

当每一个物理实体都有了自己的数字孪生体之后，原本异地分布、互不相
通、老死不相往来的物理实体，也开始借由数字孪生体所形成的局部赛博通道
（数字支线），开始彼此互联了，如图 5-6 所示。

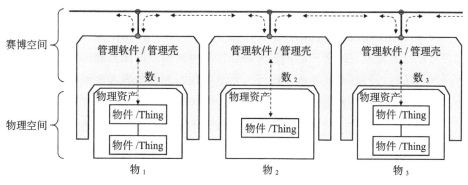

图 5-6 赛博通道（由虚线所示）

在图 5-6 中，"物 $_1$" 与 "物 $_2$" 原本互不相关，素无联系，但是自从 "物 $_1$"
有了 "数 $_1$"，"物 $_2$" 有了 "数 $_2$" 之后，其联接方式就可以变成 "物 $_1$" 联接
"数 $_1$"，"数 $_1$" 联接 "数 $_2$"，"数 $_2$" 联接 "物 $_2$"，最终形成了 "数 $_1$" 联接 "数 $_2$"
的局部赛博通道（数字支线）。其余原无联接的物之间建立的联接同理。当某一
范围内所有的局部赛博通道（数字支线）汇聚到一起的时候，主流的赛博通道
（数字主线）就形成了。

赛博通道，无处不在。实物未联，赛博共生。原本互不相联的物理实体如今
都可以经由赛博通道联到一起，彼此访问和交换数据。因此，正常善意的赛博通
道建立了，异常恶意的赛博通道也随之 "被建立" 了。好处与坏处并存，天使与
魔鬼同在。因此，工业互联网的安全问题，必须引起高度关注与警惕。

借由赛博空间的电磁频谱、电子系统和网络设施，无论是身在暗处、居心叵
测的黑客还是测试系统安全的白帽子黑客，都有可能从任何一个物理地点，通过
任何一种赛博系统（具有操作系统和网络联接能力的设备），按照图 5-6 所示的赛

博通道的基本逻辑，侵入与其相联的任何其他赛博系统，破坏工业互联网中的物理设备。这些破坏行为已经远远超越了因特网中传统的"数据安全、网络安全"的边界，演变成为更为严重的"功能安全、物理安全"的事态，参见第六章。

产品孤儿　重获新生

产品孤儿，是指产品被交付给用户之后，产品本身再也无法直接或间接与制造它的原厂商（也称为母厂）有任何自动的数据联系或反馈。如果客户不主动反馈产品本身的功能表现、使用体验和过程数据等，原厂商基本上一无所知。即使客户对产品有意见，或者产品需要维修，往往也是由原厂商当地的某个合作伙伴或经销商承包该产品维修业务。因此，产品使用时的真实表现和发生问题时的情境，往往并不能反馈到原厂商。形象地说，原厂商与产品本为母子关系，但是自从产品出厂后，它们之间再无直接联系。从这个意义上说，现在市场上高达千亿数量级的产品，都是一代又一代的产品孤儿，自从离开曾经设计和制造它们的母厂，就失去了与母厂的联系。

作者在与南山书院林雪萍院长合写的"产品孤儿，妈妈喊你回家！工业互联网的拯救之道"一文中写道：产品孤儿如同拱过河的卒子，西出阳关的故人，与母厂难言再见，难叙亲情，即使有悲壮的"服务到永远"的口号，但是也终因为时空的隔阂和利益的羁绊而难以兑现。世界上最苦闷的生存，是产品孤儿或沉睡、或寂寞地病老而去，却无法听到母厂的召唤与抚慰。对产品孤儿的关注与拯救，是一种全新的思维角度，是一个企业的战略视角，是考验企业家的终极试题——因为这种视角已经远远超越了企业的边界。

产品孤儿，是物理世界的宝贵工业遗产，拯救和唤醒它们，需要比消除信息孤岛具有更高的战略视角和层次定义，它直接反映了当下全世界那些数千亿的物理产品和机器没有实现互联互通的现状。打破信息孤岛，唤回产品孤儿，一并成为制造业转型升级中重要的命题。

早期企业的产品策略重在展示产品功能，产品能正常使用就好；当产品中的技术含量日趋综合复杂后，企业的产品策略演变为"高质量产品＋售后服务"；

在今天，仅仅提供售后服务的模式已经走到了尽头，伴随着以智能为标志的新工业革命的到来，全球制造业的产品策略已经快速转向了"产品的增值服务"以及"产品即服务"。因此，符合全球工业转型升级的企业战略是，必须对产品做出三个考虑：一是要通过工业互联网技术唤醒和拯救仍在使用中的"产品孤儿"；二是采用智能互联技术，制造使用即提供服务的产品，不再制造产品孤儿；最关键的第三点是，要在制造物理产品的同时，制造它的数字孪生体！也就是说，任何物理产品，都需要有一个或多个数字孪生体，它们相伴终生，如影相随，彼此不再孤单寂寞。

三个考虑，三个阶段，三种境界。

拯救既有产品孤儿

现在已经在用、尚未淘汰的产品如何进入工业互联网中，成了一个关键的问题。由此，各种适用于工业现场的传感器、无处不在的网络和处理数据的软件，就成了拯救产品孤儿的利器。而唤醒那些千亿数量级的冰冷的设备和产品，意味着制造业的转型升级和业务变革，海量的产品孤儿数量也映射出巨大的市场商机。"结果经济"的需求牵引要求各种设备必须时刻在网，泛在联接，准确感知，实时分析，精确计算，随时服务，参见第六章。

生产互联的智能产品

诸如智能门锁、智能照明、智能扫地机、智能冰箱、智能电表、智能安防、智能汽车等智能产品，早就已经进入了家庭生活。在工业领域也有了智能电网、智能数控机床、智能测量仪、智能反应釜等智能设备。

无论在工业还是在生活领域，这些"智能XX"产品都有一些共同的特点，它们都不再是过去的没有数据输入/输出的物理产品，而是加入了传感器，模仿人的五官来感知工作现场信息，加入了软件和芯片，来对感知到的数据进行实时计算，它们已经进入网络，接收感知到的原始数据和发送计算好的结果数据。因此，数据、软件、芯片、网络、传感器等原本属于ICT领域的技术，都深度融合在了物理系统之中。各种智能产品的工作场景、运行数据，都可以实时（或非实时）地由母厂采集到，母厂利用这些数据来改进产品，为客户提供更好的服务。

制造商正在逐渐向生产服务商转变。

永远伴生的数字兄妹

数字孪生体的存在，让一个智能互联的产品不再孤独。数字虚体和物理实体的交汇与融合，使得即使已经出厂的产品仍然可以跟母厂保持互联互通，形成数据回路。这就是上一节提到的赛博通道。

未来，在"产品即服务"理念下，在数字孪生体的陪伴与呵护下，母厂随时指导维护远行的孩子，数据流始终相通不断，在外生活的孩子不断告诉母厂成长的经历、生活的历练，甚至按照母厂嘱托，写好每天的日记。每一个物理产品都可以在数字世界找到它的数字孪生体，并在这个基础上产生更多的新模式、新服务和新业态。

数字孪生，软件建成。数物相通，实时互动。软件定义制造呈现出强大的赋能和赋智作用。

超越生命　产品永生

一个机电产品的使用寿命通常少则几年，多则几十年。目前 B52 飞机的使用寿命已经达到 70 年，短期内还没有终结的趋势。某些石制建筑产品的寿命超过 2000 年，早期的设计理念、设计和建造方法、设计和建造人等都已经湮没在历史长河中，但是产品的遗迹还孤零零地矗立在城市里或荒野中。

未来，一个产品能否得到永生？一个人能否获得永生？答案是复杂的，但是也是可以确定的——物理产品或人的躯体有着有限的生命周期，但是产品或人的数字孪生体有着近乎于无限的生命周期。一个产品或人的数字孪生体，可以超越产品或人的生命周期而长久存在。

在数字时代，当一个产品在客户需求或市场需求的驱动下开始构思时，就留下了各种数字化资料和痕迹——数字化客户需求、数字化功能需求、数字化概念设计结果，以及所有这些结果 / 文件的变更历史和版本等。当产品进入到详细设计阶段时，各种详细的零件设计、组件 / 部件设计、总装配设计、仿真分析、工艺要求、模具 / 卡具设计等也都以数字化模型的方式生成，对每个设计、每个模型的评估（设计人员、工艺人员、检测人员、销售人员、客户等的评估）也都同时进行。当产品进入到生产制造阶段时，生产该产品的工艺、设备、设备操作者、工件检验者等都已经安排好，每个物理实体零件的所有加工和组装历程都被一一记录，以备后期作为维修和保险的根据。在仓储物流阶段，某个产品放在哪个仓库的哪个位置，被什么车辆运送到哪里，运输的路程、路况和司机的信息等都实时反馈和记录到该产品的数字孪生体中。在产品交付时，该产品的物理实体和数字孪生体将被同时交付给客户，让客户清清楚楚、明明白白地知道该产品的来龙去脉，是以什么市场需求和功能条件为约束而设计、制造的，所有零部件的设计、生产、测试、物流过程都有数字孪生体，都是可追溯的。在该产品的使用维护阶段，假如遇到了复杂问题必须要做试验或验证的话，可以不必在物理产品上而是在其数字孪生体上做试验或验证，可以设置任何极限条件做任何次数的研制，直到取得令人满意的试验或验证成果，在有了百分之百的把握之后，再在物理产品上做验证，这样就能做到"验证即成功"。

或许过了十几年或几十年，该产品的物理实体已经严重磨损，或者是所用技术过时了，或者是维修费用越来越高而失去了实用价值，那么产品的物理实体就寿终正寝了，但是，该产品的数字孪生体将超越物理实体的产品生命周期而长久地延续下去，在数字空间中永续存活。即使过了一百年或一千年，只要有必要，该产品的数字孪生体就一直存活在数字空间。当后人试图了解百年、千年前的人类祖先是如何设计、制造、使用和维护某种古老的产品时，或许对他们来说，是在看一部栩栩如生、场景逼真的"天书"，因为彼时可能根本就没有这种"产品"了，后人们也许会感叹祖先的智慧，也许会嘲笑祖先的思维限制和"愚蠢"，也可能会受到祖先的启发而设计出他们那个时代的智慧产品。总之，一个在数字空间实现永生的产品，对于今天的人类和未来的人类，都有着不可估量的现实和史料价值。

至于人在数字世界中的永生，《三体智能革命》也做了详尽的描述：

在数字空间中重塑一个自己，通过强大的认知引擎一点点把这些零零散散的、满载着与自己有关的信息知识的数据，逐渐地汇聚在你的数字虚体上，使其像你一样成长，如你一般生活，随你一起工作，伴你一起变老。而数字世界中的这个你的"身体"，也会准确地映射出你的身体状况，毫无偏差。

即使当你的物理身体死亡了，你的数字虚体依然存活，甚至有与你相关的信息还会不断地进入数字虚体世界，充实到你的虚体之中，让虚体中的你继续生活，继续成长，继续与你的亲朋好友保持顺畅的交流。人类千万年不断追求的长生梦，也许会以这种虚拟的方式，得到实现。

无论是物理实体还是意识人体，都可以借由数字孪生体的形式，在数字世界获得永生。

数字孪生的深度研究成果

保真与否　粒度不同

基于数字虚体的数字孪生技术到底怎样才能更好、更精准地反映物理世界的实际情况呢？这一直是国际学术界持续研究的问题。

德国弗里德里希-亚历山大大学工程设计系主任本杰明·施莱查（Benjamin Schleicha）与法国巴黎-苏德大学的纳比尔·安维尔（Nabil Anwer）等专家对数字孪生有着很深入的认识，他们合写了一篇题为"Shaping the digital twin for design and production engineering"（塑造用于设计和生产工程的数字孪生）的文章（以下简称为"塑造"），指出："更加逼真的制造产品的虚拟模型，对弥合设计和制造之间的差距以及反映真实世界和虚拟世界至关重要。在本文中，我们提出了一个基于'表皮模型形状'概念的综合参考模型，并将其作为设计和制造中的实物产品的数字孪生体。""因此，……我们提出了数字孪生体的'表达'与其'抽象'之间的区别。"如图 5-7 所示。

数字孪生体的"抽象"可以在高度抽象层面上描述，通常抽象描述只是抓住了物理孪生体的一些基本的外部形体特征；而虚拟的"表达"是通过特定的仿真模型来执行的，要在三维数字模型上加载能够代表物理孪生体形/态/行为/现象的特定模型/算法来实现。由于模型的近似性，显然在做某个操作时，"抽象"

描述与其"表达"之间仍然存在着不确定性，"抽"得"像不像"，"仿"得"真不真"，其实二者与物理孪生体都有一定的差异。因此"抽象"与"表达"类型的数字孪生体，都只能作为物理孪生体的近似方案。

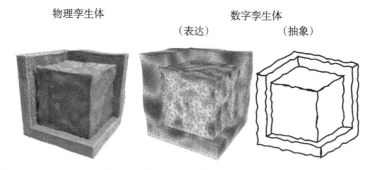

图 5-7　数字孪生体的"表达"与其"抽象"的区别（图片来自"塑造"）

基于上述的"表达"与"抽象"，施莱查教授等人给出了评价数字孪生的四个指标，为研究者与应用者加深对数字孪生的认识提供了进一步思路。

▶ 缩放性，能够提供不同规模（从细节到大型系统）的对数字孪生体的洞察力，在结构上不丢失细节，尽量映射物理孪生体的细微之处，如图 5-8 所示。

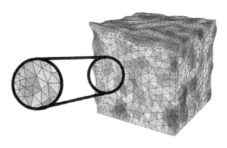

图 5-8　数字孪生体的缩放性（图片来自"塑造"）

▶ 互操作性，不同数字模型能够转换、合并和建立"表达"的等同性，以多样性的数字孪生体来映射物理孪生体，如图 5-9 所示。
▶ 可扩展性，集成、添加或替换数字模型的能力，如随时随处添加若干扩展结构，如图 5-10 所示。

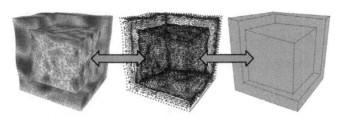

图 5-9　数字孪生体的互操作性（图片来自"塑造"）

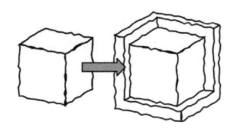

图 5-10　数字孪生体的可扩展性（图片来自"塑造"）

▶ 保真性，描述数字虚体模型与物理实物产品的接近性。它们不仅在外观
和几何结构上相像，在质地上也要相像，如图 5-11 所示。

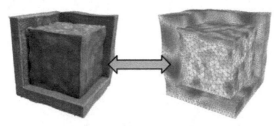

图 5-11　数字孪生体的保真性（图片来自"塑造"）

值得一提的是，对于数字孪生体的抽象性，除了上述的几何与结构在"形
（外形、内形、分形、层次等）"上的描述之外，我们还应该对数字孪生体的"态
（如状态、相态、时态等）"进行描述，而这种描述会有两种情况：一种需要在保
持几何与结构的高度仿真的情况下描述其"态"；另一种是在简化了几何与结构
的情况下描述其"态"，即前面提到的"一对少"的数字孪生模式——工作场景
只要求描述数字孪生体的位置、方位、振动、湿度、高温等，并不需要关注结构
细节，此时就可以对数字模型进行大量简化和高度抽象。例如，一列高铁，在不

同的场景和条件下，其所对应的数字虚体的粒度就有所不同，既可以用数万个数字虚拟零部件详细表达系统仿真场景下的结构保真性，也可以用几根线条简要表达车辆调度场景下的位置准确性。如图 5-12 所示。

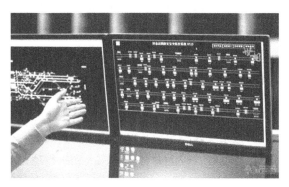

图 5-12　数字虚体在高铁调度位置表达上的简化与抽象（图片来自网络）

一横一纵　交织演进

工业产品，有简单产品和复杂产品之分。简单产品，用数字孪生技术，难以体现出较高的应用价值（例如第一章提到的自行车前轴）。产品复杂度越高，难度越大，数字孪生的应用就越有价值。作者认为：数字孪生，一横一纵。交织发展，动态演进。既与产品全寿期相匹配，又与产品的系统结构与级别相映射。

复杂产品的研制过程包括很多阶段和节点：从市场调研、需求分析、概念设计、方案设计、产品设计、产品的试制、试验、产品设计定型和生产定型后的批生产，到产品的交付，交付后产品的运行、维护、维修、大修等长期使用过程，最后到退役、报废或者回收。如此长的流程构成了产品的全生命周期。该周期内所有阶段和节点的划分，实际上是对一个复杂产品的研制、生产、运行过程的解耦，如图 5-13 所示。

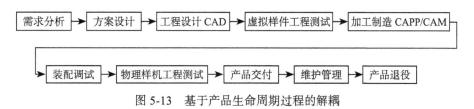

图 5-13　基于产品生命周期过程的解耦

对于传统的产品设计方法，在客户的市场调研、需求分析阶段，依据的是以纸面文字反映出来的条目式的文档，这不能完整反映客户的真实需求和市场的真实要求；到了方案设计（含草图、初步设计、详细设计、试制、试验）阶段，也还是依据蓝图、工艺卡片以及相关的纸质说明书/作业指导书来完成试制和试验；最后在批量生产阶段，依据的也是这些纸质资料；产品交付给客户以后，仍然使用的是蓝图和技术文档。所有的技术内容都是基于纸张的图文定义和依附于物理实体产品。这是一个"以图纸为基础，以物理样件为驱动"的传统开发过程。

对MBSE（基于模型的系统工程）方法的探索，让我们在重大项目的需求阶段，就可将系统工程方法应用于需求分析，把重大项目的各种需求在需求分析软件中写成数字化需求工程模型。伴随着分析的深入和执行项目的资源要素的逐渐加入，需求工程模型会逐渐演变成功能模型，再演变成逻辑模型，并具备越来越多的可执行的技术内涵，最后延伸到产品生产、交付以及维护维修过程。数字化虚拟模型贯穿了产品全寿期过程，并且在计算机上完成上述一系列工作。所有上述不同阶段的数字化模型，其实都和传统的蓝图、工艺卡片、技术文件和最终真实产品一一对应。这就形成了基于数字主线的横向数字孪生（数字化模型）。

作者认为，在纵向维度上，数字孪生也有自身发展规律。这与复杂产品的解耦有关。飞机、航空母舰、高铁、核电站等产品都是复杂产品，它们的特点是系统层级很多。以飞机研发为例，我们可以在纵向上把一个复杂产品分七个层级来进行解耦。由此，与物理产品对应的数字孪生体也具有相应的层级对应关系。如图5-14所示。

依次向下分解，第7层（顶层）是全机级别；第6层系统层级；第5层子系统层级；第4层是部件层级；第3层是组件层级；第2层是零件和元器件层级；第1层（底层）是材料层级。图中的曲线表示的是某一次研发迭代过程，从物理产品的材料出发，经过不同的层级研发流程，最高迭代到系统层级，然后又逐渐回到了物理材料所对应的数字孪生体上。

基于系统工程的方法，让复杂产品研制具有了内在的逻辑。无论是多么复杂的大型产品，只要按照系统工程的方法一层一层分解，就会得到过去可能得不到或者得到了不明白的结论。例如飞机和航空母舰是两个完全不同的产品，如果分解到系统一级，拿雷达系统和导航系统举例，飞机和航空母舰很多系统层级的内容就高度相似了；如果不相似也无妨，我们继续向下分解，在一层一层的分解过程中，就会发现飞机和航空母舰的组件越来越接近，很多功能描述也越来越像。最后当分解到零件和元器件一级，特别是材料一级的时候，发现它们绝大部分都一样。不仅复杂产品通过解耦与重构可以实现基于系统工程的研制过程。其实，在其所适用的工业软件方面，这也给了我们一个可以借鉴的系统工程方法和技术思路。

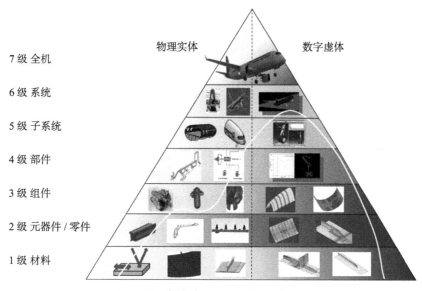

图 5-14　复杂产品按照系统层级解耦

众所周知，工业体系的标准化程度越高，它的应用面越宽，通用性越强。这启发、赋予了我们全新的思想方法——在产品研制过程中，以先解耦、再重构的方式，对所使用的传统架构的大型工业软件进行重大变革。例如，我们根据复杂产品的解耦层级和具体的物理产品单元，确定其在设计、仿真、工艺、工装、制造以及试用等阶段所需使用的相应的工业软件。这样就可以把原有的传统架构的大型工业软件分解成一个个具有统一软件接口且小型轻灵、功能齐全、很容易配置成一个统一的研发系统的新形态软件，这就是工业 APP。

复杂产品经过七层分解之后，就会出现天量的零件和元器件，海量的组件、部件，大量的子系统和系统，最后按照系统层级不断综合验证，形成一个完整的复杂产品。如果每一步都按照数字化模型来研制和生产，这个复杂产品最后可以以较高的质量交付。当然，该产品无论是在设计、工艺、生产、制造、工装、交付和维护维修过程中，都已经有了大量的产品原型和数字模型。据初步估算，按照 30 吨的一架飞机来衡量，从产品模型到工艺模型、仿真模型、试验模型、维护维修保障模型，如果每个单元都是采用数字孪生技术实现的，估计数字模型会有上百万个。为了把这几百万个模型充分地关联，形成完整的体系，就需要非常繁杂、多种类的软件。我们可以把这些软件合理分类、分层、分阶段，变成一个个专用的工业 APP。当然这些 APP 之间一定要有标准，软件接口也要有标准，最后可以根据产品需求，通过动态重组这些 APP 来重构产品，实现产品的解耦与重构。正是这些工业 APP 的成功，打造了全新的工业体系——基于系统化数字孪生的工业体系，从而形成新的研制体系。

在未来复杂产品的研制过程中，理论上讲，对于研制过程中每个不同级别的单元的产品，既要有物理实体模型，也要有相应的数字孪生模型，它们之间有着精准的虚实对应关系。但是，在实际操作过程中，有些单元以数字模型描述足矣，并不需要实体模型；也有些单元不需要数字模型，而直接做物理模型。因此，作者认为：数字孪生在实践中是按需实施的，企业无须为了数字孪生而做数字孪生。

范畴界定 内涵严谨

尽管数字孪生的概念非常好，但是并非所有的事物都有数字孪生。作者经过研究发现，数字孪生的范畴是有一定限度的。就目前的数字化技术手段而言，我们虽然经常说"数字化一切可以数字化的事物"，但是并非"一切都是可以数字化的"，也意味着，并非"一切都是可以软件定义的"。因此，数字世界和物理世界之间尚无法做到一一对应、完全相互映射。

从物理空间来看，未知的事物谈不上数字化，当然也不可能有数字孪生；已知但是无法定义、无法描述的事物不能数字化（如暗物质、暗能量、弦、大量难以解释的事物等），也无法建立其数字孪生体；从数字空间来看，神话、传说可以随意展现，动漫创意和想象中的事物也是如此，它们都可以通过数字虚体不受限制地表现出来，但是在物理空间中找不到对应的物理实体。因此，在两"体"中都存在暂时无法延伸并映射到对方、可建立孪生关系的内容，如图 5-15 所示。

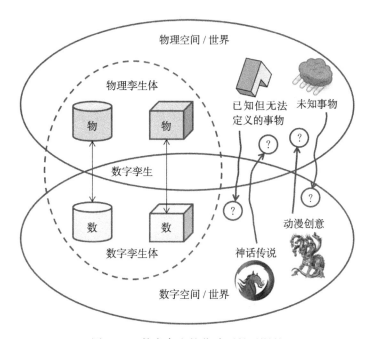

图 5-15　数字孪生的范畴不是无限的

　　弄清楚数字孪生的范畴、限制，我们才能有所为、有所不为，才能清晰地知道数字孪生技术的边界在哪里，不把精力花在低效和缺乏实际意义之处。数字孪生还与前文提到的两个口号高度相关："软件定义一切"和"数字化一切可以数字化的事物"。

　　10 多年前，软件已经成功地定义了 IT 界很多数字化对象，如软件定义存储（SDS）、软件定义网络（SDN）、软件定义数据中心（SDDC）、软件定义基础设施（SDI）等。后来，软件定义的概念与对象进一步扩展到了实体领域，产生了软件定义城市（SDC）、软件定义车辆（SDV）、软件定义产品（SDP）、软件定义制造（SDM）等新应用领域。于是，鉴于软件定义对象的丰富多样性，有人进一步提出了"软件定义世界（SDW）"这个更大的概念。只要不是把软件定义的对象囊括到无所不包，"软件定义世界"这个说法也可接受。但是，"软件定义一切"则显得过于绝对了，跨越雷池一步，真理也会掺杂谬误。软件定义某种事物的前提是知道该事物的物理或化学或生物等规律、算法、机理模型和推理规则，世界上还有很多未知其规律（当然也没有相应算法）的事物，对它们现在看不到有软件定义的可能性。

另一个读者熟知的口号"数字化一切可以数字化的事物"，是德国工业 4.0 的推动者孔翰宁先生提出的，该口号体现出德国人一贯的严谨性。该口号不提"数字化一切事物"，是因为凡是了解科技发展现状的人，都知道世界上还有很多无法数字化的事物，因此德国人在提出口号时并不把话讲绝对，而是给该口号贴了一个"可以数字化的"标签，留了很大研究与发展余地。

其实，无法数字化的事物也就是无法软件化的事物，因为只要能数字化，就能实现软件化。因此，"数字化一切事物"与"软件定义一切"都显得过于绝对。谨慎的德国人不讲"数字化一切事物"，国内却有人说"软件定义一切"，这就形成了两种对待和实施智能制造等先进事物的态度。作者的建议是，在提出一个研究目标时，应该更科学一些，说法更严谨一些，尽量不把话说满。

作者给出的软件定义内涵的尺度是：软件定义可以定义的一切。

概念延伸　成果丰富

数字孪生具有多种定义并且已经发展出来了多种应用情形。近年来国内外对数字孪生的研究取得了不少进展，市场上有一些基于既有数字孪生概念发展出来的多元化"进阶"数字孪生体，作者选取了四家软件公司、两家咨询机构和一家高校的观点介绍给读者，如表 5-1 所示。

表 5-1　多元化的数字孪生体"进阶"研究成果

公司	物理孪生体	数字孪生体	数字孪生体 +	数字孪生体 ++
西门子公司	物理样机（Physical Prototype）	数字孪生体（Digital Twin）	数字孪生体产品 / 生产 / 运行（Digital Twin P/P/P）	综合数字孪生体（Comprehensive Digital Twin）
达索公司	物理资源（Physical Resources）	虚拟孪生体（Virtual Twin）	产品生命周期孪生体（Product Lifecycle Twin）	3DEXPERIENCE 孪生体（3DEXPERIENCE® Twin）

（续）

公司	物理孪生体	数字孪生体	数字孪生体 +	数字孪生体 ++
PTC 公司	物理产品 （Physical Product）	数字孪生体 （Digital Twin）	数字孪生体 + 知识体系 （Digital Twin + K System）	数字孪生体 + 增强现实 （Digital Twin + AR）
ESI 公司	物理资产 （Physical Asset）	基于物理的 虚拟孪生体 （Physical-Based Virtual Twin）	数据驱动的虚拟孪生体 （Data-Drived Virtual Twin）	混合孪生体 （Hybrid Twin）
德勤 公司	物理对象和过程 （Physical Object or Process）	数字孪生体 （Digital Twin）	准实时数字孪生体 （Near-Real-Time Digital Twin）	实时数字孪生体 （Real-Time Digital Twin）
走向 智能研 究院	物理孪生体 + 物 理主线 （Physical Twin）	数字孪生体 + 数字主线 （DT + Digital Thread）	数字孪生体 + 数字支线 （D Thread + D SubThread）	多元化的数 / 物孪生体 对应关系 （Diversified DT Mapping）
北京 航空航 天大学	物理实体 （Physical Entity）	虚拟模型 （Virtual Model）	虚拟实体 = 四种不同模 型的完整映射 （VE={Gv, Pv, Bv, Rv}）	数字孪生体 = 物理实体 + 数字实体 + 服务 + 孪生数据 + 连接 （DT={PE,VE,Ss,DD,CN}）

西门子公司提出了"综合数字孪生体"的概念，其中包含数字孪生体产品、数字孪生体生产和数字孪生体运行的精准的连续映射递进关系，最终达成理想的高质量产品交付，如图 5-16 所示。

资料来源：西门子数字化战略报告。

图 5-16 综合数字孪生体的连续映射递进关系

"3DEXPERIENCE® 孪生体"是达索公司给出的一个数字孪生体的新概念，着重强调体验一致性、原理一致性、单一数据源、宏观与微观统一。物理孪生体与 3DEXPERIENCE® 孪生体在功能 / 性能 / 逻辑上相互对应。以开发飞机为例，如经过数字验证，3DEXPERIENCE® 孪生体飞机能飞，物理实体飞机就能飞；如研究给病人打退烧针后是否退烧，可给 3DEXPERIENCE® 孪生体虚拟打一针，其产生的效果，应与真实世界一致。如图 5-17 所示。

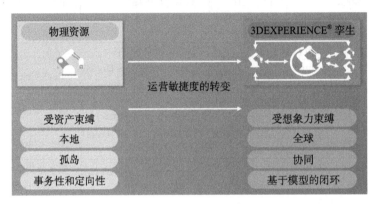

图 5-17　3DEXPERIENCE® 孪生体

PTC 公司对数字孪生体的研究侧重于"数字孪生体 + 增强现实（AR）技术"，让数字孪生体更具有真实感和工作场景感，例如在客户购车现场，可以利用 AR 技术在真实车辆的旁边，放置几乎一模一样的数字孪生体"轿车"，让客户来参观、评估和体验，甚至在该"轿车"上加载具有高度真实感的虚拟气流，动态显示高速行驶时车身上的空气动力学气流"实况"。还可以按客户要求，给数字孪生体轿车换车身颜色、车轮颜色或轮毂式样。如图 5-18 所示。

ESI 公司认为，从虚拟孪生到混合孪生，是一个逐渐发展的过程。虚拟孪生与数字孪生是有不同内涵的。由物理基础模型构建的虚拟孪生（数学模型 / 因果模型 / 降阶模型等），与由真实数据分析和机器学习构建的数据驱动的数字孪生（机器学习模型 / 经验模型等），二者叠加，构成了混合孪生。如图 5-19 所示。

ESI 认为，混合孪生解决方案通过联接当前物联网（IoT）的信息和过去大数据的信息，并结合未来可能的演绎（更新和推断的虚拟原型），使企业能够虚拟地提供预测性维护并优化产品的辅助运营。例如，因为气流强度和方向的高度不确定性，风力发电很难预测和管理。ESI 做了一个海上"风孪生"（WindTwin）项目，其中，风电设备将其状态实时地传达给维护站，维护站的"风孪生"模型能够根据当下发电结果调整运行参数、提出警告并预测任何失效或损坏。

图 5-18　数字孪生体轿车的空气动力学气流"实况"

图 5-19　混合孪生模型的基本构成

北京航空航天大学陶飞教授给出了数字孪生"五维模型"和新内涵：数字孪生 = 物理实体 + 数字实体 + 服务 + 孪生数据 + 连接，即 DT={PE, VE, Ss, DD, CN}，除物理实体以外，其余 4 个都可以用各自的模型来描述，五个维度的模型与数据彼此交互，迭代优化。如图 5-20 所示。

以作者为代表的走向智能研究院的研究成果，参见本章下一节。

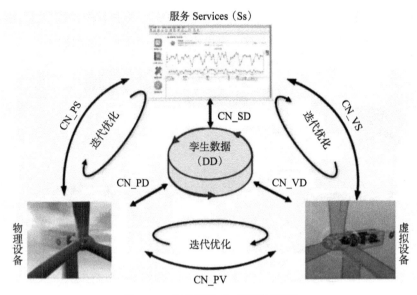

图 5-20　数字孪生的"五维模型"

数字孪生的广泛应用成果

数字主线　全程贯通

数字主线（Digital Thread）较早地被美国军方研究与应用。在 2013 年美国空军发布的《全球地平线》顶层科技规划文件中，将数字主线和数字孪生两项技术视作有可能"改变游戏规则"的颠覆性技术。

"Digital Thread"的定义和翻译与"Digital Twin"类似，有人将"Digital Thread"翻译为"数字线索""数字纽带""数字线程""数字链"等。经过研究之后，作者认为译作"数字主线"可较为准确地体现出"Digital Thread"的本意，因为与数字主线相匹配的还有"数字支线"，大量的"数字支线"汇聚成了"数字主线"。所有的"数字主线、数字支线"就是前文提到的赛博通道。

美国 NIST（国家标准技术研究院）给出的定义是：智巧制造系统（Smart

Manufacturing Systems）项目的数字主线，遵从创建、扩展、完成数字主线的方法和协议，串接了设计、制造和产品支持过程中的数字信息，正在慢慢地将生命周期过程的各种"数据孤岛"连接起来，形成串接异构数据的"数字主线"，用于实现智巧制造系统的集成。

PTC（参数技术公司）给出的定义是：数字主线寻求创建一致性的、简单明了的对数据的通用访问。数字主线在业务流程和软件功能中穿插串接，跟踪一组组相关数据，为不同的实体和众多的过程建立了数据的连续性和可访问性。最常见情形是，一个产品的数字主线遵循从设计到工程，再到制造、供应链管理，再到服务历史和客户事件的全生命周期。

中国航空工业发展研究中心刘亚威的定义：所谓数字主线，旨在通过先进的建模与仿真工具建立一种技术流程，提供访问、综合并分析系统寿命周期各阶段数据的能力，使军方和工业部门能够基于高逼真度的系统模型，充分利用各类技术数据、信息和工程知识的无缝交互与集成分析，完成对项目成本、进度、性能和风险的实时分析与动态评估。

作者对数字主线有着不同的理解。为了阐明数字主线这个概念，我们引入一个与其相对应的"物理主线"概念：把图 5-13 中复杂的研制过程精简为图 5-21 中间这条线（研制流程线），并划分为"方案设计、工程研制、批产交付、服务保障"四大阶段。传统的物理主线是研制流程线下面的波浪线，重点展现材料、能量、时空信息的流动，数字主线是研制流程线上面的波浪线，重点展现与物理主线所对应的数据的流动。

根据图 5-21，作者来简要说明一下研制流程线：

▶ 第一个阶段是方案设计，上方数字主线中流转的是数字化设计的可用于空气动力学计算的飞机外形，下方物理主线上对应的是飞机的缩比模型，这两部分构成了第一个数字孪生；

▶ 第二个阶段是工程研制，上方数字主线中流转的是包含了各种研制数据的全飞机数字样机，下方物理主线上对应的是飞机制造过程中的实体飞机，彼此构成第二个数字孪生；

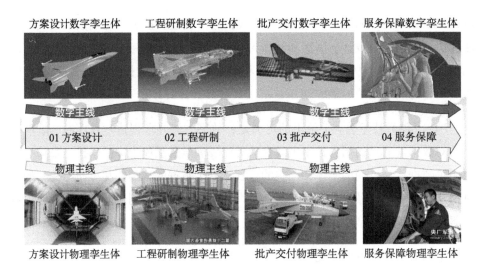

图 5-21 产品研制中的物理主线与数字主线

▶ 第三个阶段是批产交付阶段，上方数字主线中流转的是一个全飞机可交付数字样机，下方物理主线上对应的是交付的实体飞机，彼此构成第三个数字孪生；

▶ 第四个阶段是服务保障（飞机交付后的维护维修过程），上方数字主线中流转的是数字样机在维护维修保障中的应用，下方物理主线上对应的是实体飞机的维修与维护，彼此构成第四个数字孪生。

在上述每一阶段，上方数字主线中每个数字孪生体各自的数据流在数字支线上流动，下方物理主线中各自的物流、能量流和时空信息流在物理支线上流动。在数字层和物理层之间波动交织的是类似 DNA 的双螺旋链，在不同的节点上，数物映射，支线汇聚，纵横交织，形成贯穿全寿期的、数据自动流动的数字主线。

在飞机研制流程的基础上，匹配传统的物理产品研制线，建立了贯穿于各个研发阶段的数字主线；如果叠加在一起，不仅数据上互联互通，而且能够通过上层的数字孪生体对下层的物理孪生体实现控制，从而构成整个飞机研制生产的CPS。该 CPS 加上整个企业的物流、库存、财务、销售、服务以及企业的各类决策和管理系统，就构成了一个智能企业的智能制造体系。

应该说，数字主线是与数字孪生既相互关联又有所区别的一个概念。数字孪生主要负责数物虚实映射，数字主线主要负责数字孪生的数据贯通。

▶ 数物虚实映射：产品的数字孪生体与物理孪生体彼此呼应，互联互通，传感器将物理孪生体的工况信息实时发送到数字孪生体，数字孪生体经过计算/分析/推理之后，将必要的控制指令回馈给物理孪生体。物理主线和数字主线相互精确映射。

▶ 数字孪生数据贯通：数字主线基于数字孪生体之间的标准接口，在所有的数字孪生体之间铺设了通畅的数据通道，让不同系统层级上的大大小小的数字孪生体中的"数字支线"数据都汇聚到数字主线上，让流经数字主线的数据实现"不落地"式的贯通性流动，消除了原有的"数据孤岛"，形成了产品研制过程中的数据在全系统层级、全生命周期、全业务链上的自动流动。

CPS 结构　虚实映射

作者根据自己的理解与研究，在参与编写的《三体智能革命》一书中给出了一种 CPS 结构图示，其中以对应于物理机器的"数字机器"（包括对应于自然信息、能量、实体材料、物理运行规则、物理实体行为的数字化信息、数字化能量、数字化材料、数字运行规则、数字虚体行为），明确指出多种虚实映射的数字孪生关系，如图 5-22 所示。

CPS 概念由美国人作为科学研究内容首创，由德国人在推出工业 4.0 的一系列理论与实践中发扬光大。作者一直认为，没有数字孪生，就没有 CPS，当然也就没有工业 4.0/智能制造/工业互联网。因此在研究 CPS 时，作者坚持认真学习和深入领会德国的 RAMI 4.0。当作者以国内首创的"三体智能模型"来解读 CPS 时，基于 IT 视角来描述赛博虚体的构成，自然而然就把多种数字孪生体写在了 CPS 结构中。没有想到，作者始于 2015 年的这一自发的研究结果，在对数字孪生与 CPS 的关系理解上无意中走在了德国人前面。

德国人 2013 年提出的 RAMI 4.0 中，没有直接阐述数字孪生的内容，只是隐含地指出了在管理壳上的"信息层"包含了数据、CAD 虚拟模型等，相当于有了数字孪生的"痕迹"。作者注意到，从 2019 年开始，德国人在新版的工业4.0 文件中，才开始介绍数字孪生概念以及实施方法。

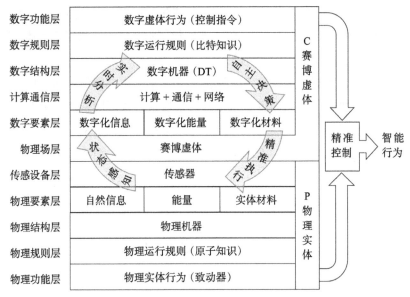

图 5-22　CPS 结构中有多种虚实映射的数字孪生关系

比德国人稍微早一点的是德勤咨询公司，德勤大学出版社在 2018 年发布的"工业 4.0 与数字孪生：制造业如虎添翼"研究报告中，直接将二者放在一起研究，认为数字孪生是实施工业 4.0/智能制造，改善研发与生产的利器："数字孪生可以结合多种实际环境来创建，以服务于不同的目的。例如，数字孪生有时会用来模拟复杂部署资产，如喷气发动机和大型采矿卡车，以便监测和评估这些资产在现场使用时的磨损和各种特殊受力。利用一个风电场的数字孪生会发现运营效率低下的问题。凭借这类数字孪生可能会产生重要的见解，影响和改进未来的资产设计。"

企业高价值资产的研发、制造与运营管理，是一个非常复杂的问题。在没有数字孪生的时代，很多物理设备的问题都难以发现，物理空间的信息时刻在变化，但是由于时空限制，人们无法察觉到这些变化，因此在运营管理、科学决策方面，一直缺乏有效的信息 / 数据支持。

穿墙破障　打通两界

物理世界与数字世界之间，一直横亘着一堵看不见、摸不着、越不过的"墙"。物理世界有自己的模型和行为规律，数字世界既有从物理世界人为设定、映射过来的模型和行为规律，也有自己特定的规律，长期以来，二者并行发展，鲜有交集。如何实现物理实体与数字虚体的自由交互与在两者之间往复行走，一直是工业界的梦想。

近年来蓬勃兴起的物联网技术和日渐便宜的传感器，让传感技术的普及应用发展到了一个新阶段，在各种产品上安装传感器，把物理世界正在发生而过去捕捉不到的各种现场信息，转化成为计算机可用的比特数据，而系统仿真技术的升级换代，又不断优化了所生成的实时海量数据。工业物联网平台的出现，可支持将物理实体的实时操作数据与数字虚体中所有针对具体数字产品模型的数据进行有效整合，由此推动数字孪生体的快速发展。

PTC公司将数字孪生作为其"智能互联产品"的关键环节，它在整合了一系列的物联网、工业互联、增强现实（AR）、自动化工厂解决方案之后，提出了如图5-23所示"隔离墙"的数字孪生解决方案，即以物联网（IoT）解决方案贯通"物→数"之"墙"，以增强现实（AR）解决方案穿越"数→物"之"墙"。以此为研发指导，来全新设计未来的智能产品。数字孪生激发了产品设计师全新的梦想，它正在引导人们穿越那堵横亘在虚实两界之间的"墙"。

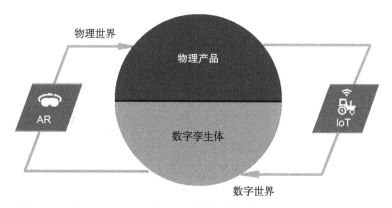

图 5-23　用 IoT 和 AR 打通两个世界的隔离墙（图片来自 PTC 公司）

数字孪生是智能制造的基础，其最为重要的启发意义在于，它创新地建立了从物理世界的物理实体向数字世界的数字虚体的双向反馈。物理世界正在发生的物理活动信息，以数字化比特数据实时发送到数字世界中，而数字世界的数字决策指令也可以随时发送到物理设备上。在产品 / 设备的全生命周期范围内，这种互联互通的机制确保了数字虚体与物理实体的协调一致。如此，各种基于数字虚体系统开发的仿真分析、数据采集、知识挖掘、深度学习等应用，都能适用于现实中的物理实体系统。

《三体智能革命》一书提出了识别和建设智能系统的"20 字箴言"，首先就是"状态感知"，即智能系统首先要感知内外部物理信息变化，然后才能做出实时分析、自主决策和后续的精准执行。如果缺失了以数字孪生体对物理孪生体的准确模型描述与实时信息反馈，任何"智能系统"都会变成"聋、哑、瞎"的"愚蠢系统"。

智能物联　仿真排故

ANSYS 公司总结了构建数字孪生的实施步骤，将其分为 4 个步骤。其中，工作量最大且最重要的步骤为建立数字虚拟模型。

以 Flowserve 公司的一个泵系统作为物理系统，通过布置于系统上的传感器采集数据，并通过数据采集系统将数据通过网线传递给 PTC 的 ThingWorx 物联网平台。在物联网平台上实现数据监控和仿真应用的实施。传感器数据在到达物联网平台后传递给由 ANSYS 软件建模的该 Flowserve 泵系统的数字孪生体系统。

该泵由多个厂家的设备组成，实现了基本的泵循环，通过各类传感器与数据采集设备实现了与外界的数据交换，电磁阀开度也可通过数据采集设备进行控制，如图 5-24 所示。

▶ 步骤 1：数字孪生应用目标的定义

由于现实物理系统包含多方面要素，以目前仿真技术尚无法在同一个仿真模型中全部囊括这些要素，因此在项目实施的最初阶段，需对数字孪生应用目标进行定义。例如本项目的数字孪生应用目标定义为：通过使用数字孪生，实现泵、电动机的详细运行数据获取，从而实现操作优化、故障预警、故障诊断、排故方案评估等功能。

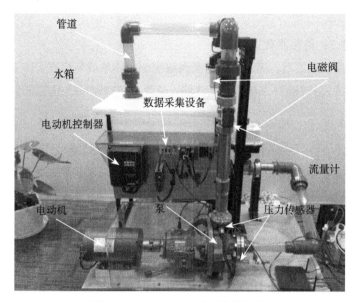

图 5-24　Flowserve 泵系统的构成

▶ 步骤 2：数字虚拟模型建立

在完成数字孪生应用目标定义后，即可根据应用目标，建模数字模型。根据上述目标，首先需建立泵系统的"零维模型（此时的泵元件为 ANSYS Twin Builder 自带泵模型，泵的叶轮轴由 Twin Builder 自带的转速源模型驱动）"。完整泵系统的零维模型调试完成后，建立泵元件的详细三维流场仿真模型。在完成泵元件的三维流场仿真模型调试后，提取出泵元件的降阶模型，并替换掉原先泵系统中的泵元件零维模型，并进行调试。

采用相同步骤建立三维电动机降阶模型，并用 Twin Builder 自带元件建立电动机电路与控制模块，将三维电动机降阶模型、电路模块与控制模块进行耦合调试，其中电动机负载采用扭矩源模型代替。电动机系统调试完毕后，将三维电动机降阶模型的输出转速作为泵的转速源模型的输入信号，将泵三维降阶模型的输出扭矩作为电动机扭矩源模型的输入信号。从而实现了电动机系统与泵系统的耦合。

最后，建立电动机散热模型，并将散热模型的输出温度场与电动机的热耗率场进行耦合，实现电动机考虑散热效果下的特性仿真。当全部调试完成后，该泵的数字孪生体系统就建立成功。

▶ 步骤 3：传感器布置

在完成虚拟模型后，需考虑如何实现数字孪生体系统与物理实体系统的同步运行。因此需在数字孪生体系统边界条件输入位置、在物理系统相应位置安装传感器。

▶ 步骤 4：物联网平台部署

在完成传感器布置后，即可通过部署 ThingWorx 物联网平台，将传感器采集的数据与数字孪生体系统边界条件输入接口进行连接，将数字孪生体系统控制台输出信号与电磁阀控制信号输入接口进行连接。该实例通过数字孪生操作演示，实现了泵系统的故障报警、故障诊断、排故方案分析过程。在运行中，首先人为引入一种故障，即将泵进口处的电磁阀人为关小。此时，ThingWorx 的监控平台通过安装在泵壳体上的加速度计测量数据发现振动超标。通过大数据分析可知，在这种振幅下，轴承将在两天后失效。从而实现了故障报警功能。

故障报警后，需进行故障诊断，判断发生故障的原因。由于从监控平台上仅能看到各传感器的示数，因此尚不能确认故障原因。因此，需通过分析数字孪生体系统的运行状况进行判断。首先对系统仿真模型进行判断，发现在某一时刻系统内各监控参数出现阶跃式变化，如图 5-25 所示。

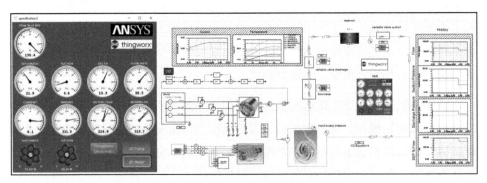

图 5-25　该泵故障诊断中的系统模型参数显示

然后，再详细检查这一工况下的泵的三维流场，如图 5-26 所示，发现在泵的进口处出现了由于空化现象产生的水蒸气气泡。这一现象在泵系统中是不应该发生的,会造成流场不稳定,因此这一汽化现象是造成振动超标的原因。

图 5-26 泵进口处的水蒸气气泡分布

找到振动超标的原因后,需提出排故方案。根据管路系统常识,空化现象的产生是由于当地压力过低造成的,因此可通过增加上游阀门开度的方法解决这一问题。为确保排故方案的可靠性,可首先在数字孪生体系统上进行离线仿真,评估排故效果。在实施了排故方案后,泵内流场大大改善,水蒸气气泡消失,因此确认这一排故方案可应用于物理系统,如图 5-27 所示。

该例启示我们,数字孪生在工业系统中具有无限的推广价值。越是复杂、成本高昂的工业系统,越具有应用数字孪生技术的巨大潜力。而且数字孪生技术与仿真技术的结合,是发挥工业系统潜力的不二选择。

数字孪生可实现有限传感器下的无限数据获取。对于大多数产品,传感器数量有限,且无法直接获得关键参数。通过采用高端仿真技术的数字孪生模型,可实现基于有限传感器数据的全系统仿真。通过获取仿真数据,可实现全系统数据检测。

数字孪生可实现恶劣工况下的设备管理。由于数字孪生体对物理孪生体具备全数据检测能力，因此可大大减少运行维护人员的工作量。对于恶劣工况下的设备，可通过数字孪生体获取准确的检测数据。

图 5-27　实施了排故方案后的泵内流场

数字孪生可为新一代产品的研发提供最准确的实际工况数据。传统产品研发的设计点往往是基于分析所获得的某一额定工况。通过数字孪生体可全面获得物理产品在实际工况下的运行环境数据，从而为新一代产品的研发提供更符合实际工况的额定工作点。

数字孪生可实现更可靠更高效的排故操作。如前述案例介绍，通过采用数字孪生，操作人员不仅仅能利用传感器数据还可以使用大量仿真数据，分析故障原因，从而为更准确高效的排故方案提供必要条件。

软件定义与工业互联网平台

工业互联网平台，发端于工业云，历经研发工具上云、业务系统上云、高价值设备上云等不同发展阶段，广泛联接多种工业要素，形成了工业互联网操作系统，由此而构建了智能制造落地的基础设施。联接工业设备比联接电脑/手机要复杂得多。广泛联接工业设备可以带来大范围优化配置制造资源的巨大好处，形成软件定义工业网络生态，但是也给工业安全带来了隐患。

工业互联网缘起与定义

工业互联　缘起物联

工业互联网作为新一代信息技术与制造业深度融合的产物，通过联接设备、物料、人、信息系统等资源，实现工业数据的感知、传输、分析与科学决策，以提升生产效率与设备运行质量，形成新兴业态和应用模式，是推中国工业转型升级的重要基础设施。

很多人以为工业互联网的概念是由 GE 公司在 2012 年提出的，其实如果认为工业物联网（IIoT）是工业互联网的主体部分（甚至认为二者等同）的话，那么从技术上说，工业互联网的诞生应该追溯到物联网的诞生。1999 年，美国麻省理工学院（MIT）的教授凯文·阿什顿就已经将 RFID 芯片加在工件上，然后接入互联网。他在给宝洁（P&G）高管讲课时，把这种"物件"嵌入互联网的技术称为"物联网"。在 2002 年，业界又把物联网与云计算技术进行结合，催生了工业物联网技术。因此，工业互联网的发端以物联网作为源头更合理一些。从术语上说，对于"工业互联网"这个词，中国上海可鲁软件公司其实在 2007 年就已经提出了。

上海可鲁软件公司认为，从技术层面，工业互联网属于一个交叉学科的综合应用，涉及三个领域的问题：一是工业信息安全，二是网络通信技术，三是广域自动化。只有把这三种技术融合在一起，才能构成一个工业互联网的基础架构。可以从两个角度理解工业互联网。一是依托公众网络连接专用网络、局域网。现今企业里有很多局域网络，比如石油传输管线、铁路交通、电网等。二是以生产自动化为基础，实现企业全面信息化，然后再变成工业互联网。这个定义把工业要素、局域网和自动化设备都串接了起来。即使过了十几年后再看这个定义，仍然基本适用。

GE 公司在 2012 年提出的"工业互联网"概念，其实质是工业物联网，只不过被国内译作"工业互联网"之后，这个术语在特定背景环境下得到了较为广泛的认同。于是，两个小误会产生了，一个是工业物联网被译作了工业互联网，另一个是大多数人以为 GE 公司首创了工业互联网概念。

GE 的工业互联网定义是：通过传感器、大数据和云平台，把机器、人、业务活动和数据联接起来，通过实时数据分析使得企业可以更好地利用机器的性能，以实现资产优化、运营优化的目的，并最终提高生产率。这是一个以企业资产、生产和运维为主导的工业互联网定义。

世界经济论坛（WEF）与埃森哲公司在 2014 年研究指出：工业互联网通常被认为是物联网（IoT）工业应用的简称，也称为工业物联网（IIoT）。这是一个强调联接所有的工业资产 / 物件（Things）的定义，也强调说明了工业物联网就是工业互联网。

2019 年 6 月 25 日，国际知名调研机构 Gartner 公布了 2019 年 IIoT 魔力象限评选结果，树根互联旗下的根云平台成为目前中国唯一入选的工业互联网平台。自 2018 年 Gartner 第一次推出 IIoT 魔力象限以来，这是首次有中国产品上榜，同时也说明 Gartner 认同 IIoT 平台就是工业互联网平台。

在 Gartner 看来，IIoT 技术的重点和架构适用于资产密集型行业，需要完成 OT 和企业 IT 应用程序集成，因此 IIoT 平台必须是可扩展的，同时必须安全可靠。

结果经济　市场拉动

工业互联网的高速发展，通常要经历四个阶段。四个阶段各自有不同的主题和发展重点。埃森哲公司给出了工业互联网发展的四个阶段的评估与展望，如图 6-1 所示。

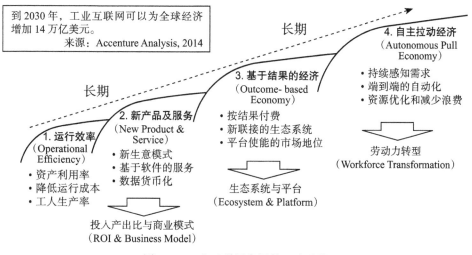

图 6-1　工业互联网发展的四个阶段

从近期看，有两个目标：第一阶段的目标是工业互联网首先要通过降本增效来提高运行效率。第二阶段则要由工业互联网发展出新模式、新产品、新服务，从而改善企业的投入产出比。

从长期看，也有两个目标：第三阶段提出了"基于结果的经济（简称为结果经济）"这一重要概念。结果经济所说的是，在永远追求确定性结果的工业基因驱动下，在网络泛在化发展与市场竞争的综合作用下，客户不再满足于只是购买产品，而是希望能够按照结果来付费，即要求生产企业不仅提供产品和服务，而且提供能够产生确切结果的、可以量化的服务，如较为准确的机器正常运行时间、可以接受的设计结果、确切的节能数量、确切的谷物产量等。

众所周知，"规模经济"是很早就出现的经济概念，指在一定科技水平下生产能力的扩大使长期平均成本下降，并且曾经在很多不同国家和经济体的实施中都是有效的。但是，当生产规模扩大到一定程度时，就会出现"规模不经济"，即出现产能过剩和产品积压，这对制造业非常不利。例如，近十年来经济大环境不好，生产机床 / 工程机械等制造业卖方的设备积压卖不出去，作为中小企业 / 施工队的买方也因为缺少足够的开工订单而不敢轻易下单购买设备，卖方和买方长期无法达成交易，僵持下去都会难以生存。因此，买卖双方在相互理解和合理妥协的情况下，摸索出了一种新的"基于生产状态的设备租赁"模式，即卖方企业免费（或只收 10% ～ 20% 首付款）提供产品，买方不是按照传统合同的约定时间付款，而是按照设备实际开机使用的有效时间来付费，从原理上说，开机了才证明买方有活儿干，有收入，稍后就可以支付一笔设备款，开工次数多，作业时间长，设备款即可很快付清。用了设备才收费，不用不收费，这是企业家的智慧，是交易模式的创新，它不仅彻底改变了原有的卖产品的商业模式，也倒逼卖方必须在设备上添加必要的技术手段来进行确切的设备状态判定，如用位置服务（LBS）来确定设备位置，用传感器感知设备的开机时间和载荷状态，用软件来计算应收费用等。于是，设备就必须从买方现场联网到卖方企业，设备的关键运行数据必须无遗漏地采集，这样的数据必定产生效益。

结果经济的需求牵引要求各种设备必须时刻在网，泛在联接，准确感知，实时分析，精确计算，随时服务。于是，一批与这类服务有关的企业就找到了生存与发展空间，同设备生产厂商建立优势互补的关系，生态系统自然建成，工业互联网平台必然出现，人们需要构建在云上的操作系统（从单机操作系统、工业局域网操作系统发展到基于云的操作系统）来采集边缘层的设备数据，监测客户的设备使用情况，预测设备寿命和判断客户下一步需求，实现工业要素的弹性供给、资源优化、高效配置。从这个意义来说，工业互联网不仅姓"工"，而且姓

"公"，具有某些公益、公用、公平的属性。

到了第四阶段，会出现大规模的"劳动力转型"，即人体、人脑离开系统回路，基于"人智"的劳动力退出，基于"机智"的数字化劳动力（智能机器）大规模登场，真正实现以智能机器替换大量劳动岗位，以泛在联接、自主自治的智能机器来拉动工业与经济的彻底转型。

生产企业需要注意的是，为客户（买方）提供量化结果意味着厂家（卖方）需要承担更大的风险，而管理这些风险，需要自动量化的能力，对于自动量化的能力，只有高度数字化、网络化并具备一定智能化的工业互联网平台才可以提供。

全球的工业体系在转变，客户的需求在转变，工业互联网平台面世，既是制造业与互联网等 ICT 技术深度融合的结果，也是"结果经济"拉动与牵引的结果。

上海优也科技信息有限公司在 2017 年做过一个项目，就是很好的结果经济例子：某年产 300 万吨的钢厂，其煤气使用效率不高，企业打算一起统筹管控煤气生产和使用设备，以便获知煤气的生产和使用的确切数量和成本。但是因为在统计方面采用电话联系、填写报表等人工管理方式，沟通速度慢，可能刚刚弄清楚某几个现场关键数据，但这些数据没过 20 秒钟就又变了。这种做法的有效实时控制回路仅限于一个设备范围，而且一般必须在车间里面进行，稍微扩大到多车间或全厂范围，受到时空限制，就很难做到统筹管控并给出确切结果。而有了工业互联网之后，煤气生产和使用设备都联接了起来，可进行统一实时管控，因此现在可以把隔着几公里的不同车间的设备串在一起，形成一个实时闭环控制系统。这样煤气的生产和使用就能在准确的数据支持下做到动态平衡，大大提升使用效率。结果是一年节省了 4000 万人民币。

技术组合　平台凸起

与传统的操作系统、工业软件等软件产品不一样，工业互联网平台是一个此前从未出现的新生事物，有着丰富的组成、新颖的架构和看得见或看不见的多样化属性。因此，对它的了解和认识也应该是多角度、多层次和多观点的。

由中国信息通信研究院领衔的工业互联网产业联盟（AII）在 2017 年 11 月发布了《工业互联网平台白皮书》，对工业互联网平台做了如下定义：

工业互联网平台是面向制造业数字化、网络化、智能化需求，构建基于海量数据采集、汇聚、分析的服务体系，支撑制造资源泛在联接、弹性供给、高效配置的工业云平台。其本质是通过构建精准、实时、高效的数据采集互联体系，建立面向工业大数据存储、集成、访问、分析、管理的开发环境，实现工业技术、经验、知识的模型化、标准化、软件化、复用化，不断优化研发设计、生产制造、运营管理等资源配置效率，形成资源富集、多方参与、合作共赢、协同演进的制造业新生态。

AII 白皮书给出了工业互联网平台的功能架构图，如图 6-2 所示。

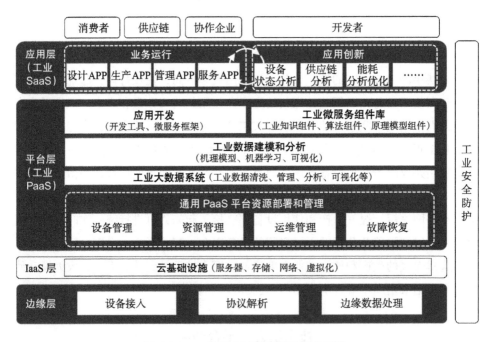

图 6-2 AII 的工业互联网平台功能架构

从图 6-2 不难看出，如果不算上云基础设施的 IaaS 层，那么一个典型的工业互联网平台应该由三层构成。

▶ 第一层是边缘层，通过符合各种总线和设备协议的驱动程序来实现工业设备的联接，实现大范围、深层次的海量数据采集，以及异构数据的协议转换与边缘计算处理，构建工业互联网平台的数据基础。

▶ 第二层是平台层，基于通用 PaaS 叠加大数据处理、工业数据分析、工业微服务等创新功能，实现传统工业软件和既有工业技术知识的解构与重构，构建可扩展的开放式云操作系统。

▶ 第三层是应用层，根据平台层提供的微服务，开发基于角色并满足不同行业、不同场景的工业 APP，形成工业互联网平台的"基于功能的服务"，为企业创造价值。

上述三层都离不开至关重要的工业软件作为支撑。如果说工业互联网平台是一座搭建在机器设备等物质化工业要素之上的宏伟的数字化建筑，那么其中的四梁八柱、层台累榭、楼宇天阶、高墙厚础、飞檐斗拱、一砖一瓦等，都是由工业软件来构建打造的。可以说，工业互联网平台就是由多种面向工业过程和要素的工业软件构成的，是软件定义工业网络生态的具体体现。

如果参阅美国工业互联网联盟（IIC）发布的《The Industrial Internet of Things Volume G1: Reference Architecture》(工业物联网第 G1 卷：参考架构) 中的定义，也可以得出与 AII 基本相同的结论，如图 6-3 所示。

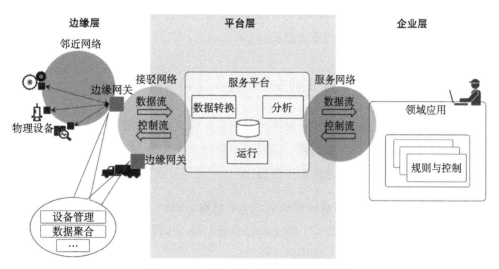

图 6-3　IIC 的工业互联网平台参考架构

在 IIC 给出的工业互联网平台参考架构图中，也有三层架构，每一层的命名和功能描述也与图 6-2 非常类似，但是更偏向于技术实现。如将该图逆时针旋转90°，结果与 AII 架构图几乎一样。

边缘层使用邻近网络从边缘的各种物理设备节点收集数据。该层的架构特征（包括分布的广度、位置、治理范围和邻近网络的性质）因具体情况和用例而异。

平台层接收、处理命令并将控制命令从企业层转发到边缘层。它整合流程并分析来自边缘层和其他层的数据流，为企业的设备和资产提供管理功能。它还提供非特定域的服务，如数据查询和分析等功能。

企业层（即应用层）实现特定领域的应用程序、决策支持系统，并为最终用户（包括操作专家）提供接口。企业层接收来自边缘层和平台层的数据流，还向平台层和边缘层发出控制命令。

工业互联网平台不是凭空诞生的。尽管它很新颖，但是它是由既有的技术基础、新颖的概念组合和创新的系统架构所构成的。例如，其中提到的 IaaS、PaaS、SaaS（见图 6-2）都是云计算服务的概念，APP 是伴随手机应用而知名的概念，微服务是软件开发早已有的架构概念，数据库、数据管理、操作系统、机理模型、可视化、机器学习、设备联接、数据采集等也都是存在很久的概念和技术了。但是，当把这些既有的概念和技术组合在一起形成一个新的工业云平台之后，就有了概念和技术上的重大创新。

工业安卓　体系建勋

AII 白皮书指出，工业互联网平台是新工业体系的"操作系统"。工业互联网的兴起与发展将打破原有封闭、隔离又固化的工业系统，扁平、灵活而高效的组织架构将成为新工业体系的基本形态。

如果将电脑、手机的常用操作系统（如视窗、iOS、安卓、塞班等）与工业互联网平台（也称为工业安卓、工业操作系统）做一个简单对比，可以看出二者都是比较类似的三层结构，如图 6-4 所示。

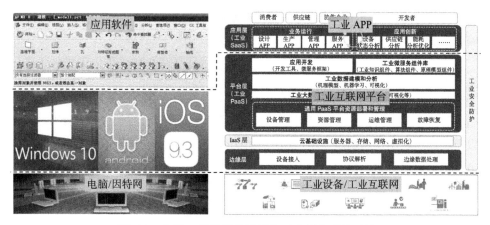

图 6-4　电脑、手机操作系统与工业操作系统对比

图 6-4 中以虚线为界，划分出了三个层次。

边缘层是具体的设备和由这些设备组成的网络，其功能是将设备的物理运行信息转变成（比特）数据。只不过，左边是"数字化原住民"的电脑设备，右边是"数字化移民"的机器/物料/业务系统/工作环境等生产设备。无论是电脑里面不断与人交互运行的软件，还是高速运转的机器产线等，这些设备都是"数据生产者"，每台设备无时无刻不在大量产生各种（低频/高频/过程/结果）大数据。例如，手机或机床中的位置传感器，只要每秒或每分钟报告一下位置数据，即可在较长的时间内生成低频大数据；航空发动机或燃气轮机主轴等回转体高速运行，可以每天生成 TB 级别的高频大数据；下围棋或无人驾驶时，要计算很多过程大数据，但是最后真正用于决策的只有精挑细选的小数据；数控切削时，刀具的转速、倾角、进刀量、进给速度、振动、刀具磨损等，都是结果大数据。

自从第一次工业革命以来，所有运行中的机器其实都能生成大量的物理信息，任何机器、物料、能耗等工业要素的"形"与"态"的变化都是非常有价值的，但是这些信息基本上都被白白地浪费了，因为人们只能感知到其中非常少的信息，如可见的尺寸/形状变化、笼统的耗电量等，而"不知何在、无法观察、不可测量、测后无用"的信息非常多。当传感器发展为十大类（热敏、光敏、气敏、力敏、磁敏、湿敏、声敏、放敏、色敏、味敏）而且价格变得非常便宜之后，添加了大量传感器的机器不仅变得越来越聪明了，而且机器运行中过去各种不可测的物理信息都通过传感器实现了数字化，这些源源不断的比特数据流将会输送、汇聚到 PaaS 平台上。

平台层是操作系统。左边是"数字化原住民"的电脑操作系统，右边是"数字化移民"的工业操作系统（工业 PaaS、工业安卓）。电脑操作系统的功能是"管理和控制计算机系统中的硬件资源及软件资源，合理地组织计算机工作流程，以便有效地利用这些资源为用户提供一个功能强大、使用方便和可扩展的工作环境，从而在计算机与用户之间起到接口的作用"。工业操作系统的功能是"依托高效的设备集成模块、强大的数据处理引擎、开放的开发环境工具、组件化的工业知识微服务，向下对接海量工业装备、仪器、产品，向上支撑工业智能化应用的快速开发与部署，发挥着类似于微软 Windows、谷歌 Android 系统和苹果 iOS 系统的重要作用，支撑构建基于软件定义的高度灵活与智能的工业体系"。

作者在第三章中指出，千百年来，人们不断将隐性知识显性化，显性知识结构化、模型化、算法化，进而，不断将工业技术 / 知识 / 经验 / 诀窍 / 推理方法写成学术著作 / 教科书 / 研究报告，在最近几十年又实现了算法的代码化和代码的软件化，把各种人类知识（人智）以数字化模型的形式沉淀到工业软件中，并进一步通过解构与重构，迁移到工业 PaaS 平台上，形成各种基于软件定义的机理模型 / 数据驱动模型等，应用这些机理模型 / 数据驱动模型，工业 PaaS 平台可以对采集到的各种数据进行分析整理，挖掘其内在规律与特征，以可视化展示供人决策。此外，在软件定义下，模型化的数据也可以在设备内部流转，实现机器与机器交流、机器引导机器等。此外，用软件定义来形成数据自动流动的规则体系，在应用层为企业提供多样化软件服务。

应用层（工业 SaaS 层）为客户提供设备状态分析、供应链分析、能耗分析优化、研发 / 生产 / 管理 / 运维 APP 等工业软件服务，支持企业在产品生命周期、订单生命周期和工厂生命周期内的各项业务活动。遵循由软件定义所形成的数据自动流动的规则，实现波音公司在 20 多年前就倡导的四个"正确（Right）"，即把正确的数据以正确的版本在正确的时间传递给正确的人和机器，由此实现对人和机器的"赋值、赋能、赋智"，大幅度优化制造资源配置，为企业带来实实在在的效益。

工业互联网平台发展史

AII 白皮书定义：工业互联网平台是面向制造业数字化、网络化、智能化需求，构建基于海量数据采集、汇聚、分析的服务体系，支撑制造资源泛在联接、弹性供给、高效配置的工业云平台。

从该定义来看，工业互联网平台与工业云平台有着密切的缘起与结果关系、继承与发展关系、叠加与迭代关系。工业互联网平台，源于工业云，兴盛于工业云平台，成型于工业操作系统，是软件技术与云计算、网络、服务器、存储、大数据、微服务、机理模型、机器学习等多种技术交汇融合的结果。

平台发端　始工业云

云是网络、互联网的一种比喻说法，内涵比较宽泛。可以借用其高远、虚拟、随时变化重组之意，来形象地说明云计算。通俗地说，云计算就是使用互联网来接入存储或者运行在远程服务器端的应用、数据或者服务。

美国国家标准与技术研究院（NIST）将云计算定义为：云计算是一种按使用量付费的模式，这种模式提供可用的、便捷的、按需的网络访问，使用户进入可配置的计算资源共享池（资源包括网络、服务器、存储、应用软件、服务），这些资源能够被快速提供，用户只需投入很少的管理工作，或与服务供应商进行很少的交互。

从 NIST 的定义不难看出，云计算天生就是"按结果付费"的模式，是结果经济的 IT 基础或"数字化底座"（华为提出此概念）。

综上所述，云计算的特点是：资源云化可配置，便捷访问无限制，按量付费轻松用，管理工作外包之。

例如，很多中小企业在构建企业应用（如 MES 软件）时需要服务器来安装软件服务，但是如果企业自购服务器把软件安装在本地，就需要建设机房，配备机房管理及软件维护人员，这对很多中小企业来说是一种难以承受的成本负担。而如果基于某种云服务（如 XX 云）直接使用云平台上的软件资源（如 MES 软件），则省去了建设机房、购买服务器硬件和雇佣机房管理及软件维护人员的费用，只需按需租用云平台服务和软件服务就好。

根据 NIST 的权威定义，云计算有 SPI 三种模式，即软件即服务（Software as a Service，SaaS），平台即服务（Platform as a Service，PaaS），基础架构即服务（Infrastructure as a Service，IaaS）。

工业云是云计算在工业领域的应用，或者说是专门为工业提供的云计算服务。工业云上的资源是工业软件。工业软件的分类决定了工业云也有相应分类，如工业设计云、工业制造云、工业管理云、工业控制云、工业供应链云、工业标准云等。即使在某个细分领域中，如工业制造云，也可以再细分为铸造云、锻造云、3D 打印云、MES 云等。

当越来越多的应用服务都以云模式展现，并且具备了开发新应用、扩展已有应用等良好的开发环境，同时不必购买服务器时，就形成了云平台。走向智能研究院的研究员尹金国特别指出：如果平台没有特定的开发工具，则不能称为平台；同样，平台如果不具有运行所开发的业务的能力也不能叫作平台。从发展上来看，云计算可以形成云平台。工业云也可以形成工业云平台。

不同行政部门 / 组织 / 企业给出的工业云平台的定义有很多，但是总体上工业云平台由以下内容构成：工业云平台是一种将 CAX、PDM、MES、ERP 等工业软件作为资源集成在云端的一体化的产品设计、产品制造、供应链管理及运维服务平台。工业云平台可以让无法购买成套的工业软件的中小企业廉价购买或按需租用工业软件，并利用 HPC（高性能计算）、VR（虚拟现实）以及仿真应用技术，提供多层次的数字化产品服务和多企业共享的精细化管控，帮助中小企业解决研发创新以及在产品生产中遇到的数字化软件成本高、研发效率低、产品设计周期长等多方面问题，为中小企业数字化提供专家咨询、技术交流、共性技术、远程诊断和支撑服务，加速中小企业的发展壮大和数字化转型。

安筱鹏博士在《重构：数字化转型的逻辑》一书中指出："工业互联网平台与工业云有着本质的区别，又有许多联系，工业互联网平台是传统工业云功能的叠加与迭代。从过去几年的工作实践及技术和产业发展趋势来看，工业云平台向工业互联网平台的演进经历了五个阶段，即成本驱动导向、集成应用导向、能力交易导向、创新引领导向、生态构建导向，这几个阶段可以并行，也可以跳跃。"这段描述说明了工业云平台是工业互联网平台的初始阶段和基本形态。

研发工具　率先上云

安筱鹏博士指出的工业云平台向工业互联网平台演进的路径和发展阶段是符合客观实际的。特别是第一个以成本驱动为导向的阶段，为了降低昂贵的研发工具的购置、部署、升级维护费用，以及与之相配的硬件费用，传统架构 CAD、CAE 等工业设计软件上云是一个较早出现的现象。最近几年，很多工业软件巨头都做出了大量努力和尝试，以"订阅模式"实现研发工具向云服务的转型。

订阅是一种以即用即付方式使用软件的 SaaS 模式，也是"结果经济"的一种具体体现。它彻底改变了此前已经盛行几十年的购买软件"许可证"（License）方式。购买软件许可证是一种预先付费的方式，假如某企业需要 10 个带有许可证的 CAD 软件，软件企业会按照许可证单价报价，然后乘以总数 10，结果就是总软件费用。关键之处在于 10 个许可证表示该软件只能固定或浮动在 10 台电脑上同时使用，无论是安装多了还是用多了都可能构成侵权，没有正式的许可证就属于违法的盗用。另外一个对用户来说比较麻烦的事情是，购买某些国外大企业的软件时，还需要签署一份难以看懂、结构复杂的中英文版"许可证协议"，其中大都以律师常用格式条款写明或隐含示意，即用户购买的是软件许可证，一种永久／有时限的使用权而已，软件产权其实还是属于软件厂商。因此，软件用户把购得的软件作为自己的"固定资产"，其实从知识产权的角度来说具有一定的不确定性，理论上企业只有所购软件的永久使用权，没有"固定资产权"。为此，有些企业采用了变通的做法，把软件光盘作为固定资产，暂时消除了资产的不确定性。

众所周知，软件要运行在合适的硬件上，硬件上的操作系统版本、数据库版本、操作系统补丁版本、软件本身补丁版本、数据管理和安全管理软件版本等，都要与之相匹配。常规情况下，软件每年还需要做维护与升级（ME&S），这需要 15% 购买永久许可证的费用。因此，维持一整套大型产品研发软件（如

CAX+PDM）的持久、稳定运行，本身是一件非常复杂、成本高昂的事情。

基于云架构软件形成的订阅模式显示出了不同于传统模式的巨大优越性。因为是即用即付模式，上述需要前期支付的巨大成本都可以节省了。不仅如此，订阅模式还可以让用户随时享受到最新软件版本，持续不断的维护和安全更新，按需部署的软件组合，按需配置的软件功能，按需分享的标准件库，按需购买的他人设计成果，按需访问的电子学习内容，远程桌面诊断及辅助支持服务等。

软件转向云服务模式对软件买卖双方都有较大影响。作为买方来说，软件的购买与使用方式，决定了软件的性质和归属，而软件订阅模式是一种软件购买和使用方式上的创新，它将彻底打破现有的企业资产划分方式，但是也会带来新的财务管理问题，例如订阅模式的成本已经完全变成了使用费，无法再将其划入固定资产费用，这对于现有的国企资产管理模式来说，又将是一个新的挑战与促进。

对卖方来说，尽管传统软件公司转向云服务是一个具有美好未来的事情，会让公司的软件收入变得趋于平稳，具有规律性和可预期性。但是在转型的过程中，软件公司往往甚至必然会经历一个"转型阵痛期"，其根本原因在于，从传统的软件许可证收费模式转型到基于 SaaS 订阅模式后，订阅模式是按年收费的，这类合同的销售金额比传统的销售软件永久许可证的合同金额要小很多，因此转向云服务会使公司的年销售额明显减少。因此，在公司内部也会遇到不小的阻力。如果这种订阅销售模式完全推广普及，软件公司的销售人员和技术支持人员的岗位就会大幅度压缩，这些人员也将面临"转型"的问题。

尽管有着难以逾越的"转型阵痛期"，业界众多软件公司还是先后宣布自己的软件进入了 SaaS 订阅模式，并且已经有少数公司成功地度过了"转型阵痛期"。这里仅列举几个例子。

2014 年欧德克（Autodesk）公司正式提出了云端化转型战略，从传统的销售许可证模式向订阅收费模式（SaaS）转变。顺应网络化和云化的发展大势，该公司在 2009 年就已经开始了对云服务的布局，在收购多家云服务公司后于 2011 年推出 Autodesk Cloud。2016 年 1 月 31 日之后，欧德克多数非套件软件产品将不再出售新的永久许可证，用户只能通过运维协议（Maintenance Plan）维护合约获取后续的永久许可证更新。2016 年 8 月 1 日，公司停止所有传统套装软件的销售。自从公司收入模式由销售许可证转为 SaaS 后，净利润开始大幅下降。公司从 2014 年开始，收入和净利润进入负增长的阶段，随后逐渐降低负增长。与此同时，欧德克公司的客户总数实现了稳定增长。根据 2019 财年 Q3 季报，同年三季度（累计）归属于普通股东的净利润为 −1.46 亿美元，同比增长 63.01%，营业收入为 18.32 亿美元，同比上涨 21.94%，2018 年止跌回升。

参数技术公司（PTC）于 2018 年 7 月 19 日在官网上宣布了其在全球范围内向订阅业务模式过渡过程中的一个里程碑事件。从 2019 年 1 月 1 日起，PTC 的产品研发软件 Creo、Windchill、Kepware 和工业物联网平台软件 ThingWorx 等新软件许可证在全球范围内均仅通过订阅方式提供。用户也可以继续使用或续订其现有永久许可证。此外，PTC 还提供了一些奖励计划，鼓励用户将现有的永久许可证转换为订阅许可证，加速研发工具向云端迁移。2019 年 10 月，PTC 收购了 OnShape 这一具有天然云基因的云 CAD 软件，进一步确定了其云化工业软件的技术路线。

核心业务　系统上云

当研发工具上云之后，对企业既有的产品研发管理、生产制造管理、供应链管理、客户关系管理等传统架构的业务系统进行"云化"改造，就显得很有必要了。

中国做制造业信息化已有 30 多年，很多企业都有多种信息化业务系统来支撑企业的业务运行。每种业务系统由一种或若干种软件构成。例如，某柴油发动机研究所仅 CAE 软件就有 28 种，还有十多种不同的研发管理软件；某飞机研究所大约有 80 多种软件，40 多个不同的数据库；某石油集团公司有 900 多种在用软件；某石化企业有 40 多种业务管理系统；某汽车企业有 100 多种近千个不同版本的软件等。

在软件功能实现方面，因为工业涉及的专业领域太多了，世界上还没有任何一个工业软件厂商能够提供覆盖所有专业领域的工业软件。企业为了实现某种业务系统的全部功能，往往必须购买不同软件企业的软件产品来进行集成。对于这些软件，用户需要的功能都分散、深嵌在各种不同的模块中，所以使用起来很不方便，要在不同的软件菜单界面上来回切换。不同软件的功能明显不同，甚至同类工业软件的某些功能也无法相互替代。不同软件的架构和数据格式迥异。这是传统制造业信息化软件的先天弊病。

在软件信息集成方面，经历了部门级或局部信息化应用、跨部门数据集中管理应用、单源数据应用、多源数据综合集成等不同阶段后，企业的整体信息化管控是很多企业追求的目标，但是这些企业也不同程度地面临极其复杂的问题，如信息化与业务"两张皮"的问题、"产品孤儿"问题、"信息孤岛"问题等。其中"信息孤岛"也称作"千岛湖式"或"烟囱式"信息集成。

在传统架构下，不同厂商生产的不同版本、不同功能、不同文件格式／数据库的软件，彼此之间往往很难读取／转换数据。软件集成的思路往往是开发软件之间的转换接口模块或者利用某一方软件提供的应用编程接口（API），但是这样做不仅开发周期长，耗时费力，而且数据难以做到百分之百转换。

解决这类问题的思路有两个，一个是让所有的软件开发商都遵循一个标准的数据格式，这样所有的软件就可以相互完整地读取彼此的设计结果，但这几乎是做不到的。另一个解决办法就是系统上云。

将核心业务系统运行在云上，可以在统一的云架构下，极大地方便各个系统的集成，让数据借由云端顺畅、自动地流动在各个系统之间，促进彼此的互联互通互操作，这样不仅能有效提升企业运营效率，实施精细化管理，还可以在较大范围内优化企业资源的配置，由此产生经济效益，全面提高企业的整体管理水平。现在绝大部分工业互联网平台都是安装在私有云、公有云或混合云上。

以服装企业为例，中国有大大小小的服装企业40万家以上，90%是500工位以下的小微企业。这些企业的销售能力薄弱，靠贴牌生存，几乎没有数字化能力，用Excel表管理生产，几乎是在混乱中响应小单、急单、快单的生产需求，成本失控，利润微薄。这些企业的特点是没有IT能力，对智能生产渴望，但认为离它们的实际情况很遥远，也无法支付柔性生产改造所必需的成本。

深圳昱辰泰克公司与阿里合作开展"云 MES"部署工作，希望借助 SaaS，帮助小微服装企业以较低成本来完成生产柔性化的技术改造，就像阿里用 SaaS 改造街头便利店一样，让一些没有技术含量的低端便利店都能够用上先进的销售预测和库存管理系统。昱辰泰克"云 MES"采用月租的方式，极大地降低了企业的一次性投资成本（从上百万的投资变成每月支付几千元），无须使用 IT 采购和维护，这对中国几十万小微服装企业有着强大吸引力。

类似地，云 PDM、云 ERP、云 SCM、云 CRM 等企业核心业务系统，都已经开始迁入云端，有了基于云计算架构的版本。

高值设备　运行上云

设备上云是工信部〔2018〕126 号文件中的《工业互联网平台建设及推广指南》中的重点内容之一。该文件指出：（十）实施工业设备上云"领跑者"计划。制定分行业、分领域重点工业设备数据云端迁移指南，推动工业窑炉、工业锅炉、石油化工设备等高耗能流程行业设备，柴油发动机、大中型电机、大型空压机等通用动力设备，风电、光伏等新能源设备，工程机械、数控机床等智能化设备上云用云，提高设备运行效率和可靠性，降低资源能源消耗和维修成本。鼓励平台在线发布核心设备运行绩效榜单和最佳工艺方案，引导企业通过对标优化设备运行管理能力。

工业设备上云尚无标准定义，在《重构：数字化转型的逻辑》一书中，安筱鹏博士给出了一个定义：工业设备上云就是通过建立实时、系统、全面的工业设备数据采集体系，构建基于云计算的数据汇聚、分析和服务平台，实现工业设备状态监测、预测预警、性能优化和能力交易。

从这个定义可看出，设备上云的关键是"实现工业设备状态监测、预测预警、性能优化和能力交易。"

什么样的工业设备需要实现状态监测、预测预警、性能优化呢？显然是那些单件价值高、耗能高、使用风险高、设备分散度高、利用效率低（可简称为"四高一低"）的设备，即工信部〔2018〕126 号文件中提及的四大类设备。

作者以亲自了解过的几类设备为例，来简述设备上云的意义和效益。

▶ 高耗能设备，例如炼铁占据钢铁生产全流程约 70% 的成本、能耗和 90% 的碳排放。目前我国高炉总数约为 1000 座，在东方国信公司的高耗能设备上云的解决方案"行业级炼铁大数据智能互联平台"的支持下，已接入炼铁高炉 310 个，行业覆盖率超过 30%，从而降低冶炼能耗 3%～10%，提升劳动生产率 5% 以上，减少安全事故 60%，据估算全行业上云推广后可降低成本 100 亿 / 年，减排 CO_2 千万吨 / 年。

▶ 新能源设备，青海地广人稀，境内山脉高耸，地形多样，河流纵横，湖泊棋布，风电和光伏等新能源发电都已经初具规模。由青海国电牵头开发的"新能源行业工业互联网平台"，实现了青海省内高度分散、距离遥远的多种新能源发电设备上云，在供给侧统筹了所有光伏、风电等新能源电力的供给，并且可以与传统的水电、火电一起实现电力供应的"光水平衡"等服务。在需求侧，不仅统筹了用电企业的负荷，并用该平台为用电企业提供节省电力、重大设备运行监控、预测式维护等精细化运营服务。

▶ 工程机械：石家庄天远科技公司自 2003 年起通过设备物联网为遍布在全国各地的 30 多万台工程机械客户提供个性化的远程运维智能服务。该公司将在作业现场由传感器采集到的 40 个机器的关键工作参数加工成 4000 种数据，将不同数据产品提供给不同客户，用于工程机械的使用、制造、维修、销售等。不同版本的软件系统和数据应用配置，让设备使用商降低运行成本 5%，销售商降低销售成本 50%，维修商增加 10% 维修业务，制造商不断改进和创新产品质量，金融商降低 80% 的风险。如图 6-5 所示。

在所有机器设备均上云之后，每个设备的状态、情况都可以得到统一集中控制。那所谓的"运筹帷幄之中"便可以比较容易实现，最终工业互联网平台将以制造能力在线发布、制造资源弹性供给、供需信息及时对接、能力交易精准计费等方式提升企业的设计能力、供应链管理能力、交易能力、制造能力、物流能力、配送能力，进而全面提升用户体验与企业市场竞争能力。

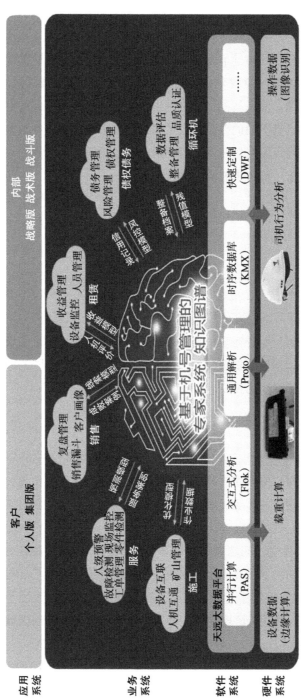

图 6-5　天远科技公司的工程机械远程维护智能服务系统架构

工业互联网与社消互联网异同

关于工业互联网与社消互联网的比较，走向智能研究院的高级研究员尹金国认为：从技术发展的角度来看，我认为工业互联网和消费互联网没有谁早谁晚、谁控制谁的问题，而是从同一片土壤中生长出来的两朵不同的鲜花，这两朵鲜花都很美，都各自有不同的芬芳，但是却是两个不同的物种，只是发展到最后，两朵鲜花在枝肥叶茂的时候相互交织在了一起，交织的空间就是用户和市场。它们是同一块土地上生长出来的两个物种。

对两种互联网的比较，要追溯到 1969 年。

同一土壤　两朵鲜花

1969 年，科技与工业领域发生了很多彪炳史册的大事情。影响世界的 UNIX 操作系统、C 语言、阿帕网（ARPANET）、IP 协议、数据库、人工智能、PLC（可编程逻辑控制器）等新生事物面世了，阿波罗飞船登月时也实现了用软件程序通过赛博空间来远程控制物理设备。其中，阿帕网就是因特网的始祖，PLC 就是工业以太网、现场总线的先驱。

工业以太网

PLC 的出现，使第二次工业革命中传统的继电器控制方式变成了 PLC 的控制方式。PLC 可以在制造过程中起到非常大的作用。在工厂里，各种设备组合成生产线，按照指定的步骤、顺序和质量标准实现产品加工和组装过程，这一工艺特点决定了每一道工序、每一个生产环节都需要一个控制单元。因此，在 PLC 大量应用的过程中，问题也随之而来：这些 PLC 形成了各自分立 / 孤立的信息孤岛，彼此之间的通信是一个大问题，于是就有了 CCR（Central Control Room，集控中心），用它来集中管理。但是当控制规模过大、单元过于集中时，如果某一个关键路径（模块）出现问题，可能会导致较大一片控制区域瘫痪。于是，就有了分布式控制方式。当导线把众多的控制单元都联接到一个网络中后，各节点之间既能彼此正确通信，又不互相发生冲突，局域网的数据链路层功能就出现了。

伴随着工厂规模的扩大，需要控制的生产区域也在不断增大，车间的生产环境越来越复杂，需要控制的设备越来越多，联接成本越来越高，当数字通信传输技术替代了模拟信号之后，现场总线的基本形态就形成了。后来各种传感器、执行器不断融入数字技术，它们之间的通信就逐渐演变成为局域网，从 CCR 转变成 DDC（Direct Digital Control，直接数字控制），再逐渐进化成 DCS（Distributed Control Systems，分布式控制系统）。

1973 年，施乐帕洛阿尔托研究中心的罗伯特·梅特卡夫（Robert Metcalfe），即众所周知的"梅特卡夫定律"的提出者，给他的老板写了一篇有关以太网潜力的备忘录，因而有了以太网这个概念。1976 年，梅特卡夫和他的助手戴维·包格思（David Boggs）发表了一篇名为《以太网：局域计算机网络的分布式包交换技术》的文章，正式提出了以太网和有关技术。

以太网解决方案有效地满足了工业应用对实时性能和耐用性的要求，它是从工业领域内生的、最常用的联接工业设备的主流网络。

工业物联网（IIoT）

在本章第一节已经提到，工业物联网由美国麻省理工学院（MIT）的教授凯文·阿什顿最早实践和命名，他将诸如 RFID 芯片或传感器加在工件上，然后接入互联网。

从工业物联网的发展脉络来看，工业物联网是物联网在工业领域中的应用，是在工业外部诞生的、随后又快速渗透到工业领域的联接机器设备的工业联网解决方案。近些年，工业物联网快速兴起，其联接范围已经远远超越并涵盖了工业以太网的联接范围，让工业以太网成为了工业物联网的子集。工业物联网的内涵和定义还在发展变化中，业界不少企业、组织和专家认为工业物联网非常接近甚至就是工业互联网。

我国工信部电子标准研究院认为：工业物联网是通过工业资源的网络互联、数据互通和系统互操作，实现制造原料的灵活配置、制造过程的按需执行、制造工艺的合理优化和制造环境的快速适应，达到资源的高效利用，从而构建服务驱动型的新工业生态体系。该定义把工业物联网看作工业互联网的一个最大子集。

迄今为止，国际产业组织或标准化机构尚未给出工业物联网的权威定义。

因特网（Internet）

1969 年由美国国防部高级项目开发署（DARPA）开发出了最早的试验性广域网阿帕网——因特网的始祖。阿帕网当时有 4 个主节点：加州大学洛杉矶分校（UCLA）、斯坦福研究所、加州大学圣巴巴拉分校（UCSB）和犹他州立大学（USU）。1971 年，电子邮件（e-mail）诞生，人们通过分布网络就可以跨越时间和空间的限制，时时处处地顺畅传送信息了。电子邮件今天依然是因特网上人与人沟通的主要方式之一。1973 年，其他国家的主机（如英国伦敦大学和挪威的皇家雷达机构）也联入了阿帕网，由此开启了全球性的因特网时代。到 1981 年已有 94 个节点，分布在 88 个不同的地点。1974 年，TCP/IP 协议出现。1990 年，WWW 万维网链接技术出现。1997 年，共计有 1950 万世界各地的主机联入，达到 100 万 WWW 站点。1994 年因特网进入中国，在当时的国家标准中将 Internet 译作"因特网"。历经 26 年发展，中国拥有 8 亿多网民，其中手机网民超过 98%，中国网民数量位列世界第一。因特网在中国取得了商业上的巨大成功，在社交和消费领域位于世界前列。在全球十大因特网公司中，近几年中国经常占有 3 ~ 4 席。

因特网（Internet）与互联网（internet）

作为外来词，在英文翻译上，Internet 译作因特网，internet 译作互联网。二者意思相近，且有包容关系，但又明显不同，主要区别于所联接的"端"上。

▶ 互联网：各种可以通信的设备联网——在网络方面包含了因特网、万维网、广域网、城域网、局域网、物联网、以太网等各种网，在联接"端"方面包括各种带有计算内核的设备。通俗理解，互联网包括各种形式的网络和各种形式的"端"，例如工业领域有通信能力的机器设备可以组成工业以太网和设备物联网（工业互联网的主体）。这些工业端因为总线不同、驱动程序不同，在联网时无法做到"即插即用"，所以经常需要开发驱动程序，由此实现"软件定义工业网络"。

▶ 因特网：它是互联网的子集，由电脑、手机、平板、服务器等各种计算机组成的网络。只要是遵循 IPv4 或 IPv6 协议的计算机，内部都有适用的联网程序，无须做任何接口程序的开发，即可做到"即插即用"。因特网构成了社消（社交 / 消费）互联网的主体，也在特定场景中形成了对工业互联网的补充。

因为没有完全遵从最初的术语翻译标准，现在大家常说的"互联网"其实背后有两种含义，一个是互联网，一个是因特网。因特网是互联网的一种，但是互联网并不局限于因特网。

作者认为，工业互联网是以工业物联网、工业以太网为主体的网络，现在正在携手因特网，快速向各种形式的网络（企业内联网、外联网、局域网等）领域拓展，联接起工业领域中无以计数的各种工业要素。

机器设备　联网难点

无论制造发展到什么模式 / 范式，机器设备发展到何种先进程度，设备的联接和数据采集都是生产中最实际、最高频的需求，也是工业互联网"成网"的先决条件。如果连机器设备都联接不上，数据都无法正确地采集出来，工业互联网就无从谈起。

机器设备和工业系统联网，所需联接的工业要素很多，涉及范围较大。通常，工厂、市政、油气、电力、矿山、物流、汽车、大型设备、楼宇等工业系统都会涉及，它们都在数据采集的范畴之内。

作者通过走访企业发现，要想把各种工业要素有效地联接起来，会遇到各种各样的问题，有多个难点需要攻克：

▶ 难点 1：设备本身不"生产"数据——某些早期的物理式机器设备，或者在最初设计时认为不需要添加数字化模块的设备，如大到工业锅炉、港机等，小到缝纫机、电熨斗等，这些设备中既没有传感器，也没有计算内核（芯片）等。如果想加装传感器、芯片等数字化模块，则会遇到很多困难，如机器内部空隙狭小无法安装传感器，机器外部安装传感器会影响操作运行等。

▶ 难点 2：数字模块不开放——某些工业设备本身有数字化模块，但是这个模块不开放，数据只是封闭、隐藏在设备内部使用，没有任何可以读取内部数据的物理接口。暴力拆解有可能损坏设备。

▶ 难点 3：数字模块被做手脚——某些工业设备本身有数字化模块，也有可以读取内部数据的接口，但是被原设备厂商做了手脚（如将多台设备设置成同一个网址），事实上封死了多台设备同时联网的可能性，造成无法有效读取设备数据。

▶ 难点 4：数字模块被加密——某些工业设备本身有数字化模块，也有可以读取内部数据的接口，但是数据被加密处理，如果没有解密程序模块，根本无法识别数据的格式。例如，某企业购买了 600 台横织机，每台机器 90 多万人民币，但是花费巨资买了这些设备并不能保证正常使用，每年还要缴纳 600 万元（1 万元 / 台）人民币的"通信服务费"，即数据解密程序模块的使用费！

▶ 难点 5：不同的总线和协议——不同的总线和协议一直是设备联网的拦路虎。自改革开放以来，因为历史原因，中国的工业设备是"万国牌"，各种存量设备比比皆是，形成了与欧、美、日截然不同的基本国情（它们的设备种类集中在一两种总线和几种常见协议上）。

国际上曾经形成了工业以太网技术的四大阵营，用于离散制造控制系统的主要是：Modbus-IDA 工业以太网；Ethernet/IP 工业以太网；PROFInet 工业以太网。用于流程制造控制系统的主要是：Foundation Fieldbus HSE 工业以太网。

但是，不同国家的不同公司，基于自身利益的考虑，并不愿意完全遵从某种工业以太网协议，而是从有利于自己产品的立场出发，对现有协议进行某种改进，形成各自的现场总线技术。截至目前，在工控领域到底有多少种现场总线，很难准确统计。一种说法是，目前全球工业界大约存在 40 种现场总线，还有人说是 70 多种，但是根据北京亚控科技有限公司郑炳权总经理的介绍，以他 20 多年的设备联网经验来看，全球的"万国牌"存量设备在中国都有，现场总线的各种变种已经接近 200 个，所遇到的不同设备的驱动协议超过了 5000 种。

尽管各国的主流厂商也一直呼吁统一现场总线和设备驱动协议，例如德国在工业设备集成方面提出了 OPC UA 协议，而北美和日本提出了 MTConnect 协议，统一之路早已经开始走，但是在各方利益的牵扯下，还有不少企业并不真想走，这条"统一"的道路注定很漫长。因此，面对中国国情，不掌握几千个设备驱动协议的"金刚钻"，还真揽不了机器设备联网的"瓷器活"。

数采分析 常有痛点

设备联好网之后，只是万里长征刚开始。随后就要大量采集数据，为工厂监控中心（SCADA/DCS）、能源管理系统（EMS）、制造执行系统（MES）、企业资源计划系统（ERP）等数字化业务系统提供原始数据支撑。

工业数据的采集、管理、转发与共享，一直是制造业的难题。在现实操作中，面对机床、特种设备、机器人、子系统、特殊模块、控制器、仪表、板卡及电力、楼宇等，很多工业现场都有数据接口种类多、协议难以统一、缺乏有通用性的架构等问题。

根据北京亚控科技有限公司技术人员的经验，通常在设备联网和数据采集时会遇到三大痛点：

▶ 痛点 1：数据采集问题——因为不能影响工业现场的生产进度，所以在工作现场经常会遇到调研进展慢、开发难度大、验证维护周期长等实际问题，它们严重影响了数据采集项目的开发与实施进度，特别是在验证与维护方面还存在很多隐性成本，问题总是会在意想不到的地方冒出。工业现场设备联网涉及的问题如图 6-6 所示。

▶ 痛点 2：软硬件适配问题——传统 DTU（Data Transfer Unit）只能解决串口数据的转发，且采集频率较低。它主要应用于供水、供热等低频数据采集场景，以及可以接受 1～2 秒延时的场景。工业网关可以处理串口、以太网链路的数据转发，但所支持协议有限，且很难形成完整的解决方案。传统 SCADA 软件支持的驱动多，可以对外转发数据，有完整的解决方案，但上位机（指可以直接发出操控命令的计算机）部署成本比

较高。因此，工业现场设备联网中还存在大量软硬件适配问题，如图 6-7
所示。

调研	开发	验证与维护
设备是否有通信接口 是否要购买协议格式 是否需要增加硬件 ……	熟悉设备、软件配置方法 问答 / 主动上发 / 调库 解析、组帧 打包长度、采集频率 实时、按需、定时采集 冗余机制 断线缓存、续传 ……	调试与生产如何协调？ 设备响应速度？ 采集频率是否满足要求？ 链路、进程如何分配？ 内存占用量，是否有内存泄露？ 验收过程中的新需求？ ……

图 6-6　工业现场设备联网中的数据采集问题

	接口	性能	传输途径	驱动
传统 DTU	COM	秒级采集	3G/4G	—
工业网关	COM, TCP, CAN, 蓝牙……	毫秒级采集	3G/4G, WAN, WiFi	较少
上位机 + 组态软件	COM, TCP,（+ 转换器）	毫秒级采集	WAN, WiFi	全面

图 6-7　工业现场设备联网中的软硬件适配问题

▶ 痛点 3：怎么用好数据——面对既有数据，如何实现设备物联网数据的
共享、分发、分析与协同？如何挖掘海量实时 / 历史数据的价值？如何
从远程监视、远程配置参数，提升到在较大范围内协调配置资源、改进
制造工艺、优化排产计划、完善质量追溯体系等，并由此而为企业创造
价值？

以上三个痛点问题都严重制约着数据采集和数据处理的速度与质量。根据北
京兰光创新公司在企业做实施的一线技术人员反馈，当采集的数据量大时，会带
来以下问题：

1）若采集的数据量大，首先应考虑采集的稳定性问题。一般采集分为两种：
顺序采集；并行采集。这两种采集各有优缺点：顺序采集对运行时的服务器的压
力小，系统稳定性高，但时效性差；并行采集的采样频率与采样周期相关，时效

性强但是系统压力大、稳定性差。当遇到采集的数据量大、采样频率较高的项目时，就会发现两种采集方式中的任何一种往往都不能很稳定地运行，从而经常出现数据不准、服务器宕机等现象。

2）数据存储。因为数据量比较大，所以在存储过程中会经常出现数据表空间不足的情况，需新建表空间，而可以长久应用和分析的数据可能会变成不易处理、"食之无味、弃之可惜"的累赘数据。

3）数据处理。在采集的数据量变大的同时，数据的种类也在增加，而数据杂乱地混在一起则不易处理，同时也不易分析。

如何用好数据，是所有企业关心的问题。深圳华龙迅达公司给出了自己的见解：在云平台开发 API 接口，通过授权和配置采集程序，将数据采集到云端，对需要数据的制造企业、软件公司、行业大数据分析企业、服务商、供应商、营销商开放应用，使制造数据与供应链、销售链和服务链融合。

量级响应　场景不同

需要说明的是，工业互联网并不是社消互联网，工业互联网有着自己明显且强烈的工业特征。无论是在网络端的量级、实时响应速度、使用条件、应用场景、用户心态等方面，都有很多不同。

基础不同

社消互联网联接的是电脑、手机、平板、服务器等"数字化原住民"，这些数字设备天生就具备上互联网的基础；工业互联网联接的是"数字化移民"，即可以迁移到工业互联网而成为网络终端的人、机、物、活动等各种工业要素，这就需要对大量的工业设备与物料等进行"治聋治哑"改造。

所有权不同

绝大多数电脑、手机、平板等具备个人属性，归个人使用和保管，而绝大多数工业设备具备企业的公有属性，是国有、公有、集体的。由于安全、保密、高价值等方面的考虑，工业设备上网时企业家的顾虑较多。

联接量级不同

社消互联网联接几十亿消费人群和电脑设备，工业互联网要联接的是几百亿设备——Gartner 预计 2020 年 IoT 设备联网量为 260 亿，PTC 预测 2020 年 IoT 设备接入量为 500 亿，思科预测 2020 年 IoT 设备联接数为 500 亿。总体上有数量级的差异。

联接难度不同

社消互联网有统一标准协议，属于开放网络，联接相对容易。工业互联网联接的对象是工业设备，存在存量大、种类杂、协议多、开放程度不相同的特点，由此带来的是设备数字化改造成本高、数据采集精度差、协议兼容难度大、云端汇聚效率低等问题。

响应不同

社消互联网无须工业级的实时响应，例如在微信对话或提交购物申请时，有 1 秒左右的延迟并不影响使用结果；工业互联网往往需要毫秒、微秒甚至百纳秒级的实时响应，也需要与此相适应的时间敏感网络（TSN），甚至需要更精准的时间明晰网络（TAN）。有些看似只有半毫秒的延迟，在车间里可能就会酿成重大工业事故。在国家电网的管理中，精准对时的要求已经小于 1 微秒。

顺便指出，5G 是最新一代蜂窝移动通信技术，具有高速率、大容量、低时延、高可靠等特点。但是 5G 的低时延只是在 1ms（毫秒）级别，从通信角度来看，时延已经很低了，不过从工业控制角度来看，距离工业现场中自动化设备的百纳秒级实时控制要求还差两个数量级。但是这并不妨碍 5G 在自动控制设备之外的工业场景找到大量使用场景。

对象 / 场景不同

社消互联网的典型场景是以人为主体的消费活动，为了让人与人沟通在电脑之间传输数据，对可靠性、稳定性的要求一般。例如使用家用型普通网线就可以实现联网。

工业互联网的典型场景是车间或设备工作现场等以机器为主体的业务活动，

为了生产目的在设备之间传输数据，对可靠性、稳定性的要求更高，在车间使用的网线要求防潮、防尘、抗振动、抗拉和抗电磁串扰，因此通常会使用五类网线、超五类网线或者甚至使用六类屏蔽网线。

用户心态不同

社消互联网的用户群体愿意尝试新事物，拥抱变化，特别是消费群体中的年轻人，是拥抱和尝试新生事物的主力军。

工业互联网的用户群体趋于保守，喜驻足观望，想变又担心变化。很多企业的决策者并不愿意把自己的设计、生产与服务数据以及相关经验，以工业 APP 的方式分享出来。对工业互联网真正有积极性的，应该是某些工业设备生产厂商。

有很多意想不到的坑

想省钱却费钱：某企业选择了一家报价最低的供应商，结果所用网线居然是家用型普通网线，而不是工业级的五类以上网线，并且网线水晶头的质量差，走线也很不规范。结果在生产实施过程中就出现了异常情况，许多设备接入网络后出现了丢包现象，有的网线就根本不通，从而造成调试难度增大和实施时间增加。而且企业的后期维护也变得很麻烦，经常出问题。后来，该企业只好用标准的六类屏蔽网线取代了家用普通网线，走线也标准正规，才彻底解决了问题。

驱动程序有误：某客户采购了一批海德汉最新的 620 系统机床，顺利地实现了数据采集，但是后来发现，时间久了采集就会出现异常，经常需要重启程序，并且多次重启后就再也采集不到设备数据了，要重新启动整个设备才行。经过对 620 系统进行多轮测试与验证，基本确定是驱动程序中的某个函数应用错误所致，造成返回的数据包异常，进而造成设备系统响应异常。及时更新驱动程序后，问题得以解决。

相互融合与借鉴

两个领域两回事，认识上不可混同，试图以一种领域场景直接套用另一种领域经验，是难以奏效的。但是二者可以相互跨界，相互借鉴经验。例如在消费互联网的一些成熟做法，也可以在工业互联网中予以借鉴，如航天云网的工业互联网平台就借鉴了"滴滴打车"模式而做了一个"工业滴滴"，将设备保有方与设备维修人员联系起来，对接双方需求，让设备保有方不再找不到维修人员，让维修人员不再找不到活干。

智能制造参考架构模型及工业安全

智能制造　基础先行

在 2017 年 11 月 27 日国务院发布的《关于深化"互联网＋先进制造业"发展工业互联网的指导意见》中指出，工业互联网是以数字化、网络化、智能化为主要特征的新工业革命的关键基础设施，加快其发展有利于加速智能制造发展，更大范围、更高效率、更加精准地优化生产和服务资源配置，促进传统产业转型升级，催生新技术、新业态、新模式，为制造强国建设提供新动能。

机械工业仪器仪表综合技术经济研究所的王春喜副总工对与智能制造有关的参考架构专门做过比较深入的研究。他认为："智能制造参考模型是一个通用模型，适用于智能制造全价值链所有合作伙伴公司的产品和服务，它将提供智能制造相关技术系统的构建、开发、集成和运行的一个框架，通过建立智能制造参考模型可以将现有标准（如工业通信、工程、建模、功能安全、信息安全、可靠性、设备集成、数字工厂等）和拟制定的新标准（如语义化描述和数据字典、互联互通、系统能效、大数据、工业互联网等）一起纳入一个新的全球制造参考体系。"

智能制造涉及多企业、多领域、多地域信息集成、应用集成和价值集成，构建智能制造标准体系首先需要建立智能制造参考模型并统一其术语定义，同时开展软件定义参考架构模型的研究工作。于是，三大著名国际标准组织 ISO、ITU、IEC 都牵头制定了智能制造的国际标准。在它们制定的 11 个与智能制造有关的国际标准中，工业互联网是划归在智能制造领域中的。

鉴于智能制造跨技术领域的特点，IEC 曾经专门成立了 IEC/SMB/SG8（智能制造／工业 4.0）战略工作组。该工作组在 2016 年转化为 SEG7（智能制造）系统评估组，开展智能制造相关的体系架构、标准路线图、用例等方面的研究。SEG7 国内技术对口单位为机械工业仪器仪表综合技术经济研究所。

该工作组 2019 年年初完成了智能制造相关的现有 11 种参考模型的对比分析报告，如表 6-1 所示。表中 1～4 及 11 项参考模型已经在前几章中予以介绍。

表 6-1　与智能制造相关的现有参考模型

	模型名称	制定组织
1	工业 4.0 RAMI4.0 参考架构模型	德国工业 4.0 平台
2	智能制造生态系统（SMS）	美国国家标准与技术研究院（NIST）
3	工业互联网参考架构（IIRA）	工业互联网联盟（IIC）
4	智能制造系统架构（IMSA）	中国国家智能制造标准化总体组
5	物联网概念模型	ISO/IEC JTC1/WG10 物联网工作组
6	IEEE 物联网参考模型	IEEE P2413 物联网工作组
7	ITU 物联网参考模型	ITU-T SG20 物联网及其应用
8	物联网架构参考模型	oneM2M 物联网协议联盟
9	全局三维图	ISO/TC184 自动化系统与集成
10	智能制造标准路线图框架	法国国家制造创新网络（AIF）
11	工业价值链参考架构（IVRA）	日本工业价值链计划（IVI）

从这个表中不难看出，德国的 RAMI4.0、美国的 SMS 和 IIRA、日本的 IVRA 等，都是放在一起来研究对比的。在国际标准化组织的眼中，智能制造和工业互联网是划归为同一种事物的。因此大力发展工业互联网，就是在夯实智能制造的基础设施。而基础中的基础，就是智能制造参考架构模型。

智能制造，基础先行。建立模型，制定标准。不同国家、地区、行业的智能制造／工业互联网共同建设，才有可能实现互联互通。

五座珠峰　尚待攀登

作者认为，在工业互联网／工业互联网平台发展的道路上，还有很多问题需要考虑，至少有五座"珠穆朗玛峰"等着参与者去攀登。

第一座珠峰：网络协议

做过企业设备物联网的专家都知道，不同工业设备之间的连接，是一个极其复杂的问题，各种不同时期、不同品牌、采用不同总线的工业设备，如机床、热处理设备、自动生产线、柔性生产线、专机设备、AGV、3D 打印设备、注塑机、测量仪、反应釜、传感器、仪表、机器人乃至可穿戴设备等，都有不同格式的数据通信协议。每家生产设备的企业，都是第一优先考虑自己设备的功能需求来开发设备接口协议的，是否需要与其他企业的设备兼容，并不在首先考虑之列。

前文已述及，新设备的联接工作量相对较少，而要把企业的大量存量设备联接起来，让所有设备彼此无障碍地通信和采集数据，至少需要 5000 种以上的通信协议。而且这是一个漫长的实践、沉淀与积累过程——有时候两种具有不同协议的设备看起来联通了，甚至稳定工作了很多天，但是再过几天忽然可能不通了，因为过去对通信协议的某个特殊格式没有考虑到也恰巧没有用到，而现在用到了。

无论如何，不弄懂弄通这 5000 多种设备通信协议，在设备互联方面就会受到极大的限制。

第二座珠峰：知识壁垒

工业革命的最大成果之一是行业／专业细分。不同行业／专业有不同的细分技术和独门专业知识。在制造业"连接技术"中最常见的焊接，就可以有七八百种不同的工艺流程；一根输电高压线，也可以有上百个不同的描述模型；更不用说复杂产品中的民用飞机、航空发动机、核潜艇、航母、舰载机等难以分解的超级综合复杂体；还有在高新技术中，我们尚未掌握的精密机器人减速器、高端芯片以及制作芯片用的 EUV 光刻机等。

现在国内还没有支持细分专业并全行业覆盖的工业互联网平台，假设已经有了这些工业互联网平台，也仍然会产生各种工业知识"壁垒"与"鸿沟"问题，即一个再成熟的电子产品工业互联网平台，也不太可能被航空企业采用；一个再好的医疗设备工业互联网平台，也不太可能被工程机械企业采用，因为在"别人"的平台上，没有本行业／专业的应用场景、专业知识和支持这些场景的工业

APP。例如 GE Digital 的"三步走"发展策略" GE For GE、GE For Customers、GE For World",其实是很务实的,但是在逻辑上,前两步都正确,唯独第三步滑入了"知识壁垒"的深坑。实践一再证明," GE For World"是不好跨出去的,这中间恐怕省略了" For Other Industries"" For USA"等重要步骤,以及为了验证和优化这些重要步骤所必需的长期沉淀与反复打磨。

第三座珠峰：企业禁忌

迄今为止,作者还没有听到任何一个企业愿意把自己的研发知识、经验技巧以及产品的数字化模型,放在"别人家"的工业互联网平台上。小企业因为担心技术诀窍泄露而不敢做,大企业因为担心知识产权不保而干脆自己开发平台。

如果是同行开发的工业互联网平台,上面有专业对口的工业 APP 应用,按理说技术完全可用的工业互联网平台应该是可选的,但是,从企业老板的心态来说,越是同行,越是忌惮,越是敬而远之,心里那道屏障可能在高度上要赛过珠峰。试想 A 汽车企业怎么可能把自己的汽车研发模型数据放在 B 汽车企业开发的工业互联网平台上呢?因为同业竞争、商业机密、数据产权的归属与数据安全的保障(不被非法阅览、修改、复制和使用等)等,拒绝他人的工业互联网平台的原因有很多。企业对于研发、生产和经营数据在工业互联网平台上的共享持相当保守的态度,老板经常问的是:这对我的企业有什么好处吗?没有答案。因此,稍有实力的企业,要么处于观望状态,要么是干脆自己投资开发一个工业互联网平台。这也是国内工业互联网企业如雨后春笋般涌现的原因之一。

第四座珠峰：保密条例

对于国防军工企业和承担了与国防军工研制任务的其他企业来说,保密是首要问题。保密无小事,与研制任务有关的任何图文、数据、技术档案等文件,必须做到网络物理隔绝。因此,凡是涉及国防军工型号研制任务的企业,绝不可能上社消互联网,预计也不太可能上工业互联网(该企业对外隔绝的内网除外)。同时,按照政府有关部门规定,涉密企业目前不能开展与云有关的业务活动,即使是企业私有云也不行。

保密是法律规定的涉密企业义务，是必须遵守的、优先于其他一切事物的首要事物，是不可触碰的高压线。这几乎是涉密企业无法攀登和逾越的一座珠峰之上的珠峰。

第五座珠峰：平台互联

作者调研过若干工业互联网企业，常问它们：国内工业互联网平台有很多，这些"平台"之间能不能相互联接？作者得到的回答一概是"无法联接"。如果现有数百个工业互联网平台各自有了一大批客户，但是彼此之间却"老死不相往来"，那么会出现一个曾经熟识的景象：早年制造业信息化在中国推广普及的结果是造成了无数"千岛湖"和"烟囱式"企业信息化集成项目，因为不同品牌与功能的信息化软件难以集成，信息化软件与物理设备系统难以集成，不同企业的信息化系统更难以集成。

今天的工业互联网平台似乎仍然难逃此窠臼。照此下去，工业互联网平台的诸侯割据是必然的结果。从彼此难以互联的角度来看工业互联网，也能看出来它与社消互联网最大的不同——社消互联网是全球联接、全域互通数据的国际互联网，工业互联网实际上是行业强势方（非全行业）联接、局部有条件互通数据的（非国际化）地方局域网。

时间明晰　网络安全

智能制造和工业互联网的本质是海量数据在网络中的自动流动和智能处理，以形成工业过程的大闭环。在新工业革命的数据洪流中，工业通信是数据自动流动的使能器、路由器和加速器。因此，如何认识和定义新工业革命的网络通信技术，如何实现"软件定义工业网络"，已经成为工业互联网落地的重要基础。

工业通信的核心需求是：以"服务保障"取代过去的"服务质量"。一词之差，所引发的概念区别大相径庭。

在传统以太网通信中，服务即用户或应用的数据以及构成维护通信网络所需要的所有管理信息。服务保障就是在传统以太网通信中，只要保障上述所有业务的正常即可。而在工业通信中什么是服务保障，什么因素才能构成对工业数据通信业务的保障？作者认为，对工业服务的保障有两个方面：一是数据本身的通信保障；二是数据本身的时间有效性保障。

简言之，在任何条件下以及任何时间内，把任何工业数据从数据源在业务规定的时间内，经工业通信网络传送到目的设备，而无任何该工业应用所不能承受之差错或丢失。

综合所述，工业通信的基本需求应概括为以下五个基本点及两个附加属性：

- ▶ 确定性和非确定性的融合；
- ▶ 工业通信网络的健壮性或鲁棒性；
- ▶ 工业通信的可观察性；
- ▶ 工业通信的系统协同性；
- ▶ 工业通信的安全性；
- ▶ 海量数据的智能获得为通信技术的加分属性；
- ▶ 通信网络的组建和维护的便利性为其商业加分属性。

目前，国际国内很多企业/研究所/组织都认为，满足智能制造/工业4.0的通信技术应该为 TSN + OPC UA，但是这有可能导致建设工业互联网的技术路线出现偏差和非自主可控的结果。

TSN 由主流通信公司提出，得到了几乎所有国外工业巨头的认同，原因在于 TSN 标准并不改变当前工业利益格局，不影响市场上的既得利益者。中国企业如果以惯性跟随心态大力推广 TSN，最终将会影响中国的工业网络安全。

作者认为，TSN 技术目标看似理想，实则存在先天缺陷：

1）TSN 是源于通信技术的典型的基于时间分片技术，在特定路线、特定时间为特定数据预留"专用通道"，从而实现网络传输确定性。在实现的同时，也隐藏了一个大前提：通信业务路线是刚性的、固定不变的。这与新工业革命要求的高度柔性制造过程相悖。

2）专用通道，意味着他方不能用。因此专用通道数量就是一个制约，使得可集成的确定性系统的数量大大受限，网络规模受限，严重违背了以太网自由互联的基本优势。

3）TSN 现有核心技术和专利控制权目前基本掌握在国外企业手中，国内企业采用跟随策略，有潜在的技术和专利方面的巨大商业风险。

4）TSN 标准、核心技术、产业皆非自主可控，无法预见国外 TSN 芯片和固件中是否隐藏"后门"，如果有的话，则国内企业随时可以被对手"点穴"致瘫。

基于此，在智能制造 / 工业互联网建设过程中，作者建议我国企业尽量采取自主可控的工业网络技术，来有效规避 TSN 的潜在风险。

目前，北京恩易通技术发展有限公司已经在工业网络通信技术上有了世界级突破性创新，推出了完全自主可控的"时间明晰网络（Time Aware Network，TAN）"技术，开发了完全自主可控的 TAN 芯片和 TAN 交换机，经过多个企业、多种形式组网实用实测，性能和安全表现优异。

TAN 是一种全新的基于时间的工业网络通信技术，实现了现有工业以太网和 TSN 做不到的三个层次的时间明晰和五个新工业网络属性：

1）网络的时间明晰：整个网络的时钟是同步的（<500ns）。

2）设备的时间明晰：所有接入网络的设备可以从网络获取精确的时钟进行同步。

3）数据的时间明晰：所有网络中的数据都具备精确的时间属性。

4）采用多通道的概念实现了工业以太网传输的低时延、确定性传输的要求。

5）实现多路径传输技术以及任意组网，彻底满足了未来工业网络的自由互联互通以及网络健壮性的要求，多种网络（有线、无线）无缝融合，根除了网络风暴，做到了凭一根导线连接、数据就能通。

6）全网精准可观察性，使网络具备了在不影响工业应用的前提下的完全透明，可以察觉设备底层任何异常的一手数据（类似震网病毒活动），为工业网络安全提供可靠支撑。

7）战略级安全性，即使发生太空网络战，在北斗网络被摧毁而失去绝对时间授时的极限情况下，TAN 主交换机仍然能够自动保持相对时间同步，确保其工业网络上协同工作的设备正常工作。而 TSN 及现有工业以太网在失去绝对时间后可能因系统紊乱而瘫痪。

8）"以太总线"技术可支持传统总线与工业网络的无缝融合，让现有工业网络用户无痛迁移。

更重要的是，TAN 的意义并不限于工业网络通信，TAN 能够使中国工控界彻底摆脱对西方工控设备的严重依赖（如对 PLC 的依赖），使工控领域彻底实现"软件定义工业网络"，打破西方工业巨头对中国工控的垄断，确保中国工业网络安全。

保密可靠　物理安全

只要你的数据流动在赛博空间，只要你使用任何一种可以联网的终端产品建立起赛博通道，不管你愿意不愿意，不管你承认不承认，不管你看到看不到，都有四把利剑高悬在工业互联网头上。

黑客攻击之暗剑

2015 年 12 月 23 号下午 3:30，在乌克兰西部伊万诺 - 弗兰科夫斯克电力控制中心，运维人员突然发现自己计算机屏幕上的光标被一只看不见的"幽灵之手"给控制了，光标指向屏幕上当地变电站断路器的按钮，它断开了一个断路器，于是，城外某区域内数以千计的居民立即陷入了寒冷中。一个又一个断路器被"幽灵之手"操控光标断开，最终导致约 30 座变电站下线，两座配电中心停摆，23 万当地居民无电可用。虽然在数小时后以手动方式恢复了电力供应，但是黑客对 16 座变电站的断路器设备固件（嵌入式软件）进行了改写，用恶意固件替代了合法固件，这些断路器全部失灵，任凭黑客摆布。高大上的供电设备似乎被武功高手点了穴，瘫倒在地。

令人意外的是，乌克兰电站拥有强大的防火墙，其控制系统的安全水平实际上是高于美国境内部分设施的。由此可见，即使在如此强悍的防御措施下，经过"完美预谋和精心组织"，黑客仍然攻破了电站防线，造成物理设备失控。

一切皆源于软件缺陷，皆源于赛博通道，皆源于意想不到的疏漏。设备太多，防护太少。防不胜防。

木马植入之毒剑

木马病毒植入最成功的案例，当属大规模破坏了伊朗铀浓缩工厂离心机的

"震网"病毒。伊朗铀浓缩工厂的离心机是当年仿制法国老产品的，加工精度差，承压性差，转速有所限制，全网完全物理隔离。但是"震网"病毒通过加速离心机的旋转摧毁了大批离心机。

- ▶ **无形植入**：特工将"震网"病毒植入其他工厂，感染所有潜在工作者的U盘，进而使病毒不知不觉进入铀浓缩工厂。病毒查杀软件的常规检测根本查不出这种病毒，它悄悄潜入系统，使杀毒软件看不到它的文件名。如果杀毒软件扫描U盘，木马就修改扫描命令并返回一个正常的扫描结果。

- ▶ **感染传播**：利用电脑系统的 .lnk 漏洞、Windows 键盘文件漏洞、打印缓冲漏洞来传播病毒，8 种感染方式确保电脑内网中的病毒能相互自动更新和互补。

- ▶ **动态隐藏**："震网"病毒把所需的代码存放在虚拟文件中，重写系统的API（应用程序接口）将自己藏入，每当系统有程序访问这些 API 时就会将病毒代码调入内存。

- ▶ **内存运行**：病毒在内存中运行时会自动判断 CPU 负载情况，并只在 CPU轻载时运行，以避免系统运行速度表现异常而被发现。电脑关机后代码消失，再开机后病毒重启。

- ▶ **精选目标**：由于铀浓缩厂使用了西门子 S7-315 和 S7-417 两个型号的PLC（可编程逻辑控制器），病毒的目标就锁定它们。如果网内没有这两种 PLC，病毒就潜伏。如找到目标，病毒利用 Step 7 软件中的漏洞来突破后台权限并感染数据库，于是所有使用该软件连接数据库的电脑和 U盘都被感染，它们都变成了病毒输送者。

- ▶ **巧妙攻击**：在难以察觉中，病毒对其选中的某些离心机进行加速，让离心机承受不可承受的高转速而损毁，初期设备维护人员还以为这种损坏仅仅是设备本身的质量问题。直到发现大量设备损毁之后才醒悟过来，但是为时已晚。

软件漏洞让"震网"这类病毒变得无比狡猾和猖狂。谁能说，我国境内的赛博通道是安全无忧的呢？

软件后门之阴剑

在我国大型央企、国企、民企等关键、要害企业中，国外工业软件占有统治地位。这些软件多数为美、欧、日等发达国家所开发，并且绝大多数不对中国客户开放源代码，特别是近年来这些软件都已经上云。

近年来，除了国外黑客攻击和木马病毒植入之外，国外软件的数据"走后门"现象十分普遍。这种现象大致源于两种情况：一是软件原厂商为了改进产品质量，对用户使用软件产品的情况进行跟踪，希望通过收集使用大数据的形式，找出用户的使用习惯和操作不便之处，以便在后期版本中改进软件功能；二是出于某种不可告人的目的特定设计的软件"后门"，如果使用软件的电脑是联网的，那么某些"厂商所需数据"就在以某种触发机制（如按照累积量）随机或定时发送给国外软件商，如果电脑是不联网（如物理隔绝）的，那么就伺机寻找网络发送数据。其实这种发送机制已经是"明偷暗抢"了。因为软件代码都是不可见的二进制执行代码，常人根本无法查出这种后门发送数据的代码处于软件中的什么位置。

企业里的各种杀毒软件对这种软件后门是发现不了的，因为这并不是病毒，而是前门紧闭，后门洞开。有些时候，即使在服务器物理隔绝的状态下，有些数据仍然可以在特定场景下泄密流失出去。

为钱卖钥之鬼剑

2016年3月，某工程机械企业不断接到全国各地分公司的反馈：多台租赁中的设备突然失联，从该企业的监控大屏幕上莫名其妙地"消失"了。随后，"消失"的设备越来越多，数量多达近千台，价值近十亿人民币。经某工程机械企业员工检查发现，连接设备的远程监控（ECC）系统被人非法解锁破坏，使得该企业对在外的工程机械设备失去了网络监控能力。

国内大部分工程机械企业都会在泵车中安装类似的远程操控系统，系统内置的传感器会把泵车的GPS位置信息、耗油、机器运行时间等数据传送回总部。因为这类大型设备较为昂贵，客户很难一次全款买断，所以往往采用"按揭销售"的形式购买设备。泵车开机干活就付钱，停机就无须付费，这原本是一个对双方都有利的"结果经济"模式。工程机械企业对泵车的基本控制逻辑是，如果客户开机后每个月正常还款，则泵车运行正常；如果还款延后，泵车的运行效率会降低到原来的 30% 至 50%，如果一再拖延，泵车就会锁死，无法运转。

警方侦办后发现，破坏 ECC 系统的是一群熟知系统后台操作的团伙成员。其中一名成员竟然是该企业在职员工，另一名成员虽然在 2013 年离职，但同为熟知 ECC 系统操作的技术人员。他们合伙利用该企业 ECC 系统的软件漏洞进行远程解锁，几分钟就可以解锁一台设备 GPS，非法获利 1 万～ 2 万元。在不断膨胀的欲望下，该团伙一而再再而三地作案，终于酿成震惊业界的大案。

再好、再严密的设备防御措施，也禁不住内鬼为钱卖钥，贪财解锁。其实，无论多么严密的设备上网防护措施，多么完美的加密算法，当人心有鬼时，防护都可以破解。最可靠的加密钥匙，是人心，是制度，是法律。

必须注意的功能安全和物理安全

在因特网时代，人们总是强调数据安全和网络安全。的确，黑客入侵或恶意软件（如病毒、木马）的植入，非法浏览、窃取、删除个人隐私数据或企业研发生产数据，都是严重犯罪行为。有些黑客甚至篡改互联网用户的数字证书，锁死用户电脑，致瘫用户的网络等。这些犯罪活动严重干扰和影响了互联网用户的正常工作和生活，造成严重的信息安全问题，但这些是与下面提到的安全问题相比，却算是"小巫见大巫"了。

在工业互联网时代，彼此互联的工业系统的功能安全和物理安全，已经成为迫在眉睫、更加严重的问题，所有的企业和行政管理者，都必须对其有着清醒的认识，百倍警惕，严加防范。

▶ **功能安全风险**：如果黑客入侵工业互联网，获得了工业设备上的赛博系统控制权后，可以利用设定错误功能的方式，致瘫或破坏工业生产。例如，在不该通/断燃气、冷热水、电力的地方进行错误的通/断；将某个城市所有的交通信号灯都设置成为红灯或绿灯等。所有这些功能安全问题将对工业设施或城市运行造成间接破坏。

▶ **物理安全风险**：这是最可怕的工业安全问题。黑客获得了工业设备上的赛博系统的控制权后，可以利用工业系统本身的物理特性缺陷进行破坏，例如，让高速运行中的精密铣床发生"裁刀""撞刀"，由此而报废机床主轴；让工业锅炉数倍超压而发生爆炸；让正在天车上运行的铁水包跌落；让工厂内的机械臂失控，撞击边上的机柜或与另一只机械臂互相撞击；还有前面提到的破坏铀浓缩离心机的例子等。这些都可以对工业设施或城市运行造成直接破坏。

大范围工业要素联接，让我们有了在大系统级别优化配置制造资源的可能性，获得了更好的企业管控能力，但是也有可能为别有用心的黑客或外部势力借由赛博通道破坏生产设施提供途径。利用工业系统本身的物理特性来破坏工业系统，是最高级别的工业互联网安全风险。因此，安全是保障，这句话必须牢记心中，在联接更多的物理设备的同时，安全措施必须要落实到位。

软件定义与工业 APP

工业 APP 数量是评价工业互联网平台的关键指标。基于微服务、面向角色和场景的工业 APP 是发展方向。传统架构的大型工业软件未来会不断解构、细分其功能，并将这些功能重构为新型架构的工业 APP。在 10 年之内，大型工业软件仍然会占据主导地位，但是工业 APP 也会不断丰富和发展，逐渐在功能上追赶传统架构的工业软件。

工业 APP 的发展历史

近些年"APP"这个缩略语已成为一个流行词。该词曾荣获美国方言协会颁发的 2010 年"年度最佳单词"荣誉。自 20 世纪 90 年代中期以来，APP 一直被用作"应用程序（Application）"的缩写。本书第二章也提到 APP 现在常指手机软件。APP 前面加上工业二字，意思就成了"工业应用程序 / 软件，类似手机 APP 形式的工业应用软件"，但是与手机 APP 有明显不同，因为工业 APP 封装了工业技术 / 知识。工业 APP 的发展，是基于工业技术软件化的成果积累，积累愈多，"化"之愈快，工业 APP 愈丰富，工业互联网愈发达。

封装知识　人机增智

关于工业 APP 的定义

工业 APP 在国内外的研究并不是很充分，应用推广也不是很普及，应该处于发展的初级阶段，在中国工业界还是一个新生事物。因此，对于工业 APP 的定义，我国目前给出定义的只有工信部发布的《工业互联网 APP 培育工程实施方案（2018—2020 年）》和工业技术软件化联盟发布的《工业互联网 APP 白皮书》。

在工信部《工业互联网 APP 培育工程实施方案（2018—2020 年）》中将工业 APP 定义为："工业互联网 APP（以下简称工业 APP）是基于工业互联网、承载工业知识和经验、满足特定需求的工业应用软件，是工业技术软件化的重要成果。"

从以上定义看，首先，工业 APP 的全称是工业互联网 APP，明确了它是基于工业互联网来研究、发展和应用的；其次，它是一种满足特定需求的工业应用软件（即工应软件）；再者，它承载工业知识和经验，是工业技术软件化的成果。

在第二章表 2-1 中，作者将工业 APP 划归于在工业互联网平台上运行的工应软件，是一种新型工业软件。

知识传承方式不断升级换代

在第三章中，作者回顾了知识传承中的种种问题：数万年前甚至更早，知识传播使用口口相传 + 示范模仿；大约六千年前，知识与人分离，有了图文书写；大约两千年前，以纸为载体，形成了纸介质书籍。但是以物理介质和大脑记忆为载体的知识传播方式并不可靠，难以传承，经常失真。即使到了计算机普及应用的数字化时代，数字化的知识在存储、编辑、打印、复制、传承等方面有了飞跃式的进步，但是在知识的应用与创新上并没有出现本质的变化。数字化知识还只是在辅助人利用知识，并没有真正实现机器自主利用知识。在知识的应用与创新上，还没有做到人与知识分离。工业技术软件化还有很长的路要走。

工业技术软件化的历程，实际上从 1957 年就已经开始，帕特里克·汉拉蒂（Patrick Hanratty）博士开发了世界上第一个商业化的数控编程系统 PRONTO，迈出了工业软件的第一步，该软件被称为"一切 CAD 的基石"。

1960 年，由伊凡·苏泽兰（Ivan Sutherland）开发的"画板（Sketchpad）"软件，首次有了让用户用光笔在 x–y 指针显示器上随意书写的完整"图形用户界面（GUI）"，允许用户约束图形中的属性，创建"对象"和"实例"的应用。

因此，六十年来，人们一直试图将诸如机械、电子、物理、化学等领域专业知识，工业研发与生产实践中的设计过程、加工技巧、工艺路线、造型方法、仿真经验、运维知识，基于已知工业机理或试验数据构建的各类模型等工业技术/知识"装入"软件这个"容器"，在电脑充沛的算力支持下，发挥巨大的"赋值、赋能、赋智"作用。很多大型工业软件都是从当时的某种"APP"发展起来的。

促进工业技术沉淀、提升知识传播和应用效率

目前工业知识的形成方式有两种。大量的工业知识靠人形成，保存在人脑、文档、图形/图像等载体中。这种方式不利于传承，不利于持续改进，不利于知识管理。要解决这些问题，不仅要把人脑中的隐性知识外化为显性知识，还要将知识转化为机理模型，并通过进一步的算法化、代码化，将其固化在软件中。

还有大量运行模式类的知识隐藏在工业大数据之中。需要通过统计、分析、机器学习等方法将其转化为数据分析模型，对既有工业大数据做分析与挖掘，找到诸如故障模式、缺陷特征、最佳工艺参数等人难以观察、统计和分析的知识，并将其固化在软件中。

以机理模型、数据分析模型等方式封装了工业知识的工业 APP，对人和机器快速高效赋能，可以打破原有的知识应用的时空限制，对人启智开慧，激发更大的想象力和创造力，形成更高层级的"人智"，对工业设备及工业业务形成直接驱动，积累更大体量的"机智"，由此而在赛博空间形成强大的数字劳动力。伴随着工业技术/知识应用范式不断升级换代，机器逐渐实现使用人赋予的知识来自主工作，生产工业产品，人可以逐渐离开工作现场而专注于生产知识，极大地优化和促进社会生产力的发展。

工业技术/知识应用模式不断升级换代，如图 7-1 所示。

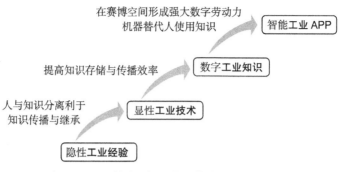

图 7-1　工业技术 / 知识应用模式不断升级换代

轻灵体态　代码量小

作者参与并指导了工业技术软件化联盟制定的《工业互联网 APP 发展白皮书》的撰写工作。该白皮书总结指出，工业 APP 作为一种新型的工应软件，一般具有以下六个典型特征。

完整地表达一个或多个特定功能，解决特定问题

每一个工业 APP 都是可以完整地表达一个或多个特定功能、解决特定具体问题的工业应用程序。这明显与传统架构的工业软件有较大区别。传统架构的工业软件通常都是为解决一类（如结构造型、力学仿真等）问题而具有综合功能的软件。

特定工业技术 / 知识的载体

工业 APP 中封装了解决特定问题的流程、逻辑、数据与数据流、经验、算法、知识等工业技术，每一个工业 APP 都是一些特定工业技术 / 知识的集合与载体，在给定场景下应用。

如果场景不同，所需要的工业技术 / 知识也不同。仅以最常见的螺栓 / 螺母标准件为例，如果仅仅起到固定和锁紧的作用，那么就可以在任何工业场景中应用，区别只在于长短和直径，对应的工业 APP 属于基础通用型；如果要求螺栓 / 螺母在振动场景中"永不松动"，就要对螺栓 / 螺母在结构上进行特殊设计；如果要求螺栓 / 螺母适用于耐腐蚀、抗高温场景，就要对螺栓 / 螺母的材料进行更

换，这样的工业 APP 就属于专用型，等等。

小轻灵，可组合，可重用

工业 APP 目标单一，颗粒度较小，只解决特定的问题，不需要考虑"大而全"功能，相互之间耦合度低。因此，工业 APP 一般小巧灵活，不同的工业 APP 可以通过一定的逻辑与交互进行组合，以构建复合功能的工业 APP，解决更复杂的问题。工业 APP 集合与固化了解决特定问题的工业技术，因此，工业 APP 可以重复应用到不同的场景，解决相同的问题。

结构化和形式化

工业 APP 是流程与方法、数据与信息、经验与知识等工业技术进行结构化整理和抽象提炼后的一种显性表达，一般以图形化方式定义这些工业技术及其相互之间的关系，并提供图形化人机交付界面，以及可视化的输入输出。

低代码化

工业 APP 的开发主体是具备各类工业知识的开发人员。工业 APP 具备轻代码化的特征，在图形化交互环境中，以拖、拉、拽等低代码（甚至无代码）方式简明操作，让更多具备工业知识但是不熟悉软件开发技术的工业人去使用，便于开发人员快速、简单、方便地将工业技术 / 知识进行沉淀与积累。

平台化可移植

工业 APP 集合与固化了解决特定问题的工业技术，因此，工业 APP 可以在工业互联网平台中不依赖于特定的环境运行。在遵从统一的接口标准的前提下，工业 APP 可以从一个工业互联网平台移植到另一个工业互联网平台。

功能重构　易于部署

标准化 / 体系化 / 优化

工业 APP 关注对工业数据建模与模型持续优化，关注对工业技术知识的提炼与抽象，将数据模型、提炼与抽象的知识结果通过形式化封装与固化形成工业 APP。

工业 APP 强调标准化与体系化。标准化关注数据模型和工业技术知识的重用及重用效率,通过标准化使得工业 APP 可以被广泛重用,并且可以让使用者不需要关注数据模型和知识本身,而进行直接使用;体系化关注完整的工业技术体系的形成。

从理论上说,工业 APP 应该运行在工业互联网平台上,以符合其"工业互联网 APP"的基本属性。但是在其发展过程中,工业 APP 的运行载体呈现多样化特征,如工业 APP 既可以安装、部署和运行在诸如工业互联网平台、工业大数据平台、工业通用设计软件平台、生产管控平台等系统平台上,也可以单独使用在电脑单机上。用户可以根据实际需求安装、使用、相互调用、流通、卸载或更换工业 APP,操作快速、方便、灵活。

工业 APP 可采用微服务架构实现灵活构建

工业 APP 可采用微服务技术,并通过工业互联网平台实现网络化调用,形成一种可重复使用的微服务组件,推动工业技术、经验、知识和最佳实践的模型化、软件化与再封装。基于微服务架构松耦合、易开发、易部署、易扩展等特点,工业 APP 可以实现灵活组态、持续更新和快速部署,从而发展成工业软件的新阶段。

微服务是一种新型的软件架构,即把一个应用程序分解为功能粒度更小、完全独立的微服务组件,这使得它们拥有更高的敏捷性、可伸缩性和可用性。

工业 APP 基于工业互联网平台和传统工业软件而发展

基于传统架构的工业软件(如 CAX/PDM/PM 等研发设计工具、ERP/MES/SCM 等运营管理软件和组织协同软件以及嵌入式软件等)正在加快解构、重构和云化改造迁移,实现工具平台化。解构后形成的工业 APP 同时向工业互联网平台发展,最终都将聚合于工业互联网平台,形成适用于不同场景、具有不同功能的工业 APP。传统架构工业软件的解构与重构方式如图 7-2 所示。

在图 7-2 中,所有圆点都包含传统架构工业软件中的工业技术 / 知识,传统架构的工业软件 / 工具 / 平台 / 引擎一直在生成、管理、复用这些工业技术 / 知识,以及如何使用这些软件工具的知识。传统架构工业软件解构之后,可以形成功能单一的微服务，然后聚合成为不同类型和功能的工业 APP，实现工业知识的封装、共享、交易和复用。

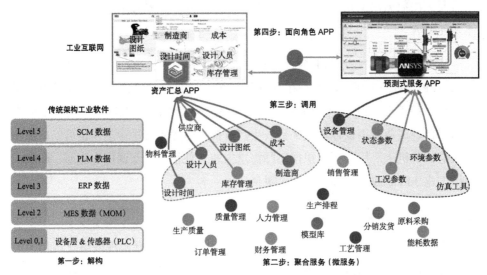

图 7-2 传统架构工业软件的解构与重构（图片来自 PTC 公司）

例如某一款螺杆在设计阶段使用的工业 APP，包含了行业特有的推力计算和转动仿真等知识；在三维建模过程中，调用了 CAD 软件绘制几何模型；在强度和运动仿真过程中，调用了不同 CAE 软件进行物理仿真。如图 7-3 所示。

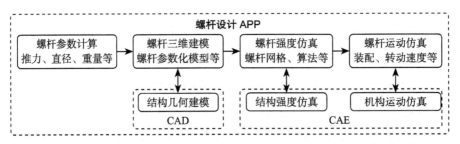

图 7-3 工业 APP 与传统工业软件的联系示例（图片来自索为系统公司）

对传统工业软件而言，它是将通用设计软件的设计知识封装为工业 APP 的基础；另一方面，工业 APP 又使传统工业软件更好地服务于工业活动。两者在未来较长时间内相互配合，长期共存，功能强大的传统工业软件和日益丰富的工业 APP 协同作用，可以形成高效生产力。

工业互联网带来工业数据的爆发式增长，大数据与机器学习方法正在成为工业互联网平台的标准配置。工业 APP 可由工业大数据驱动，调用大数据与机器学习微服务或能力，替代人工积累经验，并自动发现知识，实现自主诊断、预测与优化、决策支持。

工应软件　目标百万

国务院在 2017 年 11 月 27 日发布了《关于深化"互联网＋先进制造业"发展工业互联网的指导意见》，其中提出了几个重要的建设目标：到 2020 年，要培育 30 万个以上面向特定行业、特定场景的工业 APP（工应软件），推动 30 万家企业应用工业互联网平台；到 2025 年，要形成 3～5 家具有国际竞争力的工业互联网平台，实现百万工业 APP 培育以及百万企业上云。由此，百万工业 APP 已经成了一个既定的任务。

要在 8 年内开发完成一百万个工业 APP，是一个相当艰巨的任务。但是如果仔细分析的话，是有可能完成的。对标一下手机 APP 数量，根据我国工信部发布的 2018 年中国互联网业务运行情况报告，市场上能监测到的 APP 数量约达到 449 万款，其中我国本土第三方应用商店的 APP 超过 268 万款，苹果商店（中国区）中的移动应用数约 181 万款，而手机 APP 在中国的发展也不过是 10 年而已。因此，只要能形成良好的开发生态，在 8 年内是有可能开发出一百万工业 APP 的。

政策引导与鼓励

为了落实工业 APP 开发任务，我国工信部在 2018 年 4 月发布的《工业互联网 APP 培育工程实施方案（2018—2020 年）》中提出了打造应用生态的策略：围绕工业互联网平台能力提升、制造能力开放共享、工业 APP 市场化流通等关键环节，培育一批优秀的工业技术软件化应用解决方案和重点行业的典型应用企业，加快工业大数据资源开发应用，推动工业 APP 向平台汇聚，建立资源富集、多方参与、合作共赢、协同演进的工业互联网平台应用生态，实现大中小企业融通发展，提升工业互联网平台的核心竞争力。

民间高手＋大赛奖励

非常可贵的是，现在从政府到企业，都已经认识到了工业 APP 的价值和巨大的开发潜力，以政府指导、企业主办的多个全国性的工业 APP 大赛已经如火如荼地开展起来。在近两年作者参与评审的工业 APP 参赛项目中，出现了非常有创意和构思巧妙的工业 APP 开发案例，展示了参赛企业和团队的巨大创造力和积极的参与度，案例水平逐年提高。这些大赛本身就是一种非常好的宣传工业互联网和工业 APP 的平台，大赛冠军和优胜者可以获得数额不等的重奖，也客观上鼓舞了更多的开发者投入了工业 APP 的开发。

通过大赛，甄选并落地一批工业 APP 优秀解决方案，挖掘并培育一批富有活力的工业 APP 设计开发人才队伍，筛选并扶持一批具备潜力的工业 APP 创新型企业，营造有利于工业 APP 培育的环境，从而有效地推动工业互联网平台应用生态的建设。

技术积累有隐形冠军

作者在走访工业软件企业、生产企业时发现，其实在近二十年的数字化 / 信息化实施过程中，有不少企业已经做了大量的工业技术 / 知识软件化的工作，积累了大量的工业 APP，其中，不少企业开发的工业 APP 的数量都在 5000 以上。

将现有的小软件、中间件、设备驱动程序、特色软件程序等，快速转化为某个工业互联网平台上的工业 APP，是一条可以立即操作的技术路线。

传统工业软件微服务化

传统架构工业软件逐渐解构，以更细的功能粒度变身为工业微服务，是工业 APP 的一个重要来源。

所谓微服务，是指以单一功能组件实现在云上部署应用和服务的新技术。以实现一组微服务的方式来开发一个独立应用系统的方法，称作微服务架构。

微服务最大的特点是独立：首先是组件功能独立，组件之间的关系解耦，由此而实现部署独立，各自工作，互不干扰；其次是扩展独立，自动适应外部变化；再者是更新独立，可单独优化或增加某服务的配置。

工业技术软件化

做好工业技术软件化，需要长期的技术积累和知识沉淀，需要企业有足够的耐心和足够的实践。企业可将所有来自实践一线的工业技术、经验、知识和最佳实践都沉淀下来，经过模型化、软件化、再封装，构成互不相关、高度适应外部需求变化的微服务，然后再根据具体的工业场景，将它们组建成特定的工业APP。

工业 APP 的体系框架

三维架构　体系概述

工业 APP 体系庞大，涉及的工业技术很多。不同行业的工业技术不同，工业 APP 也不同；不同产品生命周期的工业技术不同，工业 APP 也不同；不同企业的管理模式、质量管理手段和用户需求等不同，工业 APP 也不同。所以工业 APP 体系中的 APP 个性化强，对象众多，关系非常复杂。

当前尚没有工业技术体系标准，也没有工业 APP 体系框架标准（有关部门正在研究制定中）。依据过去十几年工业 APP 规划、开发和应用经验，参考工业产品制造模式的一些典型特征和参考架构模型，作者给出了一个工业 APP 体系框架（见图 7-4）。依据这些框架可以有层次、有联系地认识各种工业 APP，从而更加有目的地开展工业 APP 规划、开发与应用。

工业 APP 体系框架是一个三维体系，包含了工业维、技术维和软件维三个维度。三个维度彼此呼应，和谐地构成和体现了"工业·技术·软件（化）"的工作主旨。

▶ 工业维：一般工业产品及相关生产设施从提出需求到交付使用，具有较为完整的工业生命周期。该维度涉及研发设计、生产制造、运维服务和经营管理四大类工业活动，每一个工业活动都可以细分为若干小类的活动，都可以开发、应用到不同技术层次的工业 APP。

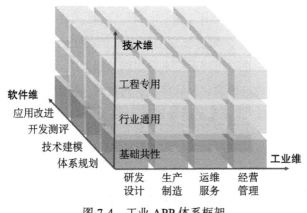

图 7-4　工业 APP 体系框架

▶ 技术维：开发各类工业产品需要不同层次的工业技术。根据工业产品体系的层次关系，映射形成了工业 APP 的三大层级结构，即由机械、电子、光学等原理性基础工业技术形成了基础共性 APP；航空、航天、汽车和家电等各行业的行业通用工业技术形成了行业通用 APP；企业和科研院所产品型号、具体产品等特有的工业技术形成了工程专用 APP。

▶ 软件维：按照工业技术转换为工业 APP 的开发过程以及参考软件生命周期，该维度分为体系规划、技术建模、开发测评和应用改进四大阶段的软件活动，每个软件活动可以细分为更具体的软件活动。

任何工业 APP 都可以按照工业 APP 体系框架来分解和组合，同时可具有多个维度的属性，例如螺栓机加工艺仿真 APP 既属于基础共性 APP，同时也属于生产制造 APP，还属于应用改进环节 APP。

工业维度　生命周期

按照生命周期进行 APP 的划分是一种最为常见的划分方式。一般工业产品及相关生产设施的通用生命周期包括设计、生产、运行、退役几个过程，其中运行和保障过程一般是同步进行的。很多产品退役的过程较短，常常可以忽略。本书将工业维上的生命周期分为研发设计、生产制造、运维服务和经营管理四大类。每一类都需要与之对应的不同的工业 APP。

研发设计 APP

研发设计主要用于创造新的产品或产品制造工艺，所以研发设计 APP 主要是用于提升研发设计效率的应用软件。广义上，研发设计 APP 包括产品设计 APP、工艺设计 APP、运营服务设计 APP、经营管理设计 APP 和制造系统设计 APP；狭义上，研发设计 APP 主要指概念设计 APP、产品设计 APP、仿真 APP、工艺设计 APP、工装设计 APP 等。

生产制造 APP

生产制造 APP 是用于生产相关过程的应用软件，也具有多种含义。广义上，生产制造 APP 包括生产工艺设计、生产过程管控、车间和生产线设计与管理、生产设备和生产工具的设计与运行维护管理、产品质量检测和生产相关仓储与物流管理等各种工业 APP；狭义上，生产制造 APP 主要是以生产过程管控为主，也包含生产系统管理与产品质量检测。

运维服务 APP

运维服务 APP 是用于产品运行和对外服务过程的应用软件。运维服务 APP 主要包含两个方面，其一是辅助产品对外提供服务的相关工业 APP，如智能冰箱相关食物冷藏管理 APP 主要是为了保证食物保留更好的品质；其二是为产品提供维护保障的相关工业 APP，如风力发电机的健康监控 APP 主要用于保障发电机处于健康运行状态，并实现预防性维修。前一种工业 APP 常常也被视为产品设计的一部分，后一种工业 APP 则是当前运维服务 APP 领域的热门发展方向，包括远程监控、故障检测、预警分析、备件管理和能效优化等。

经营管理 APP

经营管理 APP 用于企业产品制造、营销和内部管理等各种活动，可以提高制造企业的经营管理能力和资源配置效率。由于经营管理的覆盖范围非常广泛，除了与工业产品制造相关的一些管理活动之外，还有一般企业通用的经营活动，此处的经营管理 APP 重点关注前者，如企业决策支持、产品质量管理、制造风险管控、产业链协同和供应链管理等。管理过程与管理对象需要紧密结合，所以经营管理 APP 需要与全生命周期研发设计 APP、生产制造 APP、运维服务 APP

之间开展统筹规划、合理选配、协调设计与协同应用，才可以避免形成管理和执行两层皮。

技术维度　基通专用

行业不同、工业产品不同、工业技术不同，导致工业 APP 各不相同。工业技术覆盖了基础工业、采矿、食品加工和工业产品制造等各种相关技术知识。其中基础性、共用类工业技术软件化为基础共性 APP，行业通用的工业技术软件化为行业通用 APP，企业型号和产品专用的工业技术软件化为工程专用 APP。

由于基础技术是行业技术和产品技术的源头，所以基础共性 APP 在工业领域发挥着基础作用，单个基础共性 APP 的适用范围最广；由于行业通用技术在各行业中可以广为应用，所以高质量行业通用 APP 可以大大促进行业的进步，这类 APP 的总体市场非常庞大；由于专业技术是各企业核心竞争力所在，在特定领域价值更高，因此针对特定场景的工程专用 APP 的收益最高，并且是企业在全球化竞争中取得胜利的关键。

基础共性 APP

基础共性 APP 常常是基于自然科学、社会科学进行改造世界的一般通用性技术软件化形成的应用软件。这些通用技术一般不形成特定的工业产品，但是却常常通用于多种工业产品的研发、生产和保障等过程之中。如摩擦轮传动、带传动、链传动、螺旋传动和齿轮传动等各种机械传动技术，依据的是多种自然科学知识。它们可以使用在大量的工业产品之中，是一种典型的技术科学。依据这些传动技术，可以形成摩擦轮传动 APP、带传动 APP、链传动 APP、螺旋传动 APP 和齿轮传动 APP 等各种机械传动 APP。

《 GB/T 13745—2009 学科分类与代码 》中描述了部分技术科学，常见的技术科学包括测绘科学技术、材料科学、矿山工程技术、冶金工程技术、机械工程、动力与电气工程、能源科学技术、核科学技术、电子与通信技术、计算机科学技术、化学工程、纺织科学技术、食品科学技术、土木建筑工程、水利工程、交通运输工程、航空航天科学技术、环境科学技术、资源科学技术和安全科学技术等。这些技术科学都可以发展出相应的基础共性 APP。

行业通用 APP

行业通用 APP 是依据技术科学形成的工业 APP。行业通用 APP 按照不同的顶层行业进行划分，包含冶金 APP、非金属产品 APP、机械 APP 和交通工具 APP 等。顶层行业较粗，所以还可以根据子行业进行细分，如交通 APP 分为航空 APP、航天 APP、铁路 APP、汽车 APP 和船舶 APP 等，并进一步细分为飞机 APP、航空发动机 APP、卫星 APP、火箭 APP、高铁 APP 和舰船 APP 等。

在国家统计局的官方网站中，有较为详细的工业产品分类。国标《GB/T 4754—2017 国民经济行业分类》对国家经济行业进行了细致划分，可以作为行业通用 APP 的重要划分依据。《GB/T 7635—2002 全国主要产品分类与代码》是与上述标准匹配的产品目录，包含了大量的工业产品，可以作为行业通用 APP 的主要分类依据。此外，工业还包含国防科技工业，所以行业通用 APP 还包含各种武器装备和国防产品的研制 APP。

不同行业均需要不同的行业通用 APP，所以行业通用 APP 的数量非常庞大。

工程专用 APP

工程专用 APP 也是依据工程技术形成的工业 APP，它是面向特定场景，针对特定产品线、产品型号甚至单个产品的应用软件，根据特定对象所具有的工业技术的不同，形成各自不同的 APP。

一般而言，针对产品线、产品型号的工程专用 APP 较多，针对单个产品的工程专用 APP 较少。如飞机型号的研制一般跨越几年到十几年的时间，而每一种型号的服役时间也长达几十年，所以研制某种飞机型号专用的工业 APP 就显得非常有必要。对于一些特定型号的机床、风力发电机、高铁轮毂等，都可以由相关企业开发相应的专用 APP。此外，一个海上石油钻井平台具有个性化的产品结构和独特的外部环境，所以也可以开发产品专用的工业 APP。

软件维度 体模测改

软件维描述了工业技术软件化的软件演进过程。围绕工业产品研发制造和运行过程，一般都具有一个庞大的工业技术体系，所以对于工业 APP 的开发首先需要进行相应的体系规划，然后有序地按照目标方向进行知识梳理和软件化。由于工业技术是人脑基于自然规律并根据工业产品需求形成的一种改变世界的知识，所以它最初产生于人脑中。因此人脑中的隐性知识要先形成显性知识，然后再形成工业 APP。在形成工业 APP 之后，还需要根据工业技术体系的发展进行及时更新，从而不断地满足工业发展需求。

综上所述，工业技术软件化的生命周期过程包括工业 APP 体系规划、工业 APP 技术建模、工业 APP 开发测评和工业 APP 应用改进四个过程。

体系规划

按照行业、企业或组织等的战略目标及相关运营规划，建立相应的工业技术发展规划，并形成工业 APP 体系规划。

按照一般工业 APP 体系内容，需要围绕企业的产品线，建立产品线 APP；围绕产品的制造和运行，建立产品设计 APP、生产 APP、保障 APP 和退出 APP；围绕系统工程过程，建立需求 APP、执行 APP 和验证 APP；围绕质量过程建立质量相关 APP；围绕管控模式，建立管理 APP 和工作执行 APP。

技术建模

工业技术常常以技术文献、档案、数据库、软件系统、电子文档和专家经验等方式散布在企业内部各个位置，并且各种工业技术呈现不完整、不深入、重复冗长、新旧混杂、不成体系等各种情况，从而对它们难以有效实施知识管理。所以需要对已有工业技术按照工业技术体系和工业 APP 体系需求进行梳理。

技术建模需要对一般工业技术进行抽象，使一般性知识形成更为通用的知识，并形成模型。由于很多工程技术必须依赖技术科学和基础科学，所以工程专用 APP 需要依赖行业通用 APP、基础共性 APP 乃至通用工业软件，随即必须与相关软件的格式、规范和协议等进行匹配，如遵循三维建模 CAD 的图形规范。对于仅包含工业产品的相关技术模型，可以自定义格式。如果具有相关国际、国家、行业、上下游企标和企业内部标准等，则应该按照相应标准进行建模。

开发测评

在已梳理的工业知识的基础上上，综合考虑成本、效率和工业 APP 集成应用等因素，开展工业 APP 开发工作。在技术模型的基础上，可以按照一般的软件工程的开展过程进行设计、开发和测试，形成相应的数据库、应用模块和交互界面。

在工业完成 APP 开发之后还需要进入工业 APP 应用评估环境，基于社会化评估的方式，评估工业 APP 在工业场景中的应用效能，检查它们是否能够在功能和效果上有效解决工业特定环节的问题。

质量形成于过程，软件开发的经典模型——W 模型指出软件测试与开发之间存在并行关系，软件测试应该贯穿整个工业 APP 开发过程才能保障它的质量。在工业 APP 的开发过程中需要进行严格的质量管理和控制工作，具体内容见本章第四节。

应用改进

工业 APP 必须持续改进。一方面从软件工程学的角度来看，没有绝对完善的软件，针对不断变化的客户需求和工业应用场景，需要对工业 APP 持续进行改进性设计或性能优化；另一方面，也是更为重要的一方面，则是工业技术本身是变化的，随着产品运行环境和制造条件等相关因素的变化，需要对已有工业技术进行修改或进化，由此需要改进工业 APP。

对于工业 APP 体系通常需要定期或不定期重新规划和修正，以满足行业、企业或组织的产品发展战略需求。

工业 APP 的种类

工业 APP 的发展过程主要是工业技术软件化的结果，其发展演变路径是：工业技术或知识→工业软件→工业 APP →工业互联网 APP。

工业 APP 的形式根据其发展历程和分享范围可以分为三种模式：个体自有

模式、企业自有模式、商用公有模式。

个体自有 小范围用

个体自有模式是工业 APP 完全私有化，即该 APP 仅供个人或少数人群在单台电脑或平板设备上小范围使用，通常没有进入企业局域网。这是工业技术软件化早期的结果形式之一，即软件开发者将某些特定的工业技术、知识或诀窍类经验进行显性化与积累之后，出于有利于本人或小团队知识复用的目的开发而成，但往往不对外使用，甚至不对外宣布。

不要小看私有化工业 APP，这是个体化、个性化、特色化、万众创新的具体体现。俗话说，高手在民间。工人、技术员或普通劳动者的创造力是无穷的。工作中的点滴技术积累，或解决疑难复杂问题中的经验诀窍，都可以被提炼出来，写到软件中去。涓涓细流最后汇成江河湖海。任何大型工业软件其实都是由各种形式的私有化"工业 APP"小程序不断改进功能、丰富内容、集成统合、优化界面发展而成的。

因此，企业领导要经常下基层走一走，看一看，用心去发现基层员工的技术积累和软件成果。这种个体自有模式的私有化工业 APP 或许在本单位数量不少，散落分布在不同分厂、不同科室、不同部门的电脑里。只要能够把员工的任何工业技术/知识写到软件里，不管这个软件看起来功能多么单一、操作界面多么简单、编程技巧多么粗糙，其实都是已经软件化了的工业技术，都可以统计为工业APP，纳入到优化改造的计划中。

我国工信部原副部长杨学山教授指出，工业技术存在多样性、专用性，很多工业知识实际走不到通用化的阶段。再好的工业软件也无法做到无所不能、在任何场景都百分之百通用。小有小的好处，专有专的作用，个体自有模式的工业APP 在工业界有其存在的广袤土壤和生存理由。

当前，工业互联网平台发展迅速，有些平台已经能够提供工业 APP 的开发共享环境，企业个体可以在这种开发共享环境下以更高的效率开发自有工业APP。

企业自有 内网共享

企业自有模式是指当企业具有了一定数量的个体自有 APP，同时解决了软件所属权和利益分配问题之后，仅在企业内部局域网中部署、使用工业 APP（通常也称为企业自用（in house）软件）。例如波音 787 在研制过程中使用了超过 8000 款工业软件，其中只有 1000 多款工业软件为商业软件，另有 7000 多款为波音自主研发、非商业化的工业 APP。波音公司几十年积累下来的各种飞机设计、优化以及工艺方面的工业技术和工程经验都集中在这 7000 多款工业 APP 中，由此形成了波音公司的一种核心竞争能力。而其他同业厂商要想进入民机领域，这 7000 多款企业自有工业 APP 就是它们在短期内难以跨越的、巨大的技术门槛。

作为企业的重要知识资产，以及出于竞争的考虑，企业对该类自用工业 APP 有着极其严格的管理与控制，仅供企业内部用户使用。根据业务性质的不同，数据敏感的、核心业务的 APP 会部署在企业内网或私有云上，而需要外部引用的、创新的业务会部署到企业外部网络或某个工业互联网平台上供企业自己使用。

该工业 APP 形式是工业技术软件化进入规模化发展的主流结果形式，未来多数的工业 APP 将以此类形式出现。

商用公有 生态繁荣

商用公有模式中的工业 APP 用于工业互联网平台，这类 APP 已经进入了商业范围、可以开放给所有工业互联网用户使用，并被视为工业 APP 发展的高级阶段，即基于生态、真正的工业互联网 APP。

商用公有模式工业 APP 和企业自有模式的区别是，它是某些企业发布的，可供其他企业调用使用（收费或免费模式）。工业互联网 APP 主要来源于工业软件的解构与重构以及工业技术软件化所形成的微服务。加强微服务的开发，建设庞大的微服务池，将会极大地促进工业 APP 增长。

商用公有工业 APP 数量和种类的多寡，标志着工业 APP 生态的建成与成熟与否，是工业互联网真正在企业得到广泛而深入应用的重要判断标准。在工业

APP 发展初期，该类工业 APP 的数量可能会比较少。有关行政部门出台相应的激励政策，明确的确权判据与保障，以及清晰的利益分享规则，将会极大地促进网络化商业公有 APP 的健康发展，并有望在恰当的时机呈现出爆发式增长。

北明智通公司为中石化开发的基于工业知识图谱解决生产问题的工业 APP 已经成为一个商业公有工业 APP。知识图谱是一种通用的智能技术，用来描述真实世界中存在的各种实体或概念及其关系的网状知识结构。其构建过程本质上是对一个行业或者领域的认知过程，是机器基于知识实现认知智能的核心。

在生产领域，传统方法下因生产领域涉及的业务系统复杂且没有足够友好的知识结构表示，机器很难排查出问题出现的真正原因。利用知识图谱将生产领域的业务层和数据层关联，形成事件、实体、指标参数、案例、方案等要素之间的语义关系网络，通过图计算、分析推理与问题相关的图谱路径，寻找异常事件的指标参数，定位问题出现的原因，给辅助决策提供支撑。同时寻找相关经验案例，给出相应解决方案。

在生产现场某异常事件的指标参数和问题定位如图 7-5 所示。

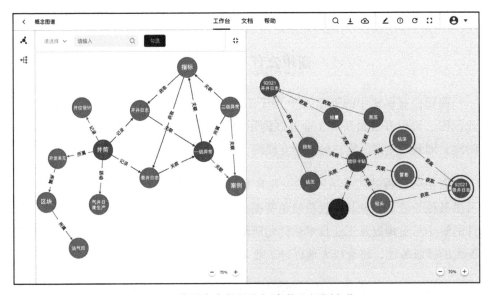

图 7-5　某异常事件的指标参数和问题定位

通过相关案例经验给出的可视化解决方案如图 7-6 所示。

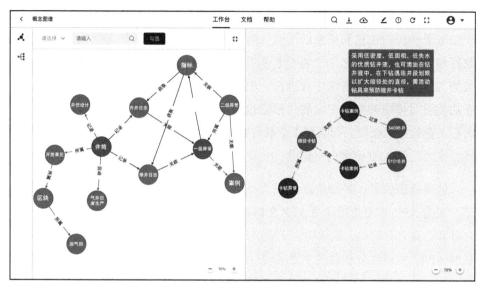

图 7-6　通过相关案例经验来给出可视化的解决方案

原本该工业 APP 只为中石化开发，但是经过多年的使用验证之后，证明该工业 APP 可以普适于工业领域，于是北明智通公司将其放在了智通工业云平台上开放给所有用户使用。

新老工软　各有特点

常规工业软件，如 CAX、PLM、MES、ERP、SCM、MRO 等，功能都分散、深嵌在各种不同的模块中。如果需要不同的功能，则需要单独购买不同的工业软件。甚至同类工业软件之间的功能也无法相互替代。这是传统制造业信息化软件的先天弊病。

没有任何一个工业软件厂商能够提供覆盖所有专业领域的软件解决方案，即使今天工业软件巨头已经将多种工业软件统一为平台型软件。这就不难理解制造业信息化搞了 30 多年，两化融合推动了 10 多年，企业里运行的信息化系统往往是呈"千岛湖"状态，孤岛遍布，烟囱林立，"产品孤儿"比比皆是。一家或几家厂商独大，既没有"通吃"工业界的希望，也不合乎市场情理与发展规律。

只有天生既姓"工"又姓"公"的工业互联网平台有可能解决这个问题，基于微服务的面向角色和场景的工业 APP 是发展方向。未来传统架构的大型工业软件与新型架构的工业 APP 将会长期共存，相互补充，共同发展。在十年之内，大型工业软件仍然会占据主导地位，但是工业 APP 也会不断丰富和发展，逐渐在功能上对传统架构的工业软件形成追赶态势。工业 APP 的某些功能也可能被大型工业软件所吸收，而大型工业软件也会不断解构与重构，其中大量细分功能将会成为工业 APP 家族的一部分。

值得指出的是，尽管工业 APP 是工业互联网 APP 的简写，但是如果仔细区分，工业 APP 与工业互联网 APP 在内涵上还是有所不同的。作者认为，在个体自有和企业自有阶段，应该叫作工业 APP，而在商用公有阶段，应该叫作工业互联网 APP，这样区分和命名才更准确一些。

工业 APP 与工业软件的关系与发展演变路径是：工业技术与知识→工业软件→工业 APP（个体自有、企业自有）→工业互联网 APP（商用公有）。

关于工业软件与工业 APP、工业互联网 APP 的特点比较如表 7-1 所示。

表 7-1　工业软件与工业 APP、工业互联网 APP 比较

	工业软件	工业 APP	工业互联网 APP
部署方式	本地部署	本地局域网部署	云端部署
系统层级	ISA95，五层架构	ISA95，五层架构	扁平化
软件架构	紧耦合单体架构	松耦合多体化架构	微服务架构
开发定位	面向流程或服务的软件系统	面向过程或对象的应用软件	面向角色的 APP
开发方式	基于单一系统开发	基于单一系统开发并兼容多系统	基于 PaaS 平台多语言开发
开发主体	早期以制造企业为主，现在以软件企业为主	以制造企业为主	以各类相关组织与个体的海量开发者为主
系统集成颗粒度	大系统与大系统	小系统与小系统	微系统与微系统
系统集成技术路线	通过专用接口或中间件集成	通过中间件集成	基于 API 调用
系统集成程度	大系统高度集成	小系统局部集成	全局集成

注：该表格根据安筱鹏博士《工业互联网平台建设的四个基本问题》一文中的表格改编而成。

工业 APP 的生态体系

生态体系　互利共存

在工业 APP 生态中，存在着不同的利益相关方，它们在产业链条上各司其职又互相影响，形成有规律的共同体，在产业、技术发展的外部环境下，相互制约、价值共享、互利共存。

坚持开放共享、共创共赢，引导大量工业企业、平台运营商、软件开发商、系统集成商和其他开发者等，建设以工业 APP 与工业用户之间相互促进、双向迭代为核心，资源富集、创新活跃、多方参与、高效协同的工业 APP 开放生态体系（见图 7-7），为产业发展提供源源不竭的前进动力。

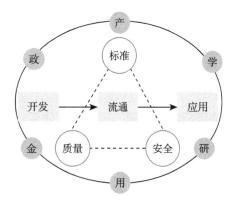

图 7-7　工业 APP 开放生态体系

建立一条工业 APP 产业链

以工业 APP 的开发、流通、应用为主线，打通工业 APP 产业链的上中下游，在工业 APP 全生命周期内的各环节促进资源综合利用，提升效益并惠及各个产业链成员，实现价值共创。

汇聚"政产学研用金"六大主体

工业 APP 发展需要整合各方力量，推进各项行动实施，形成凝聚合力、协同推进的格局。在工业 APP 生态体系内应充分发挥以下六大主体的作用：

▶ **政**：政府总揽全局、统筹协调，运用行政手段出台政策与法规，规范工业 APP 的规划和监管，提高工业 APP 的发展质量。

▶ **产**：企业是生态的主体，是工业 APP 产业链的主要参与者。创新需求与研发实践来源于企业。前期"平台运营者＋平台客户"作为工业 APP 开发的主要参与者，后期则演进为以海量第三方开发者为主。

▶ **学**：高校推动基础理论研究，培养并输出具备工业知识与软件知识、能够开发工业 APP 的人才。

▶ **研**：科研院所主导工业 APP 标准、质量、安全、知识产权等研究，促进研究成果产业化，对工业 APP 生态起引导和支撑作用。

▶ **用**：工业 APP 的主要应用者，他们是成果转化以及落地应用的主力军，能够提供应用需求反馈，刺激产业提高供给能力，催生创新，形成双向迭代、互促共进，引爆增长，为生态体系创造价值，促进高质量工业 APP 的研发。

▶ **金**：发挥多层次资本市场的作用，建立工业 APP 基金等市场化、多元化经费投入机制，引入风投、创投等资金推动企业的创新，由社会资本参与工业 APP 产业的发展。

协同标准、质量、安全三大体系

通过在生态体系内部构建支撑保障体系，实现工业 APP 产业的高质量发展。标准、质量、安全三大体系相互渗透，互为支撑，互为动力，且标准为先导，质量为目标，安全为保障，驱动工业 APP 生态发展。

关键环节　开发流通

工业 APP 开发

在工业 APP 发展初期，应用开发往往是平台运营商自行完成，随着企业数量增多，应用需求扩大，平台自有服务能力很难满足多样化需求，将应用开发开放给第三方开发者是工业生态发展的必然途径。尤其在细分领域，特定场景的应用开发需要大量不同行业和领域的人才，建立开发者社区已成为必不可少的一环。

对于工业 APP 的开发，需要构建更多主体参与的开放生态，围绕多行业、多领域、多场景的应用需求，开发者通过对微服务的调用、组合、封装和二次开发，将工业技术、工艺知识和制造方法固化和软件化，开发形成工业 APP。通过用与用、需求与需求之间的双向促进和迭代，逐渐形成开放共享的工业生态。在这样的生态体系下，制造业体系将发生革命性变革，工业企业不再全程参与应用开发，而是专注于自身特长领域来发现和积累知识，第三方开发者与信息技术提供商专注为工业企业开发工业APP，它们通过平台合作机制实现价值共创。

工业APP的开发涉及制造企业、平台运营商、第三方开发者，基于它们构建开发者社区，形成工业APP开发生态。

▶ 制造业企业

信息化水平高的制造业龙头企业自主开发工业APP，以此作为工业APP开发生态的原始驱动，用示范效应和龙头企业本身强大的生态资源聚集能力来吸引用户和数据资源，提高工业APP的供给能力。

▶ 平台厂商

工业互联网平台商基于自身平台开发工业APP。同时工业互联网平台厂商开放共享算法工具、开发工具等共性组件，扩展开发伙伴圈，引导第三方开发者开发面向重点行业的新型工业APP，宣传并奖励优秀第三方开发者基于平台开发的工业APP。

▶ 第三方开发伙伴

第三方开发者包括专业的软件开发企业，也包括专业工程师、行业专家、学生、创客等海量的个体开发者。第三方开发者将是工业APP开发的主力军。由此建立开源的开发者社区，形成创新生态圈。仿效开源软件社区的建设过程，营造良好的技术分享和交流的社区氛围，打造完整的工业APP与微服务开发环境及技术分享社区，吸引并鼓励第三方开发者进行应用开发及技术经验交流共享，推动社区完善人才培训、认证、评价体系，积极培育工业APP开发者队伍。

工业APP流通

在工业APP的流通生态环境中，工业互联网运营企业、行业学会/协会、行业龙头企业、大型企业、政府等是主要的运营主体。建议政府完善工业APP知识产权保护制度和工业APP上线审查制度，行业协会健全工业APP交易规则和服务规则，工业互联网平台商与技术服务提供商建立工业APP交易平台和运营平台，互联网应用商店提供专业化的工业APP上线和下载购买服务。

工业 APP 知识产权保护是工业 APP 流通的先决条件。依照国家《计算机软件保护条例》，工业 APP 的软件著作权是指 APP 软件的开发者或者其他权利人，依据有关著作权法律的规定，对于软件作品所享有的各项专有权利。建议工业 APP 的开发者或者其他权利人及时向有关部门进行软件著作权的登记，在获得著作权证书后，著作权人享有该工业 APP 的发表权、开发者身份权、使用权、使用许可权和获得报酬权。

由此，在工业 APP 离开企业管理范畴，进入公开的商业流通环节时，需要征得著作权人的书面同意，使用者需要根据所用工业 APP 产生的经济效益向著作权人支付必要的报酬。工业 APP 不同于一般的产品，必须重新构建一个完整的流通交易价值链条，重点环节包括：工业 APP 的验证管理、工业 APP 的评估认证管理、工业 APP 的交易管理等。

- **工业 APP 的验证管理**：工业 APP 作为可交易的商品，其本身的质量和性能将直接影响消费者和用户的工作质量和效率，甚至关系到财产和生命安全，因此，对所有用于交易的工业 APP 要进行严格的测试与验证。
- **工业 APP 的评估认证管理**：工业 APP 的评估认证管理是工业 APP 实现流通交易的前提。首先必须明确工业 APP 认证的权威机构，对工业 APP 知识产权进行有效确认，并对工业 APP 的价值进行评估；其次要建立工业 APP 认证的技术手段，保证工业 APP 在流通交易环境中的身份唯一性；再次要建立有效的工业 APP 全生命周期管理体系，确保工业 APP 的引入、成长、成熟和退出等过程闭环管理。
- **工业 APP 的交易管理**：工业 APP 是工业技术软件化后形成的知识产品，只有通过市场化交易才能最大化发挥其存在的价值。对于工业 APP 的交易管理，应建立工业 APP 市场的供需匹配、知识产权管理、市场管理、应用评价等机制。

工业 APP 的交易模式是流通环节的核心。根据其技术和应用方面的特点，可以建立以下几种交易模式：

- **直接交易模式**，这是最基础的流通模式。开发者制作工业 APP，然后通过工业 APP Store、与工业相关的平台和 SNS 等销售给使用者。在这种模式中，交易平台需要具有较高的流量、专业度和知名度，才能保证在其上发布的工业 APP 产品具有一定的交易量。

比较典型的案例是苹果应用商店（APP Store），这是苹果公司为 iPhone 和 iPod Touch 创建的服务，允许用户从 iTunes Store 浏览和下载一些为了 iPhone SDK 开发的应用程序。用户可以以购买或免费试用的方式，直接下载应用程序到 iPhone 或 iPod touch。APP Store 是苹果公司战略转型的重要举措之一。APP Store+iPhone 是增加苹果公司收益的关键路径之一。苹果公司推出 APP Store 的主要原因可以从两方面来解读：一是苹果公司由终端厂商向服务提供商转型的整体战略定位；二是苹果公司拟通过 APP Store 增加终端产品 iPhone 的产品溢价，从而实现以 iPhone 提升苹果公司收益的战略意义。

▶ **代为开发模式**，这种模式更适用于中高端工业 APP 交易领域。需求方可以在线发布其需求信息，开发者可以发布其能力信息，一旦双方进行充分沟通后达成交易意向，开发者就可以帮需求方代为开发工业 APP，并从需求方那里获取开发收入。

比较典型的案例是 APICloud，这是一个跨平台应用开发生态系统，服务 APP 开发者和具有移动化定制需求的企业，为企业解决业务 APP 上线慢、不同 APP 碎片化无法形成移动战略合力的问题。APICloud 移动平台上积累有大量成熟的 APP 功能模块，开发者在开发 APP 时，可一键调用它们而无须另外开发，从而将 APP 开发周期从 6 个月缩短为 2 个月。同时，APICloud 与 100 多家主流的第三方优质云服务提供商建立合作，聚合更丰富的 APP 功能模块，如支付、IM、直播、识别、地图等，满足各类 APP 的开发需求。

▶ **使用付费模式**，这种模式适用于各种层次的工业 APP 交易领域。在这种模式下，需求方可以免费下载工业 APP，然后根据使用时间、流量等进行付费。

比较典型的案例是阿里的"云市场"，类似大数据、云计算领域的苹果应用商店。该"云市场"目前细分为基础软件、企业应用、建站推广、服务与培训、云安全、数据及 API、解决方案七大类目。中小企业可以在上面找到所需的各类企业应用和服务，并通过线上的方式实现快速的交易与交付，其中很多交易都是通过使用付费模式进行的。

  ▶ **内容授权收费模式**，这种模式比较适合工业领域的高附加值知识产品。在这种模式下，工业 APP 也供免费下载，其所涉及的内容与信息不一定要由开发者自己产生，而可以以取得授权的方式从产生知识的内容方获得，开发者通过向使用者收费获得运营收入。

目前比较典型的案例来源于互联网知识收费领域。第一种是"得到"的专栏付费订阅模式。"得到"的商业模式是，自己找人、找资源策划制作高质量专栏并售卖，然后，再进行收入分成。这个模式的好处是，不需要太依赖专家等资源，尤其不需要一直维护他们，让他们在平台上保持活跃。第二种是知乎 live 的线上沙龙内容付费模式，知乎 live 的主要商业模式是，各行业专家入驻平台后，可以自主就某一话题发起一场 live，然后设置简介和内容大纲，以及开始时间、参与票价，用户看到后，如果感兴趣可以付费报名。第三种是"分答"的付费问答模式。"分答"的商业模式主要是，专家入驻平台，自行设置回答问题的费用，然后，用户可以支付相应的费用向喜欢或者想咨询的专家发起提问（文字形式），专家收到提问后，以语音的形式回答。

工业 APP 应用

在工业 APP 的应用生态环境中，广大工业企业、平台运营商、运营服务提供商是主体。大量工业企业在平台运营商提供的工业互联网平台上应用工业 APP，运营服务提供商为工业 APP 的应用过程提供保障。广大制造企业使用工业 APP，并将应用需求、实际评价，反馈至开发者，形成双向促进与迭代。

工业 APP 的运营管理是实现工业 APP 高效应用的必要条件之一。对于工业 APP 的运营管理，首先要建立工业 APP 应用过程的故障、问题反馈机制；其次，要建立工业 APP 的运维保障专业化团队，解决工业 APP 在应用过程中遇到的专业化问题；再次，要建立闭环的解决方案制定、工业 APP 升级、工业 APP 应用效果反馈的闭环机制。

标准质量　体系支撑

标准体系

标准作为引导和规范行业发展的重要途径，有助于推动行业建立共识，促进技术的积累融合和关键技术攻关，加快技术成果的应用，完善产业生态，是构建工业 APP 生态体系必不可少的手段。我国在信息技术标准化方面已有多年的经验和方法积累，有广大的软件开发企业在供给侧提供软件能力保障，一批工业 APP 的行业先行者也在应用实践中积累了相当多的经验，这对开展工业 APP 标准化工作提供了有力支撑。

工业 APP 标准体系的构建是基于综合标准化的理论思想。首先确定标准化对象，从问题出发，梳理标准化对象有待解决的问题，形成标准化需求。针对工业 APP 这个对象，围绕如何培育开发工业 APP，如何集成应用工业 APP，如何规范工业 APP 服务，以及如何保障安全这几个目标问题，可分别构建基础类、开发类、应用类、服务类和质量类五类标准。其中：

基础标准是认识、理解工业 APP 的基础，是开展工业 APP 培育的方法论，为其他标准的研究提供支持；开发标准围绕工业 APP 的全生命周期，重点解决共性关键技术问题，指导 APP 研发过程；应用标准围绕工业 APP 间的协调集成，重点解决集成方法和平台的问题，指导 APP 间的集成过程；服务标准围绕成熟工业 APP 对外提供的服务，重点解决运维、测试、流通等典型服务的规范问题，指导 APP 服务；质量标准围绕工业 APP 面临的质量与安全问题，解决基础共性问题，实现工业 APP 的质量与安全保证。

标准生态体系构建从标准的研发、试点验证、宣贯培训和咨询评估四个方面顺序开展。在标准研发方面，由政府指导，产业联盟标准组牵头，组织标准院所、工业企业、软件企业、专家、开发者推进标准研发工作；在试点验证方面，以龙头企业为主要试点对象，由地方政府、行业协会、联盟、科研院所来辅助推进；在宣贯培训方面，除了地方政府、行业协会、联盟、培训机构，行业龙头企业也有义务组织标准的宣贯培训；在咨询评估方面，第三方机构和软件企业开展开发工具箱、解决方案和符合性评估，工业企业则进行自我评估和能力提升。

质量体系

构建多方参与的开放工业 APP 质量生态体系是保证工业 APP 质量的有效方式。在整个生态体系中政府部门出台政策法规，建立工业 APP 上线审查制度，规范产业运行管理机制；行业联盟等制定标准规范，为质量管理提供行动指南；第三方机构依据政策法规以及标准规范，形成测试认证评估能力，以质量管理服务为手段从管理体系认证、产品测试、持续服务能力评价、运行维护监管等方面对整个产业链进行全方位的质量管控。

1）从产品层面建立工业 APP 全生命周期质量管理体系。软件全生命周期过程对工业 APP 仍然适用。工业 APP 全生命周期质量管理实际上是工程化管理，它的主要任务是使工业 APP 活动规范化、程序化、标准化。工业 APP 的全生命周期质量管理体系围绕工业 APP 的需求分析、可行性分析、方案设计、技术选型、开发封装、测试验证、应用改进进行构建。根据相关标准规范，通过质量管理计划、文档管理、缺陷管理、过程质量数据收集分析等对工业 APP 的各个过程进行规范化的管理、协调、监督和控制；建立组织机构，通过开发计划、任务管理、进度管理、评审控制、变更控制等进行项目过程管理；通过专业人才队伍进行全局的配置管理，形成有机统一的管理体系。

2）从企业层面建立工业 APP 软件化成熟度等级认证体系。通过成熟度等级认证体系提供一个基于过程改进的框架图，指出一个工业 APP 开发企业在工业 APP 开发方面需要做的工作及这些工作之间的关系，从而使工业 APP 开发组织走向成熟。通过帮助工业 APP 开发企业建立和实施过程改进计划，致力于工业 APP 开发过程的管理和工程能力的提高与评估；指导企业如何控制工业 APP 的开发和维护过程，以及如何向成熟的工业 APP 工程体系演化，并形成一套良性循环的管理文化，进而可持续地改进其工业 APP 生产质量。

3）从产业层面建立工业 APP 质量服务平台。由第三方建立工业 APP 质量服务平台，开展工业 APP 的质量管控、供需对接、能力认证、测评服务，提供对工业 APP 质量数据的广泛收集、脱敏处理、深度分析，形成质量数据地图，实现对工业 APP 的质量监控、质量预警、质量评价。基于监控、预警和评价分析得到信息，提供模型进行实时决策，提升对工业 APP 质量的实时监测、精准控制和产品全生命周期的质量追溯能力。促使质量技术、信息、人才等资源向社会共享开放，打造质量需求和质量供给高效对接的服务站，为产业发展提供全生命周期的技术支持。通过制定认证服务规范，对工业 APP 产业链上下游的企业从技术、产品、体系进行能力认证。围绕工业 APP 功能、性能、可靠性、可移植性、安全性等测试需求，广泛汇聚测试开发者与测评服务提供商，推动测评能力开放与共享，形成"众创、共享"的测评研发创新机制。

安全体系

安全是工业 APP 健康发展的保障。消费类 APP 存在的信息安全问题都有可能在工业 APP 应用过程中出现。工业 APP 面临的安全问题将会更复杂。发展工业 APP 需要建立覆盖设备安全、控制安全、网络安全、软件安全和数据安全的多层次工业 APP 安全保障体系。建设工业 APP 安全靶场，提升攻击防护、漏洞挖掘、态势感知等安全保障能力。建立工业 APP 数据安全保护体系，加强数据采集、存储、处理、转移等环节的安全防护能力。研究院所与企业联合建设工业 APP 应用安全管理体系，建立健全的工业 APP 信息安全测评机制，形成工业 APP 信息安全性测试和评估的长效机制。

综合工业 APP 的安全需求，推进相关技术服务能力建设，保障工业 APP 信息安全。

- ▶ 信息安全监测与预警服务能力建设，建立工业 APP 信息安全漏洞数据库，对其进行监测预警，建立工业 APP 信息安全态势及风险通报机制。
- ▶ 信息安全咨询与培训能力建设，信息安全咨询与培训能力建设包括对工业 APP 安全体系咨询、研究项目合作咨询、测评技术培训等的建设。针对工业企业的现场管理流程和规范，对相关人员提供培训服务，提升工业现场人员的信息安全管理能力和技术能力，构建信息安全知识体系。
- ▶ 安全解决方案能力建设，以工业 APP 实际运行情况为基础，参照国际和国内的安全标准和规范，充分利用成熟的信息安全理论成果，为工业 APP 设计出兼顾整体性、可操作性，并且融策略、组织、运作和技术为一体的安全解决方案。建立一套可以满足和实现这些安全要求的安全管理措施。安全管理措施包括适用的安全组织建设、安全策略建设和安全运行建设。安全管理措施与具体的安全要求相对应，在进行安全管理建设时，针对各系统现状和安全要求的差距选择安全管理措施中对应的安全管理手段。

▶ 渗透测试服务能力建设，根据工业 APP 信息安全保障需要，组织工业 APP 渗透性测试能力建设，以保障工业 APP 配置、系统漏洞、数据等方面的安全。所涉及的技术不仅仅包括消费类 APP 安全渗透测试技术还有工业控制系统渗透测试技术。

汇集资源 多方培育

培育工业 APP 是通过工业技术软件化手段，借助互联网汇聚应用开发者、软件开发商、服务集成商和平台运营商等各方资源，提升用户黏性，打造资源富集、多方参与、合作共赢、协同演进的工业互联网应用生态，是推动工业 APP 持续健康发展的重要路径。

技术支撑，夯实工业 APP 发展基础

一是建设工业 APP 标准体系。加快研制工业 APP 接口、协议、数据、质量、安全等重点标准，推动行业建立共识，引导和规范工业 APP 培育。二是建设通用的低代码工业 APP 开发环境。整合主流工业系统和平台的各种 API，开发适用于多种框架、语言、运行环境的开发环境插件，从而保证开发人员快速、便捷地实现功能。三是推动开发工具的开发和共享。提供强化的实现功能，包括对运行环境进行仿真的开发沙盘、资源管理工具等。四是加快建设工业知识库。推动制造业工业知识关键技术研发，鼓励大型企业围绕产品设计、制造、服务等各生产周期，以及工业数据采集、传输、处理、分析等各数据周期提炼专业工业知识，进行软件化、模块化，并封装成可重复使用的标准模块。五是建立工业 APP 测评认证体系。围绕协议异构、数据互通、应用移植、功能安全、可靠性等测试需求，建设工业 APP 测试平台，提供在线测试认证等服务。

生态引领，优化工业 APP 发展环境

一是发挥工业技术软件化联盟的纽带作用，有效整合政产学研用金各方资

源，建立政府、企业、联盟的协同工作体系和工业 APP 发展咨询评估服务体系，开展各项产业化工作，推动我国工业 APP 产业发展。二是建立工业 APP 交易配套制度、信用评价体系、知识产权保护制度及知识成果认定机制，保障 APP 交易生态的顺利运行，支持"众包""众创"等创新创业模式参与工业 APP 研发，形成工业 APP 开发、流通、应用的新型网络生态系统。三是构建开源的开发者社区，形成创新生态。打造完整的开发环境及社区，通过向开发者提供丰富的 API、开发模板、开发工具、微服务等，吸引并鼓励开发者进行应用开发及技术经验交流共享。四是拓宽校企、院企等人才培养合作渠道，建立复合型人才培养基地，建设国家级高水平工业 APP 规划、开发、评测专家团队，提升产业人才供给能力。五是广泛吸引社会资本成立产业投资基金，探索引导和组织国内产业链上下游企业以资本为纽带，集中力量共同开发和推广工业 APP，构建产业生态体系。

案例引路，展示工业 APP 应用成果

中国工业技术软件化产业联盟在工信部信息化和软件服务业司指导下，从 2018 年起面向全社会征集工业 APP 优秀解决方案。案例征集活动面向四个重点方向：一是面向国内制造业重点项目推进、重大工程实施和重要装备研制需求，征集安全可靠的工业互联网 APP；二是面向"工业四基"领域，征集普适性强、复用率高的基础共性工业互联网 APP；三是面向汽车、航空航天、石油化工、机械制造、轻工家电、信息电子及其他行业需求，征集推广性好、示范性强的行业通用工业互联网 APP；四是面向制造企业的个性化需求，征集高价值的企业专用工业互联网 APP。

在各地工业和信息化主管部门、行业协会和中央企业的大力支持下，共遴选出 89 项优秀解决方案，在 2091 年出版了"2018 年工业互联网 APP 优秀解决方案"精选集，完成了一项重要的培育工作。

智能制造由工业软件定义。工业软件是工业知识的数字化容器。工业 APP 是工业软件的新势力。工业 APP 的健康发展需要汇集多方资源予以精心培育。中国工业软件的赛道，或许将由无数的工业 APP 而重新定义。

第八章

Casting Soul

软件定义制造的若干实例

技术引导，实践验证，知行合一。本章选取了软件定义机器人、定义汽车、定义建筑、定义核设施远程诊断四个案例来充分展示工业软件：在生产过程中以数字孪生方式控制、优化机器人产线；以近亿行软件代码精确控制汽车的运行与安全状态；以工业思维创造建筑场馆的高质量研发与交付；基于工业互联网平台远程监控运维核设施。

软件定义消费电子产品机器人数字孪生

主要研究内容和技术难点

构建消费电子产品机器人生产线数字孪生体，实现生产线作业流程的虚拟仿真以及真实设备动作状态的实时同步，实现虚实生产线之间的信息反馈与交互，仿真帧频平均达到 24Hz、传输的时延小于 0.5 秒。建设通用的数字孪生平台，该平台后续还可以使用在自身其他项目上。

举例说明，对于国家智能制造试点示范企业——厦门盈趣科技股份有限公司（以下简称为"盈趣"），作者作为工信部专家组成员考察过它的生产线现场，并与公司技术战略总工、数字孪生负责人陈建成做过多次深入交流，获悉该生产线由盈趣与浙江大学机械学院研发团队、厦门攸信信息技术有限公司（以下简称为

"攸信"）技术团队一起协同开发，已经产生了良好的经济效益，项目年产能增长超过 40%，毛利率超过 40%。

主要研究内容及关键技术

在软件定义消费电子产品机器人数字孪生的理念指导下，该项目的开发团队做了以下工作：

- ▶ 根据消费电子产品机器人生产线 3D 模型，完成了生产线虚拟样机几何建模，对部分零部件做适当简化，并对所有零部件进行编号与分类重组。
- ▶ 构建了消费电子产品机器人生产线车间环境模型。
- ▶ 根据消费电子产品机器人生产线的工艺卡片和工艺文件，实现了消费电子产品机器人生产作业流程数字化建模。
- ▶ 实现数据驱动的消费电子产品机器人生产线数字样机仿真，建立生产线几何模型和作业流程模型的关联，在数字虚拟环境中实现消费电子产品机器人生产线完整生产作业流程的虚拟仿真。
- ▶ 构建消费电子产品机器人生产线数字孪生体，开发数据接收与处理、实时数据驱动运动、状态分析与可视化、交互指令发送等软件模块，实现设备虚实动作与状态的实时同步，实现二者之间信息交互。

该项目的关键技术如下：

- ▶ 消费电子产品机器人生产线虚拟样机几何建模。
- ▶ 消费电子产品机器人生产作业流程数字化建模。
- ▶ 消费电子产品机器人生产线离线工艺虚拟仿真。
- ▶ 消费电子产品机器人生产线在线虚拟运行与状态映射。

技术难点及解决措施

- ▶ 虚实映射，实体空间到数字虚拟空间的建模、简化、渲染、静态仿真过程，在 SolidWorks、3DS MAX、Unity3d 中完成。
- ▶ 如何实现复杂动态的实体空间的多源异构数据的实时准确采集、有效信息提取与可靠传输。相关解决措施为，盈趣通过提供机械臂插件与 PLC 插件来实现数据的提取。针对数据庞大的多源异构生产数据，在预定义制造信息处理与提取规则的基础上，对多源制造信息关系进行定义，并进行数据的识别和清洗，最后进行数据的标准化封装，形成统一的数据服务，之后对外发布。

▶ 数字虚拟空间的数字孪生体演化，通过统一的数据服务驱动生产线虚拟模型以及产品三维模型，实现产品数字孪生体实例及装配生产线数字孪生体实例的生成和不断更新，将数字虚拟空间的装配生产线数字孪生体实例、产品数字孪生体实例与真实空间的装配生产线、实体产品进行关联，彼此通过统一的数据库实现数据交互。

▶ 基于数字孪生体的状态监控和过程优化反馈控制，通过对装配生产线历史数据、产品历史数据的挖掘以及装配过程评价技术，实现对产品生产过程、装配生产线和装配工位的实时监控，修正及优化。

项目创新点及下一步计划

该项目的主要创新点如下：

▶ 通过虚拟生产线构建、仿真运行与验证技术，完成虚拟生产线运行机理及演化规律，从多维多尺度进行建模与仿真，并实现多维多尺度模型的集成与融合。

▶ 异构多源数据通信与发布技术，数据的实时驱动通过 Socket 通信过程来完成，在数字虚拟空间端构建数据接收服务端，在数据采集端构建数据发送端，从而达到数据的快速传递，实现数字虚拟空间的不断更新，以及虚实融合与数据协同。

截至 2018 年 12 月，该项目已初步建成生产线虚拟样机模型，涉及 6 台三菱机械手、气动手抓、电动手抓、主要工件以及外围车间模型等的材质纹理可视化等；已完善虚拟样机几何模型重构；已确定作业流程模型。

目前，正在编写生产作业流程的脚本描述文件；建立生产线几何模型和作业流程模型的关联；初步在虚拟环境中实现消费电子产品机器人生产线作业流程的虚拟仿真。

接下来开发数据接收与处理模块、实时数据驱动运动模块、状态分析与可视化模块、交互指令发送模块等软件模块；实现设备虚实动作与状态的实时同步，初步实现虚实生产线之间的信息交互；完成对消费电子产品机器人自动化生产线的数字孪生系统的测试；简化建模后续由人工来实现的工艺流程并将模型整合入消费电子产品机器人自动化生产线的数字孪生系统；对整个工艺流程的数字孪生系统做测试。

消费电子产品机器人阶段性成果

针对整个高度复杂的生产线，首先对生产线中非重要的部件进行简化删减，实现对主要 6 台机械手、机械手末端执行器、工件等的简化、建模、渲染工作，如图 8-1 和图 8-2 所示。

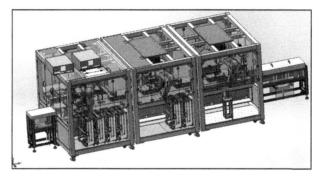

图 8-1　盈趣消费电子产品机器人生产线 3D 模型

图 8-2　对应图 8-1 的简化 3D 模型（包括两台机械手）

为实现机械手由简到难、由少到多的动态仿真，首先对单台机械手在 SolidWorks 中进行建模，生成 stp 文件导入到 3DS MAX 中，然后生成 fbx 文件并导入 Unity3d 仿真环境，模拟机械手的运动仿真，如图 8-3 所示。

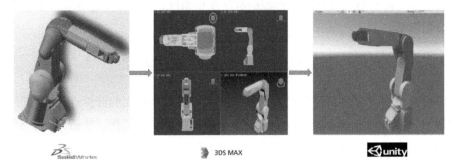

图 8-3　单台机械手的建模仿真过程

为实现数据实时通信，建立了 Socket 通信的数据驱动仿真过程。目前，实现了在单台电脑上在服务端与客户端之间对一台机械手的基于 Socket 通信控制的运动仿真，为后续实时数据驱动的数字孪生技术做准备，如图 8-4 ～图 8-6 所示。

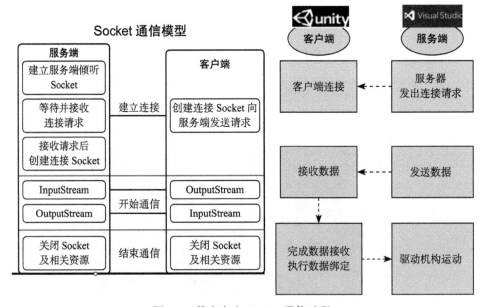

图 8-4　数字孪生 Socket 通信过程

图 8-5 数字孪生 Socket 通信演示（左）及代码（右）

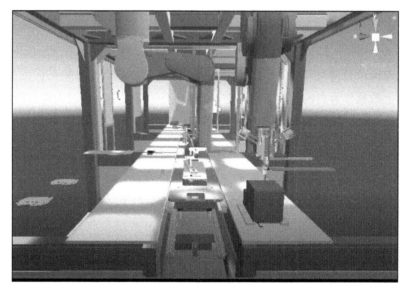

图 8-6 静态数据驱动的消费电子产品机器人数字孪生双机械手协同仿真

由于甲方通过编程实现机械手的运动，并且无法采集到机械手的关节角度，为完成静态数据驱动的仿真过程，将机械手导入 ROS 系统当中，通过目标点反解出机械手的关节角度。由于在 ROS 系统反解求得的末端执行器的位姿结果存在不一致，所以多次反解机械手末端执行器的位姿，选取其中最精确的结果，如图 8-7 所示。

目标点位置

顺序	变量名	X	Y	Z	A	B	C	L1	L2	FLG1	FLG2
	pass_hzhchb	-352.98	-313.77	700.65	-90	74.16	0			3	0
	pass_qzhchb	-281.36	158.88	806.31	-14.34	67.37	98.31			3	0
5	pavoid_qzhchb	22.13	515.07	813.51	-91.48	18.32	-25.01			3	0
8	pavoid_screw	336.17	-435.74	829.82	35.58	-29.32	40.86			2	15
3	pback_qzhchb	192.25	448.07	813.35	-94.87	75.07	-46.78			3	0
1	pick_hzhchb1	-345.16	-226.55	895.94	91.8	46.02	1.92			3	0
	pick_hzhchb2	-347.85	43.32	897.91	90.14	46.29	1.01			3	0
4	pick_qzhchb1	-349.76	470.5	891.38	-91.22	13.23	0.42			3	0
	pick_qzhchb2	-349.7	201.9	892.99	-90.61	13.66	-0.56			3	0
7	pick_screw	176.1	-430.36	826.24	90.14	-74.62	-39.3			2	15
2	place_hzhchb	327.32	2.25	904.49	89.46	46.4	90.31			3	4096
6	place_qzhchb	381.07	3.11	901.01	-90	13.62	-90.11			3	0
9	pscrew_ycb	376.78	-405.48	976.24	0	0	73.31			3	15

各关节角度

	关节J1(弧度)	关节J1(度)	关节J2(弧度)	关节J2(度)	关节J3(弧度)	关节J3(度)	关节J4(弧度)	关节J4(度)	关节J5(弧度)	关节J5(度)	关节J6(弧度)	关节J6(度)
目标点.1	0.566256136	32.44406725	-1.686494255	-96.62900466	1.859556067	106.54483	-2.617993878	-150.0000076	0.224953113	12.88887562	-2.617993878	-150.0000026
目标点.2	-0.014165564	-0.811512472	-0.338856113	-19.41520549	1.972299737	113.2908317	0.033302647	1.908100077	-1.599024686	-91.6173674	2.612800609	149.7070338
目标点.3	1.157970091	66.34681162	0.052388491	3.001539652	1.833345034	105.0429346	-0.025079377	-1.436942468	-1.835121979	-105.144746	2.612800609	149.7070338
目标点.4	2.212572658	126.7710773	0.251441775	14.40665273	1.439634215	82.48496598	-0.010799305	-0.618196231	-1.714758061	-98.24840145	2.612800609	149.7070338
目标点.5	1.540101364	88.24330967	0.133767941	7.664338602	1.763209693	101.024487	-0.012700825	-0.727675504	-1.925871081	-110.3442067	2.612800609	149.7070338
目标点.6	3.127075893	179.7412175	-1.673038129	-95.85687947	1.900088746	108.8670677	0.012880609	0.224637707	-2.617993878	-12.87079275	-2.617993878	-150.0000026
目标点.7	1.972797562	113.032976	-1.864704181	-106.8296614	1.874730362	107.4141392	0.058094031	3.328542892			-2.617993878	-150.0000026
目标点.8	2.217433081	127.0495579	-1.835329029	-104.0106935	1.651820268	94.64233149	2.612880609	149.7070338	-0.168801834	-9.671632907	-2.617993878	-150.0000026
目标点.9	2.311718246	132.4517012	-1.485075617	-85.08856657	1.333915271	76.31912499	2.612880609	149.7070338	-0.19760042	-11.32167005	-2.617993878	-150.0000026

图 8-7　由各目标点位置（上）反解的机械手各关节角度（下）

该项目目前正在实现双机械手的协作仿真过程。

消费电子产品机器人产线虚实映射

首先构建数据封装库。将机械手的关节数据、电磁信号封装在机械手类中，并把以上数据作为类的属性，封装在 robot 动态链接库中。将逻辑控制器的各类开关闭合信号也封装在 PLC 类中，生成另一个动态链接库，以备调用。

开发数据接收处理发送平台。通过 PLC 通信插件和三菱机械手通信插件，将数字虚拟环境所需的信息、数据获取过来，包括 6 个机械手的关节数据以及末端执行器手爪的电磁信号、生产线上各类气缸的 PLC 开关闭合信号等信息。此外，利用 PLC 数据接收处理发送平台和 Robot 数据接收处理发送平台，以 25Hz 的频率获取数据并利用上面提到的动态链接库进行封装。

数据接收处理平台与仿真平台通信。将数据封装好后，利用 Socket 通信，将 PLC 设备的数据处理平台、机械手设备的数据处理平台分别作为两个客户端，将数字仿真平台（该平台包含数据接收模块）作为服务端，进行两端通信，通信的频率与采样的频率一致，保证数据的同步采集。

数字虚拟空间的实时驱动。在数字仿真平台的数据接收模块收到数据后，利用该平台的数据解析模块，解析实时接收到的数据并分发到仿真平台中的各个对象，进行对象的数据实时驱动。数字虚拟空间驱动对象的驱动算法、驱动过程是基于物理空间生产装备的物理运行规律的数学模型,包括机械手的关节转动、手爪的闭合运动、气缸的前进/上下运动,等等。通过物理空间到数字虚拟空间的数据通信、物体运动数学建模,实现消费电子产品机器人生产线的虚实同步映射。如图 8-8 所示。

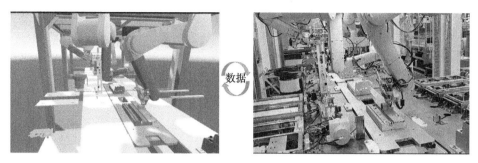

数据

图 8-8 浙江大学、盈趣、攸信联合研发的消费电子产品机器人生产线数字孪生系统

软件定义汽车

车载软件代码与智能汽车

软件定义汽车首先源于汽车制造中大量电子元器件的使用。汽车电子是汽车电子化、自动化、数字化、网络化、智能化的发展基础。汽车电子从 20 世纪 90 年代的单电子系统发展到车内复杂的电子系统,再到现在和未来的车与基础设施间的复杂数字网络。在未来的汽车发展中,如何增加更多的汽车电子控制单元(ECU)已成为开发新车型、改进汽车性能的重要措施。尤其是在新能源汽车中,汽车电子设备在汽车总成本中的比例较大,以丰田普锐斯为例,其混动汽车的电子设备总成本占比达到 48%,纯电动汽车的电子设备占比达到 65%,如图 8-9 所示。

ECU 就是车载电脑,与普通电脑一样,由微处理器(MCU)、存储器(ROM、RAM)、输入/输出接口(I/O)、模数转换器(A/D)以及整形、驱动等芯片组成。简而言之,"ECU 就是汽车大脑"。

有电脑就有相关的车载软件(嵌入式软件)。各种专用软件的开发已经成为汽车创新的关键，软件极大地影响到汽车电子设备的性能，精准、智能的软件创新成了汽车技术创新的主流与关键，优秀的软件采用先进的控制理论和算法，让汽车电子设备的运行更加高效。越来越多的海量软件代码应用于多个汽车内部系统，包括气囊系统、警报系统、巡航系统、电子稳定控制、电子座椅控制、动力转向系统、防震、刹车、车内气候控制、通信系统、发动机点火、娱乐系统、胎压监测、自动换挡、碰撞躲避、仪表、引擎控制、导航系统、雨刮器控制，等等。随着软件技术的发展，软件中所蕴含的"人智"将更进一步"赋智"于汽车，给汽车行业带来重大技术创新，未来汽车可以实现真正的无人驾驶，将人从时常出现疏忽犯错的手工驾驶场景中解放出来。

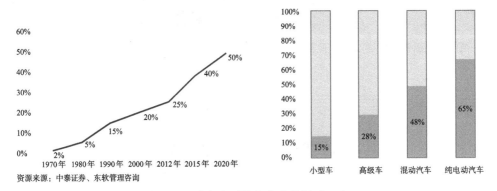

资源来源：中泰证券、东软管理咨询

图 8-9　汽车电子设备占比约超过一半

进入 21 世纪，车载嵌入式软件呈现出爆发式增长趋势。根据大众公司发布的资料，现在很多车都已经达到了 1 亿行代码，增速远远高于其他人造系统。未来几年车载软件代码的行数有可能突破 10 亿。如图 8-10 所示。

近几年推出的自动驾驶技术改变了汽车的运行和使用方式。该技术是一个完整的软/硬/网件一体化的系统，让汽车逐渐成了智能运载工具。其中，车载软件的程序代码至少有数千万行，硬件系统则涉及专用于自动驾驶技术的各种传感器（毫米波雷达、超声波雷达、红外雷达、激光雷达、CCD/CMOS 影像感测器、发动机传感器、轮速感测器、胎压传感器等）、专用芯片等。一辆智能汽车实现自动驾驶必须经由四大环节（参见《三体智能革命》一书中判断智能系统的"20字箴言"）。

现在：
- 每辆车有 1 亿行软件代码
- 每行代码大约成本为 10 美元
- 车辆语音电子导航系统 (NAVI) 有 2 千万行软件代码

未来：
- 每辆车有 2 ～ 3 亿行软件代码
- Level 5 级别自动驾驶汽车将有 10 亿行软件代码

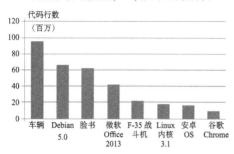

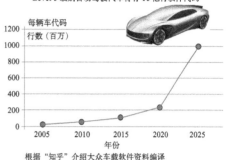

根据"知乎"介绍大众车载软件资料编译

图 8-10　车载嵌入式软件爆发式增长

第一，状态感知，相当于用传感器给汽车加上了"五官"，让车辆在行驶过程中能够不间断地获取本车车况、路面、行人、其他车辆、突发情况等各种物理信息 / 信号，并将这些信息转化为电子数据，通过车内的通信线路传输到车载软件中。

第二，实时分析，相当于汽车的"大脑"——车载软件将传感器采集到的所有数据，根据预先设定的算法进行实时计算分析，获得所有工作数据，总体上把握和确定汽车的当前状态。

第三，自主决策，相当于汽车"大脑"根据"此时此刻场景"做出了最恰当的决定，即确定了车辆在物理组件上应该采取什么动作，例如加速（踩油门 + 自动换 S 挡）、减速（踩刹车）、暂时停车（自动换 N 挡 + 发动机低速运转）、驻车（自动换 P 挡）、左 / 右转弯、掉头、倒车、启动空调、前 / 后车窗喷水 / 启动雨刷器，等等。

第四，精准执行，将分析计算后得出的数字指令，发送到车辆的有关执行机构的控制器上，由控制器操控执行器精准执行，完成物理组件应该执行的动作。

上述闭环的四个过程中，涉及环境感知、行为决策、路径规划、运动控制等多种技术，所有的这一切都需要软件的创新，即软件定义了对各类物理信息 / 信号的获取和处理方式，在汽车上构建了一整套外部信息获取和处理、内部控制、外部互动与服务的服务信息系统。基于雷达传感器、摄像头等技术，再辅以智能算法，软件能够在最短时间内计算行驶路线、躲避障碍物。从某种程度上来说，通过软件对各种硬件和功能的"定义"，自动驾驶可以降低超速、反应慢、药物或是酒精对驾驶的影响，从而让交通出行、运输等更加便利和安全。

在软件定义驾驶的技术特征下，每个公司设计自动驾驶汽车的思想不尽相同，软件算法更是难以以寥寥数语而概括之。华为、英伟达、百度、宝马、奔驰、大众、优步等国内外知名企业都在大力研究和应用自动驾驶技术。这类汽车上搭载了众多专用软件和人工智能算法，而各家公司都在争取确立自身的技术优势和市场竞争优势。

从行业融合的角度观察，汽车有可能成为兼具场景与移动特点的服务型终端。在今天，能源革命和智能革命正在并行发生，在两个革命势头所形成的双重驱动下，汽车有可能从一个社会化的地理位置网络上的移动物理终端，变成继智能手机之后的一种新型移动智能终端，其服务价值、范围和水平或许都会发生深远变化。汽车行业将会逐渐实现智能化的单车、智能互联的车群，并逐渐演变出人、车、路、工厂、组织/监管机关等要素彼此互联的超级移动物联网。这一切，都离不开软件定义，通信、娱乐、学习、维保等各类ICT及服务要素之所以能与汽车实现对接，都有赖于软件的集成与整合。因此，汽车生产商已经开始意识到需要转型成为移动服务提供商（MSP），由此而开启利润丰厚的数字化汽车时代的大门。以德国三大汽车商为例，宝马正在从一个豪车制造商努力进化成一个豪华出行和服务提供商；奔驰正在从一个豪车制造商逐渐转变为一个豪车联网出行提供商；大众则希望在2020年，集团所有新车都变成"轮子上的智能手机"。

软件定义汽车发动机

汽车发动机是汽车的动力来源，其历史比汽车可能还要早一些。在零件定义发动机时代，一旦发动机的各个主要零件确定下来，这款发动机的性能也就基本确定了。但是今天，在软件定义的作用下，汽车发动机已经实现了一机多用，让发动机的动力输出具有了"舒适型""运动型"等不同的类型，给驾驶员带来了较好的驾驶体验和乐趣。

通常，运动型汽车在设计上是有别于普通轿车的，发动机输出动力更强劲，扭矩更大，外形上它具有流线型车身、较小的风阻系数等特点。尤其是发动机的设计与配置，要在克服汽车整体惯性后，呈现出强劲的瞬间加速能力。但是，过去这在发动机的设计上是做不到的，因为普通发动机无法同时具备强劲动力／瞬间加速度和舒适动力／平滑加速度。如果希望一台发动机兼具这两种特性，就要靠"软件定义发动机"来解决。

以 2016 款奥迪 Q7 40 TFSI S line 运动型发动机为例，它是 2.0L 排量的混合喷射发动机，采用涡轮增压的进气方式，共有 4 个 L 形排列的气缸，最大马力达 252 马力（在 5000～6000 转时，可达 185kW 最大功率），最大扭矩可达 370 牛·米（在 1600～4500rpm 转速）。该款发动机的特点之一是引入了"S 挡"。S 挡与前行驾驶标准挡位"D 挡"可以随时切换，车启动后挂挡默认是 D 挡，拉动一次挡把切换到 S 挡，再拉动一次挡把则回到 D 挡，无论车在高速行驶还是静止时都可以随时切换。挡位切换显示如图 8-11 所示。

图 8-11　挡位切换显示

S 挡是在 ECU 和软件的控制下，延迟了升挡，保持了较高转速，确保能随时输出大扭力的挡位，因此，在车辆启动和高速行驶超车时具有强大的"推背感"，驾驶员能明显感受到瞬间加速力。

一台发动机，其物理结构固定，零件／组件上没有任何变化，但是在车载软件的控制与调节下，产生了多种驾驶模式（D 挡、S 挡、自动匀速下坡挡等），这就是软件定义机器的工作模式（状态）。另外，该款发动机能够在 S 挡随时精确输出大扭力，得益于其 TFSI（Turbocharger Fuel Stratified Injection，涡轮增压燃油分层喷射技术）发动机。TFSI 是发动机"稀燃"技术，即发动机混合气中的汽油含量低，汽油与空气之比可达 1 : 25 以上，由此而有效节省燃油。

现在汽油发电机供油都已经实现用 ECU 中的软件控制，可以做到通过 ECU 控制的传感器采集发动机气门凸轮位置以及发动机各相关工况，从而控制喷油嘴将汽油喷入进气歧管。在传统汽油发动机中，由于喷油嘴与燃烧室有一定距离，汽油与空气的混合状态受进气气流和气门开关的影响较大，并且进气歧管壁也会吸附微小汽油颗粒，因此，混合的油气进入汽缸的比例难以精确控制，而且会导致供油不足。最好的方式是让喷油嘴将燃油直接喷入汽缸，这就是缸内燃油直接喷射技术（FSI）——由一个活塞泵以 100 巴（10 兆帕）以上的压力，将汽油泵送到位于汽缸内的电磁喷射器，通过 ECU 中的软件控制，以毫秒级的精度，在最恰当的时间将雾状汽油直接注入燃烧室，如图 8-12 所示。

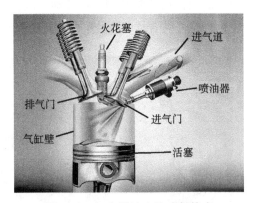

图 8-12　缸内燃油直接喷射技术

为了更好地节省燃油，软件精确控制喷油并根据发动机工况条件设定了两种注油模式，即"分层注油"和"均匀注油"模式。如果发动机低速或中速运转，采用分层注油模式，此时节气门为半开状态，电磁喷射器喷出少量的油雾。这些油雾与进入的气流一起在火花塞周围形成油雾浓度较高的球状油气混合物，易于点燃，而燃烧室其他空间由空气含量较高的混合气填充，这种分层注油方式大大节省了燃油。而当发动机高速运转，节气门完全开启时，就进入了均匀注油模式，大量空气高速进入汽缸，与活塞顶部凸面形成较强涡流并与汽油均匀混合，让油气混合物充分燃烧，有效提高发动机动力输出，降低有害物排放。上述过程均依靠 ECU 中的软件来精准控制。

一个发动机，多种自动挡位和驾驶模式，解决了舒适驾驶和运动驾驶的模式问题；一个气缸，两种油气混合模式，解决了车辆低速和高速行驶时的喷射供油问题。在没有汽车电子和车载软件的时代，这是不可能实现的梦想。而在软件定义供油模式、软件定义发动机的今天，这些曾经的梦想都已经变成现实。

软件定义车载软件架构

　　汽车原本是一个依靠轮子快速运动来实现载客载货的物理机器。现在汽车正在变得越来越像一个电子产品，越来越像一个网络终端，更重要的是，越来越像一个软件载体，而且是从使用简单软件的复杂汽车转向使用复杂软件的简单汽车载体。

　　目前，每辆汽车的 ECU 数量已经有 50 ～ 150 个（某些豪车的 ECU 数量可超过 200），以大众新高尔夫为例，这款体积不大的两厢轿车已经有了 70 个 ECU，软件代码不少于 2 千万行。如果是奔驰、宝马、奥迪之类的豪车，软件代码已经接近 1.5 亿行。未来 Level 5 自动驾驶车辆中的代码可能高达 10 亿行。根据作者了解到的情况，奔驰 2005 款高端车就已经有了 61 个 ECU，十几年后的今天，奔驰汽车的 ECU 数量已经超过 200 个。如图 8-13 所示。

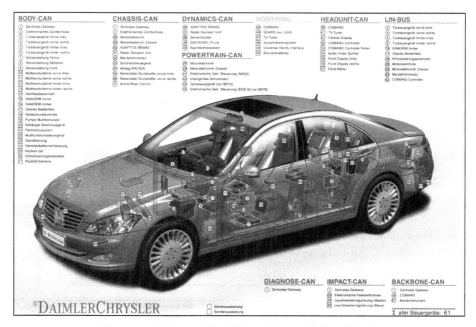

图 8-13　奔驰 2005 款高端车中的 ECU 数量及其分布

　　汽车软件代码行数的急剧增加，必然带来汽车复杂程度的提升，一方面更多的软件代码意味着整车成本增加（车载软件的成本已经超过车价一半），另一方面，更多软件代码也意味着更大的安全风险。根据软件开发规律，如果一辆车有1亿行代码，潜在的软件缺陷可能就会达到10万个。因此，在提升汽车整体功能的前提下尽量减少ECU数量，增加软件的鲁棒性和安全性，是当前汽车制造商面临的重大挑战。

一辆汽车上的几十个到上百个ECU是由众多零部件供应商提供的，每一个汽车电子部件都会有自己的ECU、相应的嵌入式操作系统和应用程序。因此，传统汽车电子的碎片化现象是非常严重的，因为每家供应商都会用自己熟悉的嵌入式系统开发车载软件，每种嵌入式软件可能用不同的程序语言编写。还是以大众新高尔夫轿车为例，它上面有70个ECU，可能就会有70个操作系统和大量不同架构的应用程序。因此业内人士经常说，车里面有多少ECU，就可能有多少台"杂牌"计算机在各自独立地运行着。

这种各自为战的情形已经复杂到让软件定义变得非常困难。因此，汽车ECU正从分布式向集中式处理方式转换，设法把不同的ECU功能集成起来，最终大幅度减少系统模块的数量级，让系统核心架构从几十个到上百个ECU减少到3～4个车载中央处理器。这样，大量的不同系统之间的通信就会消失，海量的底层代码、应用层软件的功能可以合并同类项，共享很多共性技术软件功能。

由德尔福公司提出的整车"电子电气架构"（以下简称EEA）已经被大多数汽车制造商所接受，成为解决汽车电子碎片化问题、让汽车快速演变为电子产品的一个有效手段。

在汽车产品向电子产品的迭代演变过程中，专注于电动车开发的特斯拉公司在EEA方面走得最快。特斯拉在Model 3中，已经把自动驾驶仪（Autopilot）的计算平台Drive PX2、车载信息娱乐系统的计算平台英特尔的i7，以及4G的LTE模块这三套计算机系统整合到了一个主板上，形成一个计算平台，而且只用一个Linux系统来控制该计算平台，由此而更好地实现汽车功能的软件定义。

车载ECU的解构与重构已经是一个重要的发展趋势。大众公司可能是所有传统车企中第一个宣布要整合车内ECU、重构EEA架构、重写底层固件代码、使用通用的编程语言来控制硬件的车企。中国自主品牌车企比亚迪也已宣布要将所有汽车电子电器硬件的软件应用编程接口（API）开放给第三方开发者，用于建立应用软件生态。

软件定义汽车安全性

关于车载软件的鲁棒性和安全性问题，是另外一个值得研讨的重大课题。最近五六年，菲亚特、大众、通用等车企都曾经遭遇过黑客的攻击，严重威胁汽车的数据安全——有的汽车被远程操控，成了可能随时熄火的"遥控玩具"；有的汽车数据被泄露，车主通话记录、行程信息悉数曝光。即使是面世不久、号称安全性不错的特斯拉汽车的车载软件也曾被入侵。

2015 年，两名黑客查理·米勒和克里斯·瓦拉赛克就演示过如何侵入 Uconnect 车载系统，他们戏称 Uconnect 几乎不设防，利用其软件缺陷，很容易从任何接入互联网的地方展开攻击，远程获取汽车的关键功能操作权限，利用汽车 CAN 总线将恶意控制信息发送至电子控制单元，由此控制汽车的物理系统，如启动雨刷、调大冷风、踩下刹车、让引擎熄火、令所有电子设备宕机等。幸亏，这两位黑客是白帽子（不做坏事的黑客），他们是在通知了原厂商 9 个月之后才对外公布 Uconnect 漏洞的。不远的将来一辆无人驾驶汽车被恐怖分子劫持并加速撞向某个指定目标，这种情况很有可能发生，因此汽车安全十分重要。

目前，黑客正在通过各种攻击和解码行为盗取用户数据，而被黑客遥控的智能汽车将会造成巨大的安全风险。而车联网、车内网、ECU、车载软件、云车通信及云内安全等，都是智能汽车安全的主战场。没有车联网、ECU、车载软件等的安全，就没有智联汽车的安全，也就没有软件定义汽车的安全。

软件定义建筑

千年敦煌　文博重塑丹青

敦煌，丝绸之路的必经之处，无数历史和文化曾经在此驻步和流连，人类与自然界之间几十万年的交互过程，在此留下精美瞬间。当年一大批"丹青上士"

和画工巧匠，不舍昼夜，挑灯绘画，用笔墨丹青，描绘出了心中对美好生活的向往——那些身姿曼妙的敦煌飞天，在此飞翔、萦绕了几千年，以轻灵、华丽的舞姿，向世人讲述着敦煌文化。而今天，敦煌文化又有了全新的存在方式的表达。

2016 年 8 月，丝绸之路（敦煌）国际文化博览会（以下简称敦煌文博会）的会场场馆实现竣工，验收交付会在众多嘉宾和数十家媒体的见证下完成。这标志着，主会场三大场馆一个月后可以正式投入使用。

丝绸之路最为重要的节点——敦煌，在当年各民族各文化的交融之际达到了顶峰；两千年后，将再现辉煌。

三体智能　数字建筑突围

众所周知，自从 60 多年前计算机出现，崭新的数字化技术作为继物理实体、意识人体之后的第三体（数字虚体）迅速崛起，由所有的计算机软件、硬件所形成的"数字虚体"已经开始与物理实体、意识人体彼此交汇，形成无数的先进技术手段。当年的飞豹战机就是采用基于模型的系统工程（MBSE），先用工业软件做好了 5 万多个与物理零件一模一样的数字零件，将它们逐级装配，最终组装成一架完整的数字样机，然后在工业软件中对各级产品零部件持续快速迭代，以及不断仿真和优化（如减重、结构优化等），在两年半的时间里完成了过去需要 8 年左右才能完成的整机研制任务。这在当时是国内外从来没有人达到过的战机研制速度。当年飞豹战机研发领军人正是后来时任敦煌文博会项目负责人黄副省长。

不同的场景，相同的思路。曾经用来设计战机的工业数字化设计手段应用到敦煌文博会工程建设上。

我们先来看一下敦煌文博会工程建设的三个具体任务：
- ▶ 敦煌大剧院：一座可容纳观众 1400 席的大型多功能综合剧场，需同时具备大型歌舞剧、交响音乐会演出条件，以备演出驰名海内外的大型歌舞剧《丝路花雨》。总建筑面积 3.8 万平方米，功能复杂、设备系统众多，包含大量舞台灯光、机械、音响设备。地下建筑面积超过 1.2 万平方米，基坑最深处超过 15 米。

- 敦煌国际会展中心：项目总建筑面积约 13.1 万平方米，主体建筑包含一层大基座和三座塔楼，地上有 3 ～ 5 层楼层，建筑基底面积为 6.1 万平方米，主要功能为会议、展览及宴会厅等。
- 敦煌国际酒店：总建筑面积为 10.5 万平方米，共 242 间客房，占地 1200 亩，其中绿地面积超过 800 亩，以新理念、新技术、新方法为指导思想，以和谐、简约、精致、绿色、环保、智慧为设计理念，打造新型园林式酒店建筑群。

我们再来看一下敦煌文博会工程完成后所创造的多项建筑创新：

- 数字化：敦煌大剧院建设以三维数字化建造方式先行仿真，同时搭建 BIM 技术平台，省去二维图纸，提高设计、建造效率，确保设计结果高度精确，如图 8-14 所示。

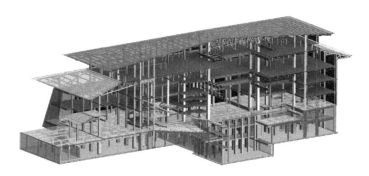

图 8-14　敦煌大剧院三维数字化设计结果

- 模块化：会展中心主场馆采用 11 米高的挑梁无柱钢结构，主体工程钢结构采用工厂化预制、现场安装的方式，基于软件定义的主体结构，一次做优，没有返工。
- 本地化：石材采用当地的莫高金与莫玉煌，充分消化利用当地产能。
- 并行化：设计中搭建 BIM 技术平台，建立各专业协作模型，减少碰撞，最大限度缩短设计周期；施工中钢结构设计制造与地基等基础建设齐头并进，最大限度地统筹优化进度。
- 项目总包：在国内场馆建筑史上第一次采用全过程总包工程（EPC）。对此承建方中建八局的王文博工程师非常兴奋，他说这种全新的方式大大加快了工程进度，使得不可能的工期成为现实——这个可容纳上万人的会展中心仅仅用了 8 个月就建设完成了。

敦煌大剧院为保证音响效果，全面采用三维建模和声学的设计、计算、仿真，如图 8-15 所示。

观众厅满场混响时间 T_{30} 分布（1kHz）　　　　观众厅满场 EDT 分布（1kHz）

图 8-15　敦煌大剧院计算机声学仿真效果

三大协同　软件定义建造

并行设计 + 并行施工

在工业软件的数字化设计的强有力支撑下，三大建筑同时开工，设计仿真并行，制造基建并行，多个专业并行，监理审计并行。

由中国建筑上海设计研究院领衔的整个项目有超过 40 个专业团队同时协同设计，42 天即完成了三维数字化并行设计，58 天按时完成专项设计；全面采用 BIM 技术，设计、采购、建造在同一信息平台展示，避免错漏碰缺，提高出图质量。

上海、深圳、成都、兰州、敦煌多地团队同时设计、即时反馈，既解决设计碰撞难题，又同步完成制造准备，节约大量时间，控制总体进度；全专业、全过程信息化交流配合作业模式，减少信息交流、问题反馈、专业衔接等环节时间，提高设计效率；舞台机械、室内装饰、景观照明、专业厂家同步介入，减少设计返工，避免施工浪费。

同比规模体量相近的大剧院 25 个月以上的设计＋施工周期，敦煌大剧院的设计＋施工周期仅为其 1/3；全部主体工程仅用 104 天；15 万平方米的广场石材铺设仅用 40 天。

同比国内几个大剧院工程，敦煌大剧院的单位面积（或单个座位）造价均节省 10% 以上；采用当地石材莫高金和莫玉煌替代原设计材料，单项节省 4000 多万元，约 50%；总工期从 3 年压缩到 8 个月，项目管理成本节能 65% 以上、资金成本（贷款利息）节省约 35%。

集智开慧＋反复论证

在方案阶段就邀请设计与技术专家 100 余人对各专业技术方案研究论证，期间累计召开 52 场以上评审会、专题会、讨论会；方案调整近 10 轮；完成效果图 500 余张；通过基于软件的数字化并行设计完成了 28000 多份技术图纸；编制施工方案 278 份；专项交底 1000 余次。

搭建各专业设计模型百余个、BIM 协同设计模型十余个，有力地支撑项目的顺利实施。

驻守现场＋倾力奉献

超常规设计周期要求全过程把控设计，为同步解决项目现场问题，设计团队全程全专业驻场工作。设计师驻场工作最长时间差不多 7 个月；最多时 50 多位设计师在现场工作。任务最重的时候每天都会召开设计工作消项会，20 几个专业团队要讨论处理的问题能排到 200 个以上，会议常常开到凌晨，而与会的设计师第二天八点仍然正常开工，没有周六日、连续几个月工作，在这种高强度工作之下，他们也毫无怨言地坚守、毫无保留地奉献。

敦煌大剧院、敦煌国际会展中心、敦煌国际酒店这三大工程仅用 250 多天即竣工，创造了惊人的敦煌速度、敦煌奇迹和敦煌模式。这是敦煌文化和甘肃精神的最为直接的表达。

当那位曾经对项目失望、没有信心的法国驻华人员，再次来到现场时，对场馆的建设速度，表达了惊艳的赞叹，认为这在其他国家绝不可能实现的。

软件定义核设施 DCS 远程诊断和支持

北京广利核系统工程有限公司是中广核工程有限公司与北京和利时系统工程有限公司共同出资成立的从事核电数字化仪控系统设计、核电 DCS 设计、制造和工程服务的专业化公司。国内资深工控企业、知名工业互联网解决方案提供商深圳华龙迅达公司为北京广利核开发了"DCS 远程智能运维系统"（以下简称该系统），实现了软件定义的核设施远程运维。

该系统是用户根据使用习惯自定义配置的工作平台上，通过实时监视与报警可实现对分布式核电站 DCS 的数据集中监视管理，以生命周期综合管理指导完成设备的三维可视化及使用寿命跟踪管理，通过 DCS 备件库模块对 DCS 备件需求及库存情况进行管理，建立专家系统提供对核电 DCS 的运行维护、诊断分析及维修支持，通过核电仪控培训提供可交互式的培训支持，提高人才培养及过程指导，通过移动应用实现运维中心人员的移动办公，以便随时随地查询查看 DCS 及设备的异常情况和运行数据，完备的系统管理对系统权限划分及设备数据进行管理。

实时监视 故障统计

该系统围绕 DCS 远程诊断和支持系统，上传模拟 DCS 系统（上海中心 AP1000）设备实时诊断信息等信息，运用信息化技术，将数据进行形象化、直观化、指标化、图形化展示，并依据层次维度信息分区（基地、机组、系统、机柜、设备）实时显示 DCS 系统总体运行情况、关键设备运行情况，同时实时监视和预警功能提供多维度（按时间、实体维度）预警信息查询，可供深入查询 DCS 系统网络、控制器、DP 链路、IO 模块、历史站、操作站、DCS 环境等详细情况。同时系统通过与专家库有效结合，展开报警信息时依据报警信息的类别触发预警条件等，关联专家库显示相关案例、处理机制、相关核安全案例等内容，提供多元化故障解决方案、核安全建议方案，并将解决方案提供至相关人员。如图 8-16 所示。

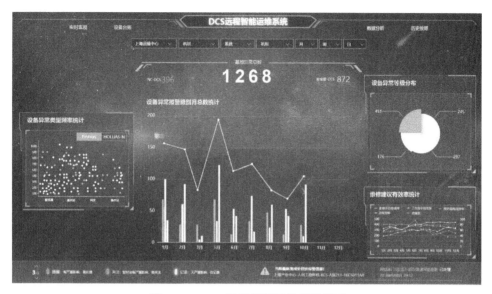

图 8-16　DCS 远程智能运维系统界面

运维系统自监视

该系统对服务器等设备实时运行信息、系统自身日志等信息，运用信息化技术，实时显示 DCS 运维系统及设备总体运行情况的数据，同时提供预警信息提醒展示及多维度（按时间、实体维度）预警信息查询。

监视异常管理

该系统将核电站 DCS 设备实时诊断信息、系统日志、生命周期预警信息送至上海中心 DCS 远程诊断和支持系统，对 DCS 设备进行预警显示、故障统计查看。

预警显示

该系统对生命周期到期设备进行 3D 建模以及与 DCS 系统的有效集成，结合设备的运行状态与使用寿命，对接近使用寿命极限的设备生成预警和报警信息，并在 3D 场景中定位报警设备，提醒设备维护人员对设备进行预防性维修。

故障历史

该系统依据核电站 DCS 设备实时诊断信息、系统日志等，系统将故障信息收集并存入数据库中，并依据故障类别、层次、设备类型等进行分类，对故障信息进行整理，便于后续的展开与查询。同时系统支持对故障历史信息多维度查询，相关人员可在系统中按时间、实体维度进行查询。

设备故障统计

该系统围绕故障统计，以故障数据为基础，运用图像化、报表的手段建立直观化故障信息横向、纵向分析。即横向对比各基地设备故障统计信息、各基地各机组同类型故障趋势、各基地各机组各系统故障等；纵向实现对本基地同类型设备的故障对比分析、按年度/月度等时间维度的故障频率趋势分析、故障排名等。同时系统提供以基地、机组、设备为单元的故障同比环比分析、供应商物资质量对比功能，实现故障多元化智能分析，以达到依据角色、职能等提供实时准确的辅助决策的信息。

智能巡检　维护管理

该系统对于3D智能巡检，基于基地、机组、系统、机柜/盘台/箱体、设备等层级关系，建立关系树。运用3D可视化技术，对其进行3D建模，通过对设备运行状态进行跟踪，记录设备和元器件的运行时间轨迹，结合DCS设备和零备件的设计寿命，对设备和元器件进行寿命周期的计算和预警，提醒DCS设备运维人员对接近寿命极限的设备或元器件进行更换，避免因设备或零件超期运行引起的故障。该3D智能巡检涉及三维展示及定位、维护管理、生命周期综合管理。

三维展示及定位

该系统基于基地、机组、系统、机柜/盘台/箱体、设备等层级关系，建立关系树。运用3D可视化技术，对其进行3D建模，直观、立体地展示设备层次关系。相关人员可以借助于关系树在不同的设备之间进行快速导航定位，此外，还可直接与场景中的3D对象进行交互，对其进行缩放、平移、旋转等操作，点击具体设备时能够查看该设备的详细信息。除了提供逼真的3D信息交互外，还能够以表格的形式显示设备所包含的组成信息和软件信息，并按分类标准选择性地显示，支持备件时间排序，以满足不同岗位人员的需要。

维护管理

当设备处于生命周期到期报警、损坏或版本较低状态时，需要对设备进行更换。相关人员可以利用该系统通过设备/软件图号、软件名称、版本号、生命值等条件查询需要更换的设备，系统以3D列表的形式显示符合条件的设备3D模型，相关人员触发换件动作时，系统智能匹配各备件库（中心库、核电现场一级库）可更换的备件信息，并进行设备更换，并自动更新设备及库存信息。

生命周期综合管理

围绕设备生命周期信息，该系统提供对单个设备生命周期的查询，以生命周期区间、大修计划/时间等为条件进行查询统计，并显示1%～10%，11%～20%...91%～100%十个寿期段内的设备数量及临近大修的设备信息，使相关人员能够直观地了解设备中各个生命段的设备分布情况，以突出颜色显示临近生命周期极限的设备。同时支持导出功能，用于导出临近生命周期极限的相关设备信息。

库存预警　备件管理

建立DCS备件库存管理平台，对各备件库存进行管理，同集团SAP/ERP系统进行对接，提供智能化备件管理功能，包括动态台账管理、库存预警、备件保鲜管理、备件补充管理、物项替代管理，如图8-17所示。

动态台账管理

在该系统中，实时对备件信息动态进行跟踪管理，依据供应商库备件出库、入库过程信息以及核电站用户库备件消耗情况进行记录，在查询备件库存信息时，根据过程信息实时更新库存信息并进行展示。

库存预警

在该系统中，围绕DCS库存信息，对中心库、核电站等备件库入库、出库、库存状态进行统一管理，通过中心库、核电站库等与SAP系统（前期是ERP，对接前能够进行Excel导入）无缝集成，可供查看详细的备件库存信息，支持多维度信息查询，便于查询和管理备件库存。同时对各备件库的备件信息进行集中整合查询，提供对备件的库量预警阈值设置，对低于或高于库量预警阈值的情况进行预警。

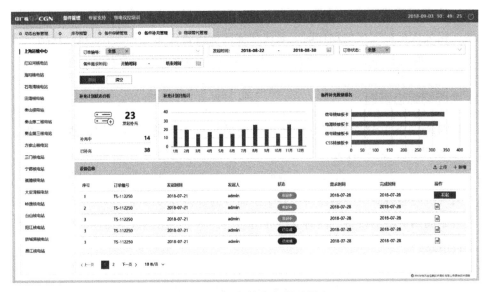

图 8-17　DCS 备件库存管理平台

备件保鲜管理

在该系统中，围绕 DCS 库存信息，对中心库、核电站等备件库保质期进行统一管理，通过中心库、核电站库等与 SAP 系统（前期是 ERP，对接前能够进行 Excel 导入）无缝集成，对在库备件从出厂日期起计算其存放时间，比对保质期进行统计及预警，实现对备件的保鲜管理。

备件补充管理

在该系统中，围绕备件使用情况，基于备件库存预警信息、备件订单信息（预防性维修信息）等，进行备件补充计划的编制，并供各级人员审批及节点跟踪。

物项替代管理

该系统提供对临近或已停产设备做模糊查询的功能，相关人可对淘汰品进行替代，并对替代产品进行选型，形成替代方案，系统对该内容进行记录，并标注设备的替换状态，当现场用户依据替代方案进行反馈时，相关人员可在系统中更改淘汰品的替换状态，同时系统将更新设备信息，形成替代记录，最终生成替换报告。

专家支持　仪控培训

专家支持

围绕故障信息，通过将核电厂 DCS 设备实时诊断信息、系统日志传送至 DCS 远程诊断和支持系统，实现系统日志、实时报警信息收集 / 分析，找出问题原因，提供纠正和预防措施处理方案及相关类似问题解决案例，并最终形成专家处理（分析）报告，支持多维度查询功能。根据故障历史信息、相应的维修历史信息、维修经验库等知识，智能评估故障影响力。期间涉及健康状态分析、故障影响分析平台、故障诊断分析、专家知识库。

核电仪控培训

在对 DCS 设备的全 3D 建模基础上，使用 3D 引擎进行驱动，结合行业知识，构建可交互的培训系统。通过培训系统，相关人员观看相关培训视频，进行设备模拟操作，以及设备维修操作。DCS 为运维人才的培训提供信息平台支撑。上述培训包含维修培训、平台培训、工程设计培训、装检培训。

移动管理

▶ 移动实时监视。基于 DCS 远程监视和支持系统实时监视功能，相关人员可在移动端查看全国各核电站运行信息、故障情况等，同时移动管理提供多维度查询功能，相关人员可依据所需条件查看相关故障信息。

▶ 移动预警显示。基于 DCS 远程监视和支持系统风险预警功能，移动管理提供消息推送功能，将报警信息推送至相关人员手机端，以供查看和操作。

▶ 移动故障历史。基于 DCS 远程监视和支持系统故障历史数据，移动管理提供故障历史信息查询功能，同时支持多维度查询，相关人员可在移动端按时间、实体维度进行查询。

- 移动设备故障统计。基于 DCS 远程监视和支持系统设备故障统计分析功能，相关人员可在移动端查看故障统计分析报表或图形。
- 移动三维展示与定位。基于 DCS 远程监视和支持系统 3D 模型数据，依据设备关系树，相关人员可在移动端查看设备 3D 模型，对其进行缩放、平移、旋转等操作。同时可在移动端多维度查询设备，并对查询出的设备列表定位到相应的 3D 模型，实现图文融合。
- 移动库存预警。基于 DCS 远程监视和支持系统库存预警功能，移动管理提供消息推送功能，将库存预警信息推送至相关人员手机端，以供查看和操作。
- 移动培训管理。基于核电仪控培训功能，移动管理提供对维修培训、平台培训、工程设计培训、装检培训的 3D 动画查看功能，支持多维度查询，相关人员可依据所需条件查看相关内容。
- 移动专家支持。基于专家支持功能，移动管理提供健康分析报告、完工报告、诊断分析报告、专家知识库查看功能，支持多维度查询，相关人员可依据所需条件查看相关内容。

系统管理

在该系统中，由系统管理员统一录入和维护功能菜单信息。根据不同用户，按照角色来分配不同权限，通过配置权限功能、操作模块和拥有窗体的操作类型（如查询、修改、删除等），决定不同角色的授权范围或者不同角色及用户访问的数据资源范围。角色与用户可指定映射，一个用户可属于一个或几个角色。

访问权限管理采用口令认证、CA 认证等多种手段支持集团统一的身份认证系统，实现单点登录。系统对用户的密码以加密形式保存，对多次（比如三次）登录失败的用户进行封锁，并记入系统日志。基础数据与配置管理实现系统所需的所有基础数据的维护和维护参数的配置，为系统其他模块正常运行提供了基础。系统管理包含：系统校时、权限管理与基础信息管理。

后记与致谢

从 2018 年年初构思，年中动笔，历时一年多，终于在 2019 年 11 月 18 日封笔并交稿。

在整个撰写过程中，我们根据自己亲身经历的长达 37 年以上的工业软件从业经验，调研走访了大量国内外工业软件的开发商、代理商和企业一线用户，翻译、收集了大量工业软件技术资料，研究了数年来我国国务院、工信部、工程院等发布的与工业软件有关的政策资料与白皮书，几经研讨梳理，终于对工业软件的发展历程、涵盖范围、厂家名录、技术特征、细分种类、应用成果、最新发展、政策支撑等情况有了概貌性了解。

第一作者赵敏，所从事的首份工作就是在清华大学讲授工程制图及计算机绘图课程，同时开发二维机械 CAD 软件。攻读在职研究生时，所选研究方向就是机械学 / 计算机辅助设计（CAD）专业。早年有幸参加了国家机械部组织的"七五 CAD 攻关"项目及国家科委的"计算机绘图软件"开发项目，都荣获了三等奖，个人编写软件代码 3 万多行。后来到外资 / 民企等著名工业软件公司从事技术开发、软件销售、市场开拓工作，担任首席研发专家、CIO、副总裁等，参与了几十个面向企业的工业软件应用开发与咨询项目，积累了大量工业软件策划、研发、应用的知识与经验，并研究、撰写、翻译过百余篇介绍工业软件的技术与市场文章，出版专著 7 部。37 年来从未离开工业软件圈子，一步步看着国内外工业软件是怎样从开发应用、成长并购、兴衰荣辱走到今天的。

第二作者宁振波，全部 38 年工作历程都在中国航空工业集团，用工业软件从事飞机研制工作：1982—1986 年，中国第一个 CAX 系统，即航空 7760CAD/CAMM；1987—1989 年，航空 CIM 系统；1991 年，航空 IESP 软件转让研发应用；1997—2002 年，异地协同设计与航空 CIMS 工程；2000—2010 年，CATIA

V5 研究与二次开发、PDM 大规模应用；2002—2012 年，飞机数字化工程；2010—2018 年，航空智能制造体系架构。此外，还参加过多个商业化工业软件的二次开发工作。1997 年获国家 CAD 应用示范工程大奖，2000 年获飞机部件三维设计陕西省科技进步一等奖，2004 年获全机飞机数字样机国家科技进步二等奖，2006 年获 PDM 项目国防二等奖，2019 年在人民大会堂获"2019 第十五届光华龙腾奖·中国设计贡献奖金质奖章——新中国成立七十周年·中国设计70 人"。在多型飞机研制中立功受奖十余次。

我们自 1992 年起因工业软件结缘，已经相识了 28 年，结下了深厚友谊。对绝大部分市场热点和新鲜事物，无须任何形式的事先沟通，我们就可以做到所思、所想、所言、所写高度相近，观点吻合，立场一致。这在人生经历中是非常难得的奇妙体验，也为我们默契、顺畅的写书过程打下了坚实基础。

本书是我们继与多位作者合著《三体智能革命》《智能制造术语解读》之后的再次合作。能相识 28 年一直默契合作，已属非常不易，能三次合作写书更是少见。每当我们从浩瀚的工业软件知识海洋中提取到一个新的知识点时，都会欢欣鼓舞；每当我们发现一家公司做出一款新工业软件时，都会同去考察；每当我们从纷繁复杂的技术迷雾中分辨出来一个新发展趋势时，都会击掌相庆。

工业软件，厂商万千，种类庞杂，功能众多，资料无数。其市场，既变化无常，也内存规律；其技术，既发展迅猛，也多年踟蹰；其应用，既线长面广，也聚焦纵深。

能知晓工业软件的几十年发展历程，不太容易；能熟悉工业软件的几大门类，耗时费力；能准确描述工业软件的常用功能，反复研习；能辨析工业软件的发展趋势，旁征博引，仔细梳理，方可洞悉。

得益于我们深耕工业软件三十多年所积累的人脉，所熟悉的企业，所了解的研发方向，众多国内外工业软件企业为我们提供了大量的最新版软件技术资料，全力配合、支持本书的撰写。对于这些不同企业、不同种类、不同功能的工业软件资料，我们像是拼接七巧板一样，试图找到其中规律，得到定位准确、光鲜亮丽的全景图。还好，我们最终获得了虽然还不是特别满意但是也算是迄今为止有关工业软件的一幅较为全面的拼图，描述了软件定义制造的崭新疆域。这是一个颇具开创性的工作，此前无人给出类似的结果。

在此，我们向所有提供参考资料的企业朋友致以衷心的感谢（排名不分先后）：

兰光创新公司朱铎先提供了 MES/APS 资料、数字工厂资料以及撰写建议；北京华成经纬公司朱明提供了用 tpCAD 软件绘制的自行车前轴装配图和用 DELab 软件做的前轴仿真计算结果；北京亚控科技郑炳权提供了 DCS/SCADA 及管控一体化工业互联网资料；贝加莱工业自动化（中国）有限公司宋华振提供了工控软件资料和多个技术建议；工业技术软件化产业联盟卞孟春提供了部分工业软件厂商名录；工业技术软件化产业联盟授权使用《工业互联网 APP 发展白皮书》；工信部电子五所杨春晖提供了《软件功能安全白皮书》及软件可靠性 / 安全性资料；工信部电子五所刘奕宏、黄晓昆提供了对软件功能安全的诸多见解和指导意见；青海国电张节潭提供了国内电力仿真软件的汇总说明；中海油非常规油气公司秦俭提供了石油领域常用国内外软件名录；中石油长城公司原静海提供了部分自主开发的软件名录；安达市庆新油田开发有限责任公司刘维武、王海生、常天旭及东北石油学院陶国彬联合提供了大庆"卫星油田"软件名录；不具名国际友人提供了国际某石油公司的部分软件资产名录；北京科技大学材料学院张超提供了材料仿真软件介绍；中航发材料研究院连建民提供了材料仿真软件介绍；华龙迅达公司龙小昂提供了数字孪生和 CPS 资料；鼎捷软件公司梁红柏提供了轻量级手机版工业 APP 资料；北京恩易通技术发展有限公司闫晓峰提供了时间明晰网络（TAN）资料；安世亚太张国明提供了 ANSYS 多物理场仿真分析与数字孪生资料；安世中德包刚强提供了大量 3D 打印及增材思维设计资料；通力公司王和根、李冬提供了设备运维与综合保障资料；北京泽来科技有限公司时桂强提供了生产物流和大数据平台资料；苏州同元公司陈立平、周凡利提供了多物理域系统仿真资料；索为系统公司李义章、阎丽娟提供了工业技术软件化资料，王振华提供了多功能模型联合仿真资料；东方国信公司赵宏博提供了各领域软件模型简介及炼铁高炉上云资料；北京三维直点科技有限公司任伟峰提供了可视化管理智慧工厂资料；树根互联技术有限公司黄路川提供了数据挖掘与智能制造资料；上海优也信息科技有限公司林诗万、郭朝晖提供了 Thingswise 平台介绍资料及应用案例；金蝶软件（中国）有限公司郭旭光提供了金蝶工业互联网平台架构资料；杭州新迪数字工程系统有限公司彭维提供了工业软件平台资料；北明智通公司史晓凌提供了知识图谱及案例介绍；ANSYS公司董兆丽提供了云边协同数字孪生关键技术及设备监测应用案例；PTC公司郎燕提供了工业APP及数字孪生资料；达索公司冯升华提供了3DEXPERIECE孪生资料；西门子产品战略规划部门陆云强提供了数字化工厂资料；ESI公司总裁克里斯托弗提供了混合孪生资料；北京自动化所原总师蒋明炜提供了ERP效益机理资料；李群自动化公司石金博提供了机器人控制系统和易用性资料；中科院华南计算技术研究所陈冰冰提供了软件定义机器人资料；北京航空航天大学陶飞提供了数字孪生资料；中国建筑上海设计研究院有限公司陈然、张欣宇提供了敦煌国际会展中心等项目图文资料；崔斌、王敏提供了PLM解读资料，等等。

尽管我们试图把所有支持本书写作并提供过工业软件资料的企业和友人罗列出来，但是因为有关资料是多年积累而成的，且此前调研参访企业的时间过去较久，难免记录不全，挂一漏万，如果提供了书面资料而未在此致谢或未列入参考文献的情况，请告知我们，以便在后续印刷过程中予以增补。

认认真真地写作，是一个极其辛苦、耗神费力、"效益"甚低的工作。从个人利益的角度来说，能不写就不写；从行业情怀的角度来说，能写还是要写。我们认认真真地写了本书，同时，希望读者能认认真真地看，认认真真地提出修改意见，乃至尖锐的批评，我们都虚心接受。诚愿在读者和作者的共同努力下，本书所描述的软件定义制造能够更好地帮助中国的工业人开发好工业软件，做好智能制造，落地工业互联网，实现中国工业的转型升级。

向广大读者致以深深的敬意和谢意！

作者
2019年11月18日

缩 略 语

缩略语	英文全称	中文翻译及释义
AGV	Automated Guided Vehicle	自动导引运输车，作业现场常用物流运输工具
3DP	3 Dimension Printing	3D打印，属于增材制造，是快速成型技术的一种。它是一种以数字模型文件为基础，运用粉末状金属或塑料等可黏合材料，通过逐层打印的方式来构造物体的技术
AI	Artificial Intelligence	人工智能，是计算机技术的一个分支，如何利用计算机完成以人的智慧才能完成的工作是它研究的主要内容
AVM	Adaptive Vehicle Make	自适应运载器制作，美国国防部高级研究计划局（DARPA）在2009—2013年实施的一揽子投资计划组合，目的是解决防务产品的及时交付问题，形成了"网络中心制造"解决方案
BIM	Building Information Modeling	建筑信息模型，是由计算机软件程序直接解释的建筑或建筑工程信息模型，实现以数字技术对建筑环境的生命周期管理
BOM	Bill of Material	物料清单，用计算机辅助管理，首先要使系统能够识别企业制造的产品结构和所有涉及的物料
B/S	Browser/Server	浏览器/服务器模式，是Web兴起后的一种网络结构模式，Web浏览器是客户端最主要的应用软件
CAD	Computer Aided Design	计算机辅助设计，用计算机软件辅助设计人员进行交互设计，主要应用于机械、电子、航太、纺织等产品的总体设计、结构设计等环节
CAE	Computer Aided Engineering	计算机辅助工程，广泛使用有限元法、粒子法等分析模型，将复杂问题分解为较简单的问题后再求解的软件系统。结果是近似解
CAM	Computer Aided Manufacturing	计算机辅助制造，用计算机软件来实现生产设备管理控制和操作的过程。针对某种数控设备，给出刀具加工时的运动轨迹和数控程序
CAPP	Computer Aided Process Planning	计算机辅助工艺规划，是针对多种数控设备，用计算机来制定零件的一系列加工工艺过程的软件系统
CAQ	Computer Aided Quality	计算机辅助质量管理，是运用计算机实现产品质量数据采集分析、处理和传递的自动化软件系统

（续）

缩略语	英文全称	中文翻译及释义
CPS	Cyber Physical System	赛博物理系统，IT 与 OT 融合的系统，是新工业革命的使能技术。也常被称作信息物理系统（不是准确翻译）
CRM	Customer Relationship Management	客户关系管理，用于销售、营销、客户服务和支持等方面的业务系统
CFD	Computational Fluid Dynamics	计算流体动力学，是流体动力学和计算机科学相互融合的一门新兴交叉学科
C/S	Client/Server	客户 / 服务器，它们常常分别处于相距很远的两台计算机上，Client 程序与 Server 程序互相提交服务请求，并返回处理结果
DDC	Direct Digital Control	直接数字控制
DCS	Distributed Control System	分布式控制系统
DT	Digital Twin	数字孪生，是指在整个生命周期中，通过软件定义，在数字虚体空间中构建的虚拟事物的数字模型，形成了与物理实体空间中的现实事物所对应的、在形、态、行为和质地上都相像的虚实精确映射关系
DT	Digital Thread	数字主线，旨在通过先进的建模与仿真工具建立一种技术流程，提供访问、综合并分析系统生命周期各阶段数据的能力
DFAM	Design For Additive Manufacturing	基于增材制造的设计，通过形状、尺寸、层级结构和材料组成的系统仿真设计来大限度提高增材制造产品性能的方法
ERP	Enterprise Resource Planning	企业资源计划，是在 MRPII 的基础上发展起来的，采用计算机技术的新成就，将供应链管理（SCM）和企业业务流程重组（BPR）放在重要位置的管理理论
Extranet	Extranet	外联网（或企业外部网），是一部分像 Internet 和一部分像 Intranet 的混合物，它允许公司让供应商、合作伙伴和客户访问公司 Intranet 的某些部分，甚至可以通过连接到客户 / 服务器系统访问业务数据
Ethernet	Ethernet	以太网，代表一种局域网组网的技术，是一种技术规范，而不是一种具体的网络，所以以太网虽然带 "网" 却不是真正的 "网"
FMS	Flexible Manufacturing System	柔性制造系统，是由统一的信息控制系统、物料储运系统和一组数字控制加工设备组成，能适应加工对象变换的自动化机械制造系统
G 代码	G-Code	数控程序指令。用 G 代码可以实现快速定位、逆圆插补、顺圆插补、中间点圆弧插补、半径编程、跳转加工
HMI	Human-Machine Interaction	人机交互界面，系统与用户之间的交互界面，是重点研究人与系统之间关系的技术
internet	internet（首字母小写）	互联网，最初含义是指相互通信的设备组成的网络，互联网可大可小，从两台设备相联到亿万设备互通，包括因特网、万维网、广域网、城域网、局域网等

（续）

缩略语	英文全称	中文翻译及释义
Internet	Internet（首字母大写）	因特网，是将以往相互独立的、散落在各个地方的单独的计算机或是相对独立的计算机局域网，借助电信网络，通过一定的通信协议互联的电脑网络
Intranet	Intranet	内联网（或企业内部网），是基于 TCP/IP 协议，使用环球网 WWW 工具，采用防止外部侵入的安全措施，为企业内部服务，并有连接 Internet 功能的企业内部网络
IIRA	Industrial Internet Reference Architecture	工业互联网参考架构，是一个由工业互联网联盟（IIC）提出的实施工业互联网的三维参考架构模型
IoT	Internet of Things	物联网，是一个计算设备、机械和数字机器、物体、动物或人相互关联的系统
IT	Information technology	信息技术，指在业务或企业环境中，应用计算机来存储、研究、检索、传输和操控数据或信息。IT 是信息和通信技术（ICT）的子集
IIoT	Industrial Internet of Things	工业物联网，是物联网在工业中的应用，将具有感知、监控能力的各类采集或控制传感器或控制器以及移动通信、智能分析等技术不断融入工业生产过程各个环节，形成联接各种工业要素的网络
IVRA	Industrial Value Chain Reference Architecture	工业价值链参考架构，是由日本政府参考工业 4.0 和工业互联网提出的实施其"互联工业"的三维参考架构模型
JIT	Just-In-Time	准时生产计划，是当年由日本丰田汽车公司首先创立并且推行的先进生产方式，也叫"丰田生产方式"
KM	Knowledge Management	知识管理，是对企业中集体的知识和技能（以数据库、纸张、思维等形式出现）的捕获，然后将这些知识发送到业务需要的地方去
LAN	Local Area Network	局域网，共享一个处理器或服务器的局限于相对小的地理范围内的互联网。通常它只限于一个办公室或办公楼内
MRO	Maintenance Repair & Overhaul	维护修理与大修，也有人将其写作"Maintenance, Repair & Operation"，即维护修理与运营
MRP	Material Requirement Planning	物料需求计划，是建立在计算机基础上的生产计划与库存控制系统
MRPII	Manufacturing Resource Planning	制造资源计划，是采用以企业整体与控制为主体的计算机辅助管理手段，实现企业对制造资源的有效计划、管理和控制的管理系统
NNMI	National Network for Manufacturing Innovation	美国国家制造创新网络，后来正式采用了面向全社会和工业界的新名称"制造业美国"（Manufacturing USA）
OA	Office Automation	办公自动化系统，是指在办公室的职能中应用计算机和通信设备进行语言、文字、数据和图像等信息处理的自动化信息系统

（续）

缩略语	英文全称	中文翻译及释义
OEE	Overall Equipment Efficiency	设备综合效率，是设备实际的生产能力相对于理论产能的比率。设备密集型企业高度关注的核心指标之一
OT	Operation Technology	运营技术，指直接监控或控制工业设备、资产、流程和事件来检测物理过程或使物理过程产生变化的硬件和软件
PDM	Product Data Management	产品数据管理，是 20 世纪 80 年代开始在国外兴起的一种管理企业产品生命周期与产品相关数据的系统
PDCA	Plan-Do-Check-Act	P：计划，确定方针、目标和活动计划；D：执行，实现计划的内容；C：检查，总结执行计划的结果和问题；A：处置，对发现的问题进行处置。然后进入下一个 PDCA 环节
RAMI4.0	Reference Architecture Model Industrie 4.0	工业 4.0 参考架构模型，一个由层、流、级组成的三维参考架构模型。参考该模型，可有章法、有路径地实施工业 4.0 和智能制造
ROS	Robot Operating System	机器人操作系统，主要设计目标是为机器人研发过程中的代码复用提供支持
RP	Rapid Prototyping	快速原型，是一种基于离散堆积成型思想的成型技术，集计算机、数控、激光和新材料等技术于一身，是 3D 打印的前身
RFID	Radio Frequency Identification	无线射频识别技术。在物流、门禁、生产自动化等领域有着广泛应用
RTOS	Real-Time Operating System	实时操作系统，指的是专为实时应用设计的多任务操作系统
SCM	Supply Chain Management	供应链管理，是对供应、需求、原材料采购、市场、生产、库存、订单、分销发货等企业供应链的管理，包括从生产到发货、从供应商的供应商到顾客的每一个环节
TAN	Time Aware Network	时间明晰网络，是一种全新的基于时间的工业网络通信技术，实现了现有工业以太网和 TSN 做不到的三个层次的时间明晰和六个新工业网络属性
TSN	Time Sensitive Network	时间敏感网络，在 IEEE 802.1 标准框架下，基于特定应用需求制定的一组"子标准"，旨在为以太网协议建立"通用"的时间敏感机制，以确保网络数据传输的时间确定性
TCP/IP	Transmission Control Protocol/Internet Protocol	传输控制协议 / 互联网络协议，是一种网络通信协议，它规范了网络上的所有通信设备，尤其是一个主机与另一个主机之间的数据往来格式以及传送方式
WAN	Wide Area Network	广域网，是通过长距离连接用户的网络，其连接范围常常跨越城市或国家
WWW	World Wide Web	全球信息网，是基于超文本（Hypertext）的信息检索工具，它通过超链接把世界各地不同 Internet 节点上的相关信息有机地组织在一起

参 考 文 献

[1] 胡虎，赵敏，宁振波，等 . 三体智能革命 [M]. 北京：机械工业出版社，2016.

[2] 朱铎先，赵敏 . 机·智：从数字化车间走向智能制造 [M]. 北京：机械工业出版社，
      2018.

[3] 安筱鹏 . 重构：数字化转型的逻辑 [M]. 北京：电子工业出版社，2018.

[4] 林雪萍，赵敏，宁振波，黄昌夏 . 智能制造术语解读 [M]. 北京：电子工业出版社，
      2017.

[5] 施荣明，赵敏，孙聪 . 知识工程与创新 [M]. 北京：航空工业出版社，2009.

[6] 赵敏，张武城，王冠殊 . TRIZ 进阶及实战：大道至简的发明方法 [M]. 北京：机械
      工业出版社，2016.

[7] 何强，李义章 . 工业 APP：开启数字工业时代 [M]. 北京：机械工业出版社，2019.

[8] 沈晓明，王云明，等 . 机载软件研制流程最佳实践 [M]. 上海：上海交通大学出版社，
      2013.

[9] 通用电气公司 . 工业互联网：打破智慧与机器的边界 [M]. 北京：机械工业出版社，
      2015.

[10] 何晓庆 . 嵌入式操作系统风云录：历史演进与物联网未来 [M]. 北京：机械工业出版
      社，2016.

[11] 黄锡滋 . 软件可靠性、安全性与质量保证 [M]. 北京：电子工业出版社，2002.

[12] 赵敏 . 基于 RAMI 4.0 解读新一代智能制造 [J]. Engineering，2018(4).

[13] 宁振波 . 航空智能制造的基础：软件定义创新工业范式 [J]. Engineering，2018(4).

[14] 赵敏 . 工业互联网平台的六个支撑要素——解读工业互联网白皮书 [J]. 中国机械工
      程，2018(8).

[15] 赵敏 . 中外对比，揭示中国工业软件振兴难 [J]. 电子科学技术，2019(3).

[16] 林雪萍 . 国产仿真软件坎坷路 呼唤国家意志再现 [J]. 电子科学技术，2019(3).

[17] 宁振波 . 飞机数字化设计制造管理研究报告 [R]. 2002-11-07.

[18] 宁振波，等 . 基于航空专网和 PLM 技术的飞机产品数字化工程 [R]. 2002-08-26.

[19] 杨学山 . 谈谈工业技术软件化 [R]. 2019-11-13.

[20] 安筱鹏 . 工业互联网平台建设的四个基本问题 [R]. 2018-01.

[21] 李义章 . 大力推进工业技术软件化 [R]. 2017-07-31.

[22] 工业和信息化部软件电子科技委 . 软件定义的理念与技术路径研究 [R]. 2017-07-04.

[23] 埃森哲 . 工业互联网：释放互联产品和服务的潜力 [R]. 2014.

[24] 中国电子技术标准化研究院 . 工业物联网白皮书（2017 版）[R]. 2017-09.

[25] 工业互联网产业联盟 . 工业互联网平台白皮书 [R]. 2017-11.

[26] 中国信息通信院 . 2017 年中国数字经济发展白皮书 [R]. 2017-07-13.

[27] 中国工业技术软件化产业联盟 . 工业互联网 APP 发展白皮书 [R]. 2018-10-31.

[28] 中国工业和信息化部电子第五研究所，等 . 软件功能安全标准白皮书 [R]. 2017-12.

[29] 周济，李培根，等 . 走向新一代智能制造 [J]. Engineering，2018(4).

[30] 周济，李培根，董景辰，等 . 中国智能制造发展战略研究报告（征求意见稿）[J]. Engineering，2018.

[31] 工业 4.0 工作组，德国联邦教育研究部 . 德国工业 4.0 战略计划实施建议（上）[J]. 机械工程导报，2013，7-9.

[32] 工业 4.0 工作组，德国联邦教育研究部 . 德国工业 4.0 战略计划实施建议（下）[J]. 机械工程导报，2013，10-12.

[33] 德勤咨询公司 . 工业 4.0 与数字孪生：制造业如虎添翼 [R]. 2018.

[34] 安世中德咨询有限公司 . 面向增材的设计与制造一体化解决方案 V2.0[R]. 2019-06.

[35] 安世亚太 . 数据中心规划——数据孪生及模块化 [R]. 2019-06.

[36] ANSYS. 案例 1：ANSYS 公司在泵系统领域的 CPS 应用探索 [R]. 2019-01-11.

[37] ANSYS. 聚焦数字孪生体 [J]. ADVATAGE，2017(1).

[38] PTC 技术团队 .PTC 中台方案 [R]. 2019-04-22.

[39] ESI 公司 .Hybrid TwinTM[R]. 2019-10-16.

[40] 达索公司 . 达索系统产品线与 3DEXPERIENCE（3D 数字体验平台）[R]. 2019-06-01.

[41] 冯升华 . 达索 3DEXPERIENCE 孪生 [R]. 2019-09-17.

[42] 陶飞 . 五维数字孪生模型及十个领域应用探索 [R]. 2019-03-21.

[43] 林诗万 . 优也工业互联网平台 + 数字孪生体技术：工业智能应用的新架构 [R]. 2019-08-02.

[44] 朱明 . 前轴 -DELAB_PMA_Strength_Simulation[R]. 2019-10-09.

[45] 赵宏博 . 各领域软件模型简介资料 [R]. 2019-07-08.

[46] 陈建成 . 工业机器人生产线数字孪生平台开发 [R]. 2019-01-08.

[47] 王和根，李冬 . 工厂如何做好设备管理工作 [R]. 2019-07-04.

[48] 桂时强 . 基于智能制造的实物流闭环系统 [R]. 2019-06-26.

[49] 任伟峰 . 真三维可视化智慧运营管理系统（VizARena）[R]. 2018-05-06.

[50] 黄路川 . 数据挖掘与智能制造 v5.0[R]. 2019-08-08.

[51] 张超 . 材料成型仿真软件及材料常用软件 [R]. 2019-07-08.

[52] 王振华 . 图形化软件定义工业 APP 开发环境（节选）[R]. 2019-06-14.

[53] 陈立平 . 工业知识表达、知识自动化与智能协同的 数字化系统设计服务体系 [R]. 2019-01-30.

[54] 周凡利 . 系统设计与仿真验证平台 MWorks[R]. 2019-06-05.

[55] 闫晓峰 . 下一代工业通讯网络的技术需求 [R]. 2019-09.

[56] 龙小昂 . 华龙迅达数字孪生应用案例 [R]. 2019-11-03.

[57] 史晓凌 . 知识图谱及案例介绍 [R]. 2019-10-11.

[58] 彭维 . 工业软件平台 [R]. 2017-03-16.

[59] 郭旭光 . 金蝶工业互联网平台架构 v2.1[R]. 2019-4-19

[60] 蒋明炜 . 实施 ERP 的目的和效益机理 [R]. 2019-09-16.

[61] 王春喜，王成城，汪烁 . 智能制造参考模型对比研究 [J]. 仪器仪表标准化与计量，2017 (4).

[62] 莫欣农 . 中国工程机械工业互联网建设之路 [R]. 2019-09-02.

[63] 前瞻产业研究院 . 2017—2022 年中国工业软件行业发展前景预测与投资战略规划分析报告 [R]. 2017.

[64] VDI，VDE，ZVEI. Reference Architectural Model Inudstrie 4.0(RAMI4.0) [R]. 2015.

[65] IIC.The Industrial Internet of Things Volume G1: Reference Architecture[R]. 2017.

[66] WEF Accenture.Industrial Internet of Things: Unleashing the Potential of Connected Products and Services[R]. 2014.

[67] M Grieves. Digital Twin，Manufacturing Excellence Through Virtual Factory Replication[R]. 2014.

[68] Benjamin Schleicha，Nabil Anwer.Shaping the digital twin for design and production engineering[R]. 2017-04.

其他参考资料

1. 关于深化"互联网+先进制造业"发展工业互联网的指导意见
   http://www.gov.cn/xinwen/2017-11/27/content_5242603.htm
2. 2018年互联网和相关服务业经济运行情况
   http://www.miit.gov.cn/n1146312/n1146904/n1648355/c6633265/content.html
3. 工业互联网APP培育工程实施方案
   http://www.miit.gov.cn/n973401/n5993937/n5993963/c6185506/content.html
4. 软件和信息技术服务业发展规划（2016~2020）
   http://www.miit.gov.cn/n1146295/n1652858/n1652930/n3757016/c5465218/content.html
5. 工业互联网平台建设及推广指南〔2018〕126号
   http://www.miit.gov.cn/n1146295/n1652858/n1652930/n3757022/c6266074/content.html
6. 工业软件黎明静悄悄|"失落的三十年"工业软件史
   https://mp.weixin.qq.com/s/fDKLffIEk9WDqSh6mv8WPQ
7. 工业互联网的拯救之道
   https://mp.weixin.qq.com/s/R_V1kjJ_lR7mDra0tI_can
8. 为什么？是什么？如何看？怎么干？
   https://mp.weixin.qq.com/s/fzTh4Af8fzGJk4Rg4AE7EQ
9. 智研院说|工业互联网，师在何方？
   https://mp.weixin.qq.com/s/NguG2mGvZVzTrFIpov8l2Q
10. 知识重用的意义
    https://mp.weixin.qq.com/s/doxFt31cY2EOZ6jVz0m89w
11. 浅议工业软件的灵活性
    https://mp.weixin.qq.com/s/K6GnkpuLmmR3Rgqn3yCh5A
12. 理解数字孪生的用途
    https://mp.weixin.qq.com/s/6S2mVGYrCZwcx7MjErHXhQ
13. 自动化早已不是那个自动化了
    https://mp.weixin.qq.com/s/7YsodqBrTuGF6RQ2UZqjQA

14. [智能制造] 未来，我们需要什么样的自动化工程师？

https://mp.weixin.qq.com/s/aiXin1HzvCzOItpgHcnv2w

15. 1969，技术史上无法绕过的一年

https://mp.weixin.qq.com/s/3mxhCW-TXUDuZCVL_qZAmg

16. [战略竞争] 迷惑，扰乱，甩开——美空军激进的"数字化百系列"计划可能使新型战斗机在五年内得到部署

https://mp.weixin.qq.com/s/xPnxICED4YA5WMxuNHJfyQ

17. 管理者的 AR 指南

https://mp.weixin.qq.com/s/xxPYF16t3435LSmUdpeFNQ

18. 数字线索助力美空军航空装备寿命周期决策

https://mp.weixin.qq.com/s/Iqm8jIMa2mWXCQaL5DIXDw

19. 美国洛马公司利用数字孪生提速 F-35 战斗机生产

https://mp.weixin.qq.com/s/NLdTmVKUjJS3qcWxD0_bDQ

20. 从波音 737MAX 失事反思数字化技术应用

https://mp.weixin.qq.com/s/H5g8FVmYM8Dk1AwMLdxgIA

21. 中国商飞马立敏：3D 打印零件减重 1 千克，飞机可增加 20 万元效益

https://mp.weixin.qq.com/s/BHQ-6EQBo8t1w202Omh_pA

22. 重磅！树根互联成为首家入选 Gartner 2019 工业互联网平台魔力象限的中国企业

https://mp.weixin.qq.com/s/-HgDRPSTur7l-BS61a-qTw

23. 从特斯拉 Model 3 看整车电子电气架构的趋势

https://mp.weixin.qq.com/s/Sle0yBOblshyRFQoGkMgTA

24. 登月 50 年特别篇 – 阿波罗计划背后的女程序员

https://mp.weixin.qq.com/s/9H1VBMF8IKFzxAlwHwxqzA

25. 超跑梦终于圆了！你从未见过如此风骚的 AR 保时捷

http://mp.weixin.qq.com/s/bJ5yINLuoElSFHglhiN_Pg

26. 国内工业软件身处困境 依托国内市场寻求突破

http://blog.sina.com.cn/s/blog_6537acd80100j6w3.html

27. 材料、化学领域常用的十六大绘图软件

http://www.sohu.com/a/203773411_537996

28. 中国统计年鉴

http://www.stats.gov.cn/tjsj/

29. Digital Thread for Smart Manufacturing

https://www.nist.gov/programs-projects/digital-thread-smart-manufacturing

30. What Is a Digital Thread?

https://www.ptc.com/en/product-lifecycle-report/what-is-a-digital-thread

31. 工业

https://baike.sogou.com/v157707.htm?fromTitle= 工业

32. 制造业

https://baike.sogou.com/v293164.htm?fromTitle= 制造业

33. 金属材料

https://baike.sogou.com/v579008.htm?fromTitle= 金属材料

34. 材料

https://baike.sogou.com/v138911.htm?fromTitle= 材料

35. 工业软件

https://www.techopedia.com/definition/13893/industrial-software

36. 分布式控制系统

https://encyclopedia.thefreedictionary.com/Distributed+Control+System

37. 操作系统

https://encyclopedia.thefreedictionary.com/Operating+system

推荐阅读

机·智：从数字化车间走向智能制造

作者：朱铎先 赵敏 ISBN：978-7-111-60961-2 定价：79.00元

　　本书创新性地以"取势、明道、优术、利器、实证"五大篇章为主线，为读者次第展开了一幅取新工业革命之大势、明事物趋于智能之常道、优赛博物理系统之巧术、利工业互联网之神器、展数字化车间之实证的智能制造美好画卷。

　　本书既从顶层设计的视角讨论智能制造的本源、发展趋势与应对战略，首次汇总对比了美德日中智能制造发展战略和参考架构模型，又从落地实施的视角研究智能制造的技术和战术，详细介绍了制造执行系统（MES）与设备物联网等数字化车间建设方法。两个视角，上下呼应，力图体现战略结合战术、理论结合实践的研究成果。对制造企业智能化转型升级具有很强的借鉴与参考价值。

工业APP：开启数字工业时代

作者：何强 李义章 ISBN：978-7-111--62246-8 定价：79.00元

本书创造性地引入系统工程方法，应用系统思维来认识和研究工业APP以及工业APP生态，系统性地阐述了工业APP生命周期过程，为广大读者清晰呈现如何将工业技术知识与经验显性化、特征化和软件化形成工业APP，并广泛重用，实现个体知识价值体现与价值倍增的完整场景。

本书既阐明了工业APP发展的理论基础和工业APP驱动制造业核心价值向设计端迁移的重要性，又以航天、航空发动机等领域案例，说明工业APP对于开启数字工业时代的重要意义，非常具有启发性和说服力。本书理论与实践融合，条理清晰，对推动我国工业APP技术、产业与应用的发展具有指导性。